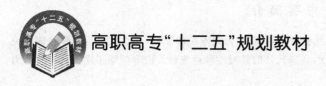

高职高专"十二五"规划教材

铣工实训实用教程

主　编　古　英　张晓平
主　审　罗　清

北京航空航天大学出版社

内 容 简 介

本书以新颁布的国家标准为依据,坚持以就业为导向、以能力为本位的原则,重点突出与操作技能相关的必备专业知识。理论知识以"必备、够用"为度,具有较强的针对性和适应性。内容精练实用、通俗易懂,力争做到知识新、工艺新、标准新。

本书主要内容包括:铣床及其基本操作,工件的切断及连接面铣削,台阶、沟槽与轴上键槽的铣削,利用分度方法铣削多边形和牙嵌式离合器,特形面的铣削,孔加工,铣床的一级保养与常规调整等内容。章后有思考和练习。

图书在版编目(CIP)数据

铣工实训实用教程 / 古英,张晓平主编. -- 北京:
北京航空航天大学出版社,2014.8
ISBN 978-7-5124-1463-1

Ⅰ. ①铣… Ⅱ. ①古… ②张… Ⅲ. ①数控机床—铣床—职业教育—教材 Ⅳ. ①TG547

中国版本图书馆 CIP 数据核字(2014)第 017190 号

版权所有,侵权必究。

铣工实训实用教程

主　编　古　英　张晓平
主　审　罗　清
责任编辑　罗晓莉　孙兴芳

*

北京航空航天大学出版社出版发行

北京市海淀区学院路 37 号(邮编 100191)　http://www.buaapress.com.cn
发行部电话:(010)82317024　传真:(010)82328026
读者信箱:goodtextbook@126.com　邮购电话:(010)82316524

北京时代华都印刷有限公司印装　各地书店经销

*

开本:787×1 092　1/16　印张:14.75　字数:378 千字
2014 年 8 月第 1 版　2014 年 8 月第 1 次印刷　印数:3 000 册
ISBN 978-7-5124-1463-1　定价:32.00 元

若本书有倒页、脱页、缺页等印装质量问题,请与本社发行部联系调换。联系电话:(010)82317024

前　言

为进一步发展职业教育，培养新型复合型职业技术人才，我们组织编写了本教材。在教材的编写过程中，力求体现"以就业为导向，以企业用人标准为依据"的指导思想，以突出人才的个性发展和创新能力的培养为主线，按照"以课题导向，任务驱动，工学结合，学训交替"的人才培养模式，通过理论知识与实践操作结合、训练与劳动结合、劳动与创新结合，提高学生综合技能水平和岗位适应能力。在专业知识的安排上，以国家职业标准和专业教学大纲为依据，尽量采用案例引入，理论支撑，突出技能培养，把在实践中提炼总结的成熟且效果佳的课题内容融入其中，以更加适应培养目标的要求。在编写过程中，力求做到理论与实际相结合，从打好基础入手，突出机械类实习教学的特点，以图表和图解的形式介绍有关资料，引入新技术、新工艺、新方法，使教材直观、形象，内容简明、通俗，更贴近学生的认知规律，达到学生乐学、能学、学好的目标。

教材注意了从技能培养的需求出发确定编写内容，力求紧密结合企业的技术和生产实际，专业技能训练吸收了生产中总结出来的操作经验和特殊技巧，并且补充了相关的专业知识。基本做到了从专业工种的实际需要出发，重点讲解了知识应用的条件、方法和手段，使专业知识为技能训练服务，最终提高学生的操作技能和分析、解决问题的能力。

本书由四川航天职业技术学院古英、张晓平主编，王利民、刘君凯参加编写，罗清主审。由于编者学识和水平所限，难免有错漏之处，敬请批评指正。

目 录

课题一 铣工入门知识 …………………………………………………… 1
  1.1 实训教学的特点与任务 ………………………………………… 1
  1.2 铣工的工作内容 ………………………………………………… 1
  1.3 安全文明生产 …………………………………………………… 2
课题二 铣削的基本知识 ………………………………………………… 5
  2.1 铣工常用工具 …………………………………………………… 5
  2.2 铣工常用量具 …………………………………………………… 9
    2.2.1 游标卡尺 …………………………………………………… 9
    2.2.2 外径千分尺 ………………………………………………… 13
    2.2.3 百分表 ……………………………………………………… 15
    2.2.4 高度游标卡尺 ……………………………………………… 16
    2.2.5 深度游标卡尺 ……………………………………………… 17
    2.2.6 万能角度尺 ………………………………………………… 17
    2.2.7 直角尺 ……………………………………………………… 20
    2.2.8 塞 尺 ……………………………………………………… 20
  2.3 铣刀的装卸练习 ………………………………………………… 21
    2.3.1 铣刀的一般知识 …………………………………………… 21
    2.3.2 铣刀的安装方法 …………………………………………… 24
    2.3.3 铣刀的装卸练习 …………………………………………… 30
  2.4 工件的装夹 ……………………………………………………… 31
    2.4.1 用平口钳装夹工件 ………………………………………… 31
    2.4.2 用压板装夹工件 …………………………………………… 35
    2.4.3 校正平口钳、装夹工件练习 ……………………………… 36
  2.5 铣床的操作练习 ………………………………………………… 37
    2.5.1 X6132型铣床的操作 ……………………………………… 37
    2.5.2 X5032型立式铣床的操作 ………………………………… 41
    2.5.3 X8126型万能工具铣床 …………………………………… 42
    2.5.3 铣床的操作练习 …………………………………………… 43
  2.6 铣削用量 ………………………………………………………… 44
  思考与练习 …………………………………………………………… 46

课题三 铣平面和连接面 ·· 47

3.1 铣平面 ··· 47
3.1.1 平面的铣削方法 ·· 47
3.1.2 顺铣与逆铣 ··· 49
3.1.3 平面的高速铣削 ·· 52
3.1.4 平面铣削的质量分析 ··· 54
3.1.5 平面铣削技能训练 ··· 55

3.2 铣垂直面和平行面 ·· 56
3.2.1 用圆周铣铣垂直面和平行面 ·· 56
3.2.2 用端铣铣垂直面和平行面 ··· 58
3.2.3 长方体零件加工技能训练 ··· 59
3.2.4 平行面的检验 ··· 61

3.3 铣斜面 ··· 62
3.3.1 斜面及其在图样上的表示方法 ··· 62
3.3.2 斜面的铣削方法 ·· 62
3.3.3 斜面铣削的质量分析 ··· 65

3.4 连接面铣削综合技能训练 ·· 66

思考与练习 ·· 67

课题四 铣阶台、沟槽和切断 ·· 68

4.1 铣阶台 ··· 68
4.1.1 阶台的铣削方法 ·· 68
4.1.2 阶台技能训练 ··· 71

4.2 铣直角沟槽 ·· 73
4.2.1 直角沟槽的铣削方法 ··· 73
4.2.2 刃磨键槽铣刀 ··· 75
4.2.3 直角沟槽铣削时质量分析 ··· 75
4.2.4 直角沟槽技能训练 ··· 76
4.2.5 小 结 ··· 77

4.3 铣轴上键槽 ·· 77
4.3.1 轴上键槽的铣削方法 ··· 78
4.3.2 轴上键槽的检测和铣削质量分析 ··· 83
4.3.3 轴上键槽铣削技能训练 ·· 84

4.4 切断和铣窄槽 ·· 86

思考与练习 ·· 90

课题五 特形沟槽与特形面的铣削 ··· 91

5.1 铣削 V 形沟槽 ·· 91

  5.1.1 相关工艺知识 ·· 91
  5.1.2 V 形槽的铣削方法 ··· 91
  5.1.3 V 形槽的检验方法 ··· 94
  5.1.4 V 形槽技能训练 ·· 95
 5.2 铣削 T 形沟槽 ··· 96
  5.2.1 相关工艺知识 ·· 97
  5.2.2 T 形槽铣削步骤 ·· 98
  5.2.3 T 形槽的质量分析与检测 ·· 99
 5.3 铣削燕尾槽 ·· 100
  5.3.1 相关工艺知识 ·· 101
  5.3.2 燕尾槽的铣削步骤 ·· 101
  5.3.3 燕尾槽的测量方法 ·· 102
 5.4 铣削特形面 ·· 104
  5.4.1 相关工艺知识 ·· 104
  5.4.2 曲线回转面的铣削 ·· 104
  5.4.3 成形面的铣削 ·· 108
  5.4.4 简单特形面的检测与铣削质量分析 ··· 109
  5.4.5 简单特形面铣削技能训练 ··· 110
 思考与练习 ··· 111

课题六 利用分度头加工工件 ·· 112

 6.1 万能分度头 ·· 112
  6.1.1 万能分度头的结构和传动系统 ·· 112
  6.1.2 万能分度头的附件及其功用 ·· 115
  6.1.3 工件在分度头上的装夹和校正 ·· 116
  6.1.4 万能分度头的正确使用和维护 ·· 118
 6.2 万能分度头分度 ·· 118
  6.2.1 直接分度法 ·· 118
  6.2.2 简单分度法 ·· 118
  6.2.3 角度分度法 ·· 120
  6.2.4 差动分度法 ·· 120
  6.2.5 简单分度法铣削技能训练 ··· 122
 6.3 用回转工作台分度 ·· 123
 思考与练习 ··· 124

课题七 在铣床上加工孔 ·· 125

 7.1 在铣床上钻孔 ·· 125
  7.1.1 相关工艺知识 ·· 125
  7.1.2 钻孔的对刀方法 ·· 129

7.1.3　钻孔技能训练 ·· 131
　　7.1.4　钻孔的质量分析 ·· 133
7.2　在铣床上铰孔 ··· 134
　　7.2.1　相关工艺知识 ·· 134
　　7.2.2　铰削用量 ·· 136
　　7.2.3　铰孔方法 ·· 136
　　7.2.4　铰孔时的铰削质量分析 ····································· 136
7.3　在铣床上镗孔 ··· 138
　　7.3.1　相关工艺知识 ·· 138
　　7.3.2　镗孔方法 ·· 141
　　7.3.3　镗刀的刃磨 ··· 145
　　7.3.4　镗孔技能训练 ·· 145
　　7.3.5　孔的检测与镗削质量分析 ··································· 146
思考与练习 ··· 149

课题八　组合件的铣削 ··· 150

8.1　燕尾销孔组合件 ·· 150
　　8.1.1　装配图工艺分析 ·· 150
　　8.1.2　左上体零件图工艺分析 ····································· 152
　　8.1.3　右上体零件图工艺分析 ····································· 154
　　8.1.4　底座零件图工艺分析 ·· 156
　　8.1.5　组合件检验 ··· 158
8.2　五件组合体 ·· 158
　　8.2.1　装配图工艺分析 ·· 159
　　8.2.2　零件加工工艺方案及作业要点 ···························· 161
思考与练习 ··· 163

课题九　外花键与牙嵌式离合器的铣削 ·························· 164

9.1　铣削外花键 ·· 164
　　9.1.1　花键简介 ·· 164
　　9.1.2　用单刀铣削外花键 ··· 166
　　9.1.3　用组合铣刀铣削外花键 ····································· 169
　　9.1.4　外花键的检测 ·· 169
　　9.1.5　铣削外花键质量分析 ·· 170
　　9.1.6　花键轴铣削技能训练 ·· 171
9.2　铣削牙嵌式离合器 ··· 172
　　9.2.1　牙嵌式离合器的分类和结构特征 ························· 172
　　9.2.2　矩形齿离合器的铣削 ·· 174
　　9.2.3　尖齿形离合器的铣削 ·· 177

  9.2.4 锯齿形离合器的铣削 …………………………………………………………… 179
  9.2.5 梯形齿离合器的铣削 …………………………………………………………… 180
  9.2.6 牙嵌式离合器的检测和铣削质量分析 ………………………………………… 182
  9.2.7 牙嵌式离合器铣削技能训练 …………………………………………………… 183
 思考与练习 ……………………………………………………………………………………… 185

课题十 铣削螺旋槽与凸轮 …………………………………………………………………… 186

 10.1 螺旋槽的铣削 …………………………………………………………………………… 186
  10.1.1 圆柱螺旋线的形成及铣削工艺特征 ………………………………………… 186
  10.1.2 螺旋槽的铣削方法 ……………………………………………………………… 188
  10.1.3 圆柱螺旋槽铣削技能训练 ……………………………………………………… 191
 10.2 铣凸轮 …………………………………………………………………………………… 192
  10.2.1 凸轮机构简述 …………………………………………………………………… 192
  10.2.2 等速圆柱凸轮的铣削 …………………………………………………………… 193
  10.2.3 等速盘形凸轮的铣削 …………………………………………………………… 195
  10.2.4 凸轮铣削技能训练 ……………………………………………………………… 197
  10.2.5 等速凸轮铣削的检测与质量分析 ……………………………………………… 201
 思考与练习 ……………………………………………………………………………………… 202

课题十一 铣床的保养、调整及精度检查 …………………………………………………… 203

 11.1 铣床的保养 ……………………………………………………………………………… 203
  11.1.1 日常保养 ………………………………………………………………………… 203
  11.1.2 一级保养 ………………………………………………………………………… 203
 11.2 铣床的一般调整 ………………………………………………………………………… 205
  11.2.1 常用铣床的"零"位调整 ………………………………………………………… 205
  11.2.2 主轴轴承间隙的调整 …………………………………………………………… 207
  11.2.3 工作台传动丝杠间隙的调整 …………………………………………………… 208
  11.2.4 工作台导轨间隙的调整 ………………………………………………………… 209
 11.3 铣床精度检验与常见故障排除 ………………………………………………………… 210
  11.3.1 铣床工作台精度检验 …………………………………………………………… 210
  11.3.2 铣床主轴精度检验 ……………………………………………………………… 212
  11.3.3 铣床工作精度的检验 …………………………………………………………… 214
  11.3.4 常用铣床的故障及排除 ………………………………………………………… 215
 思考与练习 ……………………………………………………………………………………… 216

附录 综合技能训练题集 ………………………………………………………………………… 217

 综合技能训练题一 ……………………………………………………………………………… 217
 综合技能训练题二 ……………………………………………………………………………… 218
 综合技能训练题三 ……………………………………………………………………………… 220

综合技能训练题四……………………………………………………………… 221
综合技能训练题五……………………………………………………………… 222
综合技能训练题六……………………………………………………………… 223
综合技能训练题七……………………………………………………………… 224
综合技能训练题八……………………………………………………………… 225
综合技能训练题九……………………………………………………………… 226

课题一　铣工入门知识

> **教学要求**
> 1. 了解铣工生产实习课教学的特点。
> 2. 了解铣工生产实习课教学任务及工作内容。
> 3. 了解文明生产和安全操作知识。

1.1　实训教学的特点与任务

1. 教学特点

实训教学是整个职业学院教学活动的重要组成部分,它与理论课相比,有以下特点。

① 实训教学是学生在实习教师指导下,运用文化、技术理论知识,使用生产设备,进行有目的、有组织、有计划地学习生产知识、操作技能和技巧的一门课程。

② 实训教学过程中,实训教师通过讲解示范,让学生进行实际操作练习,再进行巡回指导,使学生掌握本工种的基本操作技能和生产知识。

③ 实训教学主要是培养学生的动手能力,培养学生分析问题、解决问题的能力。通过科学化、系统化、规范化的基本训练,让学生全面掌握本工种的技能与技巧。

2. 教学任务

培养学生熟练掌握铣削的基本操作技能,完成本工种中级技术水平零件的加工,掌握一定的先进工艺操作,能够在生产中分析和解决一般技术问题的能力。培养学生规范操作,养成安全、文明生产的习惯,具有良好的职业道德。

铣工实训教学是一门实践性很强的专业课程,学习时应以技能训练为主线,通过技能训练加深对理论知识的理解、消化、巩固和提高。通过学习,应达到如下具体要求。

① 掌握典型铣床(X6132/X5032K)的主要结构、传动系统、操作使用方法和保养方法。

② 能合理选择和使用夹具、刀具、工具、量具,掌握其使用方法和保养方法。

③ 能够较为熟练地掌握中级铣工的各种操作技能,并能对工件进行质量分析。

④ 理解金属切削过程中常见的物理现象及其对切削加工的影响,能合理地选择切削用量和切削液。

⑤ 掌握铣削过程中有关的计算方法,并能正确查阅有关技术手册和资料。

⑥ 能制定较为复杂程度零件的铣削工艺,能吸收和应用较先进的工艺和技术。

⑦ 养成遵守安全操作规程、文明生产的良好习惯。

1.2　铣工的工作内容

在现代工业生产中,金属的切削加工是机械制造工业中最常见的加工方法之一。铣削加工就是利用铣刀,在铣床上切去金属(或非金属)毛坯余量,获得所需要的尺寸精度、表面形状、位置精度和表面粗糙度要求的零件加工。铣削过程中,铣刀旋转为主运动,工件或铣刀作进给运动为辅运动。其特点是:用旋转的多刃刀具来进行切削,生产效率高,加工范围广,加工进度较高。

铣削的加工精度一般为IT9～IT7,表面粗糙度 Ra 值为 $12.5～1.6\ \mu m$。精细铣削时,加工精度可达IT5,表面粗糙度 Ra 值为 $0.8\ \mu m$。

在铣床上使用各种不同的铣刀,可以加工平面、阶台、沟槽、特型槽、特形面、切断等,如图1-1所示。使用分度装置可以加工周向等分的花键轴、螺旋槽、离合器等工件。此外,在铣床上还可以进行钻孔、铰孔、扩孔、镗孔的工作,还可以进行铣削球面、铣凸轮、铣曲线外形及圆弧连接。

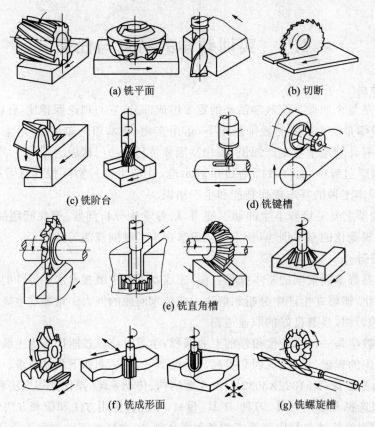

图1-1 铣削类型

1.3 安全文明生产

在铣床上工作必须严格遵守操作规程,同时应懂得安全技术和文明生产。坚持安全、文明生产可以保障生产工人和机床设备的安全。防止工伤和设备事故的根本保证,也是搞好工厂经营管理的重要内容之一。学生在学习和掌握操作技能的同时,必须养成良好的安全、文明生产的习惯,并且要严格执行。

1. 安全生产注意事项
① 工作时应穿工作服、工作鞋,长发工作者戴上工作帽。
② 禁止穿背心、裙子、短裤,戴围巾,穿拖鞋或高跟鞋进入车间。
③ 严格遵守安全操作规程。
④ 严禁戴手套工作。
⑤ 注意防火,安全用电。

2. 铣削安全操作规程
① 生产实训前检查所使用的机床、各手柄的原始位置是否正常。
② 手摇各进给手柄,检查各进给运动方向是否正常。
③ 检查各进给方向自动进给停止挡铁是否在最大限位范围内,是否紧固、可靠。
④ 进行机床主轴和进给系统的变速检查,使主轴和工作台进给由低速到高速运动,检查运动是否正常。
⑤ 开动主轴旋转,检查油窗是否甩油。
⑥ 上述检查完毕,若无异常,对机床各部注油润滑。
⑦ 检查夹具、工件是否装夹牢固。
⑧ 装卸工件,更换铣刀,擦拭机床必须停机,并防止被铣刀齿刃割伤。
⑨ 在进给中不准抚摸工件加工表面,以免铣刀切伤手指。
⑩ 主轴未停稳不准测量工件。
⑪ 操作时不要站在切屑流出的方向,以免切削飞入眼中。
⑫ 要用专用工具清除切屑,不准用嘴吹或手抓。
⑬ 操作机床时注意力要集中,不准做与操作无关的其他事情,不得擅自离开机床。确有需要离开时,要停止机床主轴旋转,切断电源。
⑭ 工作台自动进给时,应脱开手动离合器,以防手柄旋转伤人。
⑮ 不准两个进给方向同时启动自动进给,自动进给时,不准突然变换进给速度;自动进给完毕,应先停止进给,再停止主轴(刀具)旋转。
⑯ 高速铣削时,应戴防护眼镜。
⑰ 重型或大型零件的装夹需要两人或两人以上搬运时,动作应协调一致,行动要统一,以免伤人。
⑱ 切削过程中出现异常现象时,应及时停车检查出现故障、事故,应立即切断电源,及时报告,请专业人检修,未修复时不得使用。
⑲ 机床不使用时,各个手柄位置应置于空挡位置,各进给方向紧固手柄应松开,工作台应处于各进给方向的中间位置,导轨面应适当涂油润滑。
⑳ 变速前必须停车,否则容易碰毛和打坏齿轮、离合器等传动零件。

3. 文明生产要求
文明生产是操作者科学操作的基本内容,反映了操作者的技术水平和管理水平。文明生产包括以下方面。
① 爱护刀具、量具、工具,并正确使用,旋转稳妥、整齐、合理,有固定的位置。
② 爱护机床及车间其他设备、设施。
③ 工具箱内应分类摆放物件。重物放在下层,轻物放在上层,精的物件应放置稳妥,不可

随意乱放,以免损失和丢失。

④ 量具应经常保持清洁,用后应擦净、涂油、放入盒内,并定期校验,以保持其测量精度。

⑤ 装卸较重的机床附件时,必须有他人协助;装卸时应擦净工作台面和附件的基准面。

⑥ 爱护机床工作台面和导轨面,不准在工作台面和导轨面上直接放置毛坯件、锤子和扳手等,严禁有重物敲击。

⑦ 毛坯、半成品和成品要分开放置,堆放整齐。半成品、成品应轻拿轻放,严防碰伤以加工表面。

⑧ 机床应做到每天一小擦、每周一大擦,按时一级保养,保持机床清洁整齐;不用的附件也应擦拭干净,摆放整齐。

⑨ 操作者对周围场地应保持清洁整齐,地上无油污、积屑,避免杂物堆放,防止绊倒。

⑩ 高速铣削或冲注切削液时,应加放挡板,以防止切削飞出或切削液外溢。

⑪ 图样、工艺卡片等技术文件应放置在便于阅读的位置,并注意保持其清洁和完整。

⑫ 工作结束后,应认真擦拭,润滑机床、工具、量具和其他附件,使各物件归位,清洁工作场地,关闭电源。

课题二 铣削的基本知识

> **教学要求**
> 1. 掌握常用量具的使用和注意事项。
> 2. 掌握工件的一般装夹。
> 3. 了解铣床结构、型号及操纵练习。
> 4. 掌握铣削用量的选择。

2.1 铣工常用工具

技能目标
◆ 了解铣工常用工具的名称、结构特点和使用方法。
◆ 了解铣工常用量具使用时的注意事项。

铣工工作时,调整机床、装夹工件、装卸刀具,都需使用一定的工具,因此应了解这些工具的名称,掌握这些工具的使用方法。下面介绍一些铣工的常用工具。

1. 双头扳手

双头扳手如图 2-1 所示,用来紧固四方、六方螺母或螺栓。常用的双头扳手两端钳口的规格尺寸有 5 mm×7 mm、9 mm×11 mm;12 mm×14 mm、14 mm×17 mm 等多种型号。使用时,按螺母的对边间距尺寸选择相适应的扳手。紧固螺母时,手握扳手一端,使扳手另一端的钳口全部伸入螺母的对边,扳手体与螺母的端面基本处于平行,用力朝着副钳口的方向将螺母旋紧。

2. 活动扳手

如图 2-2 所示,活动扳手由固定钳口、活动钳口、扳手体和螺杆组成。其规格以扳手体的长度表示。通过螺杆调整活动钳口张开尺寸的大小,可以紧固不同规格的螺母或螺栓。

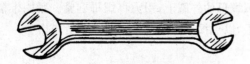
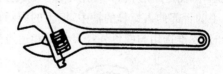

图 2-1 双头扳手   图 2-2 活动扳手

使用时,首先转动螺杆,调整扳手钳口的张开尺寸,使其与所紧固的螺母对边尺寸相适应;紧固螺母时,使扳手体与螺母端面部基本平行,手握扳手柄部,用力朝着活动钳口的方向,将螺母紧固。使用时不准将扳手手柄随意接长,以免使动力臂增大,扳手受力过大而使扳手损坏。活动扳手的使用如图 2-3 所示。

3. 整体扳手

如图 2-4 所示,整体扳手有六角形扳手和梅花扳手等几种,用来紧固六角螺栓或螺母。使用时按螺母的对边尺寸选择相适应的扳手。这种扳手使用中不易滑脱,其中梅花扳手可在扳动范围较狭窄的地方工作。

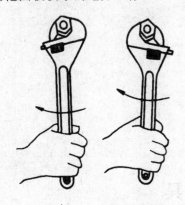

图 2-3 活动扳手的使用

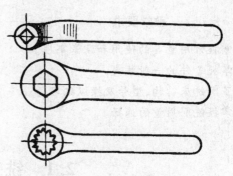

图 2-4 六角形、梅花扳手

4. 内六角扳手

内六角扳手是用来紧固圆柱头内六角螺钉。其规格以六角形对边尺寸表示,有 3 mm、4 mm、5 mm、6 mm、8 mm、10 mm、12 mm、14 mm、17 mm 等,分别来旋紧 M3~M24 的内六角螺钉。使用时,手握扳手的一端,将扳手另一端的头部伸入螺钉内六方孔中,用力将螺钉旋紧。旋紧螺钉时,应避免扳手从螺钉孔中滑脱,以免损坏扳手和螺钉六方孔。内六角扳手及其使用如图 2-5 所示。

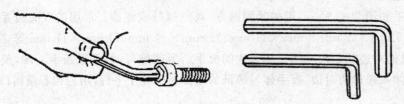

图 2-5 内六角扳手及其使用

5. 带槽圆螺母扳手

带槽圆螺母扳手又称勾头扳手,用来紧固带槽圆螺母。其规格以所紧固的带槽圆螺母的直径表示,如图 2-6 所示。使用时,先按螺母的外径尺寸选择相适应的扳手,然后手握扳手柄部,让扳手的舌部伸入螺母的槽中,扳手的内圆长在圆螺母的外圆上,用力将螺母旋紧。紧固带槽圆螺母时,不准选用与螺母外径尺寸不相适应的扳手,以免损坏螺母或紧固时扳手滑脱伤手。

图 2-6 带槽圆螺母扳手及其使用

6. 叉形扳手与拉紧螺杆扳手

叉形扳手用来旋紧带开槽的圆柱头螺钉,如图 2-7 所示。在安装铣刀盘或套式端铣刀时,由于螺钉埋入刀盘的台阶孔内,用一般的扳手无法将螺钉旋紧,这时应选用与螺钉开口尺寸相适应的叉形扳手,将螺钉紧固。

在立铣头上安装立铣刀时,用力旋紧拉紧螺杆,紧住铣刀,如图 2-8 所示。

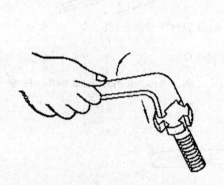

图 2-7 叉形扳手及其使用

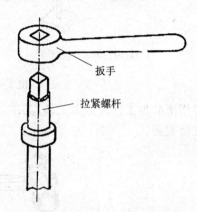

图 2-8 拉紧螺杆扳手及其使用

7. 螺丝刀

螺丝刀又名起子,主要用来装拆头部开槽的螺钉,由木柄 1、刀体 2 和刀口 3 组成,根据刀口形状可分为一字形和十字凸起形,如图 2-9 所示。其规格以刀体的长度表示,常用的有 100 mm(4")、150 mm(6")、200 mm(8")、300 mm(12")等几种,根据螺钉的直径或头部的槽子尺寸来选用。

使用时,右手握住螺丝刀柄部,左手扶住刀体的前部,使刀口伸入螺钉沟槽内,刀口顶部顶在螺钉沟槽底部,右手用力转动手柄,将螺钉旋紧。

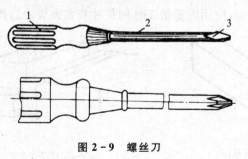

图 2-9 螺丝刀

1—木柄;2—刀体;3—刀口

8. 划针盘

如图 2-10 所示,有普通和万能划针盘两种,用来加工工件。其中,万能划针盘在使用中可通过调整螺钉来调节划针的高度,校正工件时较为方便。使用划针盘或校正工件时,将针盘座放在平板或工作台面上,用手移动划针盘座,通过划针校正工件或在工件上划出所需的加工线。

9. 手锤

如图 2-11 所示,铣工用的手锤有铜锤和钢锤两种。手锤的规格以锤头的重量表示。手

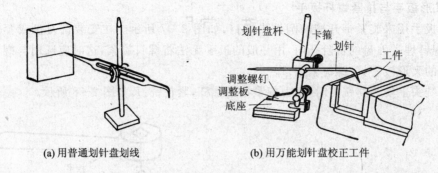

图 2-10 划针盘及其使用

锤主要用来装加工件时敲击工件,其中,铜锤用于敲击已加工面。敲击已加工面时,注意不要砸伤工件表面。

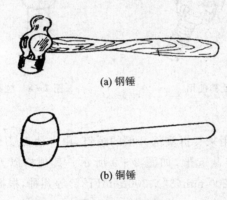

图 2-11 手锤

10. 平行垫铁

平行垫铁如图 2-12 所示,装夹工件时用来支持工件。垫铁的上、下平面应平行,表面应平整,且应具有一定的硬度,使用时根据工件的尺寸和装夹要求选择合适的垫铁。

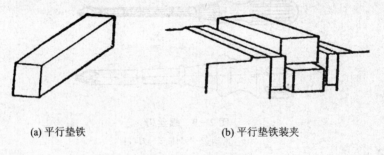

图 2-12 平行垫铁

> **注意事项**
>
> 常用工具使用时的注意事项如下。
> - 掌握各种工具正确的使用方法,避免因使用不当而损坏工具或造成人身事故。
> - 各种工具使用完毕应擦拭干净,有序地放入工具箱内。

2.2 铣工常用量具

技能目标
◆ 了解常用量具的名称、结构特点和正确的使用方法。
◆ 了解铣工常用量具的维护保养知识。
◆ 进行正确的测量练习。
◆ 了解测量练习中的注意事项。

生产实习操作中,要结合课题完成产品零件的加工。为了保证加工零件的尺寸精度、表面形状和位置精度,要使用量具对加工的零件进行测量,因此应掌握常用量具的正确使用方法。测量中常用的测量单位是毫米(mm),精确的零件测量时可用丝米(dmm)、忽米(cmm)、微米(μm),其中,1 dmm=0.1 mm、1 cmm=0.01 mm、1 μm=0.001 mm。

2.2.1 游标卡尺

游标卡尺是一种中等测量精确度的量具,常用来测量零件的内径、外径、中心距、宽度、长度等。它有0～125 mm、0～200 mm、0～300 mm、0～500 mm、0～1 000 mm等规格。

1. 游标卡尺的结构

图2-13所示为0～150 mm游标卡尺,制成带有刀口形的上下量爪和带有深度尺的形式,是铣工最常用的量具,它能测量零件的长度、宽度、高度、外径、内径、阶台或沟槽的深度。

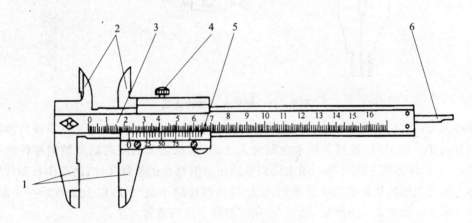

图2-13 游标卡尺结构之一
1—外量爪;2—内量爪;3—尺身;4—紧固螺钉;5—游标;6—深度尺

图2-14所示是测量范围为0～200 mm和0～300 mm的游标卡尺,可制成带有内外测量爪和带有刀口形的上量爪的型式。

测量范围为0～200 mm和0～300 mm的游标卡尺,也可制成只带有内外测量面的下量爪的型式,如图2-15所示。而测量范围大于300 mm的游标卡尺,只制成这种仅有下量爪的型式。

2. 游标卡尺的读数方法

游标卡尺的读数精度有0.1 mm、0.05 mm、0.02 mm三种,卡尺的主尺和游标都有刻度。

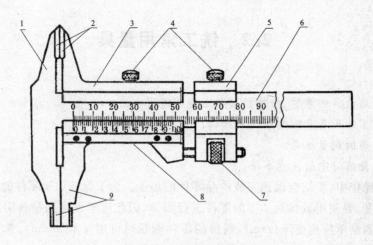

图 2-14 游标卡尺结构之二

1—尺身;2—上量爪;3—尺框;4—紧固螺钉;
5—微动装置;6—主尺;7—微动螺母;8—游标;9—下量爪

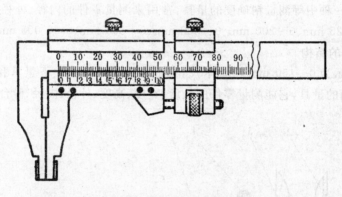

图 2-15 游标卡尺结构之三

测量时将主尺和游标配合起来读数。主尺量爪和游标量爪并拢时,主尺上的零线与游标上的零线刚好对正。测量时,被测工件卡在两量爪之间,量爪张开的距离就是被测零件的尺寸大小。这时,由游标零线左面的第一条主尺刻线读出被测部位的整数尺寸;由与主尺刻线所对正的游标刻线的顺序数和读数精度的乘积,读出被测部位的小数尺寸,以上二数加在一起,就是被测部位尺寸。如图 2-16 所示,为 0.02 mm 游标卡尺的读数方法。

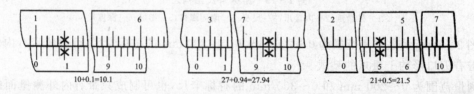

图 2-16 游标卡尺的读数方法

注意事项

● 若用图 2-14 或图 2-15 所示的两种游标卡尺测量内尺寸时,读取测量的结果一定要把量爪的厚度加上去,即游标卡尺上的读数加上量爪的厚度,才是被测零件的内尺寸。测量范围在 500 mm 以下的游标卡尺,量爪厚度一般为 10 mm。

3. 游标卡尺的使用方法

① 测量外形尺寸。

测量外形尺寸小的工件时,左手拿工件,右手握尺,量爪张开尺寸略大于被测工件尺寸,然后用右手拇指慢慢推动游标量爪,使量爪轻轻地与被测零件表面接触,读出尺寸数值,如图 2-17(a)所示。

测量外形尺寸大的工件时,把工件放在平板或工作台面上,两手操作长尺,左手握住主尺量爪,右手握住主尺并推动游标量爪靠近被测零件表面(主尺与被测零件表面垂直),旋紧微调紧固螺钉,右手拇指转动滚花螺母,让两量爪与被测零件表面接触,读出数值,如图 2-17(b)所示。

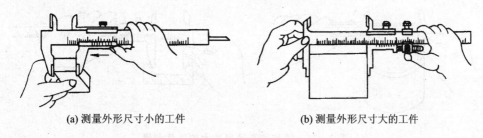

(a) 测量外形尺寸小的工件　　　　(b) 测量外形尺寸大的工件

图 2-17　游标卡尺测量工件外形尺寸

> 注意事项

- 用游标卡尺测量外形尺寸时,应避免尺体歪斜而影响测量数值的准确度,如图 2-18 所示。
- 使用卡尺时,不允许把卡尺固定进行测量,以免损坏量爪,如图 2-19 所示。

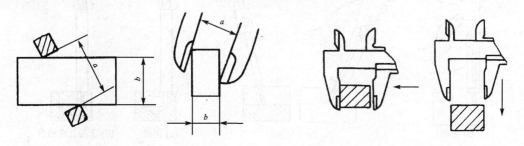

图 2-18　游标卡尺量爪与工件错误接触　　**图 2-19　不能定住卡尺尺寸卡入工件测量**

② 测量槽宽和孔径。

测量槽宽和孔径尺寸较小的工件时,量爪张开略小于被测工件尺寸,然后用右手拇指慢慢拉动游标量爪,使两个量爪轻轻地与被测表面接触,读出尺寸。测量孔径时,量爪应处于孔的中心部位,如图 2-20 所示。

测量槽宽和孔径尺寸较大的工件时,将工件放在平板或工作台面上,双手操作卡尺,用卡尺的下量爪测量,测量后的读数应加上量爪 10 mm 的宽度尺寸。测量时,尺体应垂直于被测

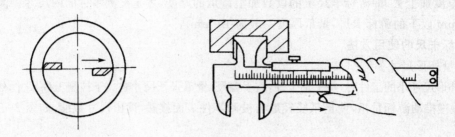

图 2-20 游标卡尺测量槽宽和孔径尺寸小的工件

表面,用右手拉动游标量尺,接近零件被测表面时,旋紧微调紧固螺钉,右手拇指转动滚花螺母,使量爪和被测表面接触,轻轻摆动一下尺体,使量爪处于槽的宽度和孔的直径部位,读出数值,如图 2-21 所示。

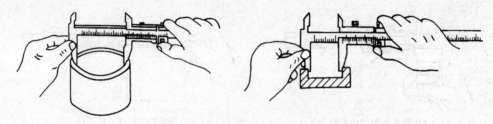

图 2-21 槽宽和孔径尺寸大的工件测量

③ 测量深度。

如图 2-22 所示,测量孔深和槽深时,尺体应垂直于被测部位,不可前后、左右倾斜,尺体端部靠在基准面上,用手拉动游标量爪,带动深度尺测出尺寸。

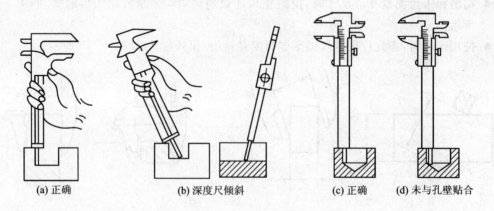

(a) 正确　　(b) 深度尺倾斜　　(c) 正确　　(d) 未与孔壁贴合

图 2-22 用卡尺测量沟槽和孔深

注意事项

游标卡尺使用时的注意事项如下。
- 测量前应先擦净两爪的测量面,合拢量爪,检查游标零线是否与主尺零线对正。
- 测量前应擦净被测零件表面。
- 不准用卡尺测量毛坯表面。

- 读数时视线应垂直刻线处的尺体平面。
- 机床主轴旋转时不准测量工件。
- 不准用上下量爪及内径量爪在工件划线。
- 卡尺不得与铣刀、锉刀等刀具或工具堆放在一起。
- 卡尺测量后应擦净,放在卡尺盒内。

2.2.2 外径千分尺

如图 2-23 所示,外径千分尺是测量零件外形尺寸的精密量具。按测量的范围,常用的千分尺规格有 0～25 mm、25～50 mm、50～75 mm、75～100 mm 等。测量工件时,应根据被测部位的尺寸,选择具有相应测量范围的千分尺。如果被测零件的基本尺寸是 25 mm、50 mm、75 mm、100 mm 时,按其公差要求选择尺子。例如尺寸 50(0,-0.06),可选用 25～50 mm 的尺子测量;尺寸 50(+0.16,0),可选用 50～75 mm 的尺子测量。

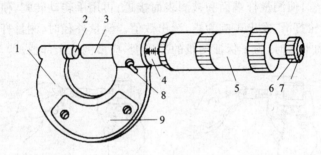

图 2-23 外径千分尺

1—尺架;2—测砧;3—活动测量量杆;4—固定套管;
5—活动套管;6—转帽;7—螺钉;8—锁紧手柄;9—隔热装置

1. 外径千分尺的读数方法

如图 2-24 所示,测量时,由活动套管边缘的左边,在固定套管是读出 0.5 mm 以上的尺寸数值;再看活动套管的哪一格刻线和固定套管上的基准线对齐,读出 0.5 mm 以下的小数尺寸;把以上两个尺寸数值加在一起就是被测部位的尺寸。

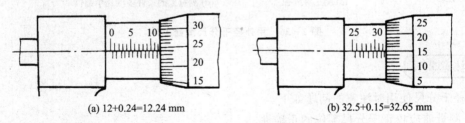

(a) 12+0.24=12.24 mm (b) 32.5+0.15=32.65 mm

图 2-24 外径千分尺的读数方法

2. 外径千分尺的使用方法

① 千分尺零位的检查。

使用千分尺前,应先擦净测砧和活动测量量杆端面,方可校正千分尺零位的正确性。0～25 mm 的千分尺可拧动转帽,使测砧端面和活动测量量杆端面贴平。当棘轮发出响声后,停止拧动转帽,观察活动套管的零线和固定套管的基线是否对正,然后确定千分尺零位是否正确。25～50 mm、50～75 mm、75～100 mm 的千分尺可通过标准样柱进行检测,如图 2-25 所示。

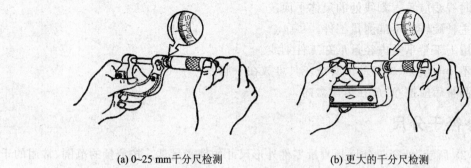

(a) 0~25 mm千分尺检测　　　　(b) 更大的千分尺检测

图 2-25　外径千分尺零位检查

② 使用方法。

如图 2-26 所示，测量工件时，擦净工件的被测表面和千分尺的测量杆平面，左手握住尺架，右手旋动活动套管，使测量杆端面和被测表面接近；再用手转动转帽，使测量端面和工件被测表面接触，直到棘轮打滑，发出声响为止，读出数值。测量外径时，测量杆轴线应通过工件中心。测量尺寸较大的平面时，为了保证测量的准确度，应多测几个部位。

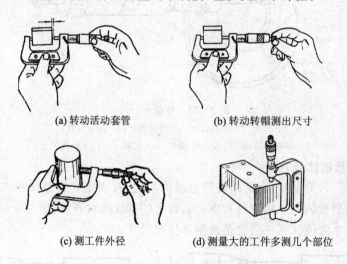

(a) 转动活动套管　　　　(b) 转动转帽测出尺寸

(c) 测工件外径　　　　(d) 测量大的工件多测几个部位

图 2-26　用外径千分尺测量工件

> 注意事项

外径千分尺使用时注意的问题如下。
- 测量前应校正千分尺零位的正确性。
- 测量时应先转动活动套管，使测量杆端面靠近被测表面，再转动转帽，直到齿轮发出响声为止。退出尺寸时，应反转活动套管，使测量杆离开被测表面后将尺子退出。
- 不准用千分尺测量粗糙表面。
- 深度游标卡尺用来测量沟槽、阶台及孔的深度。读数方法与游标卡尺相同。使用尺子时，擦净尺架基面和工件的测量基准面，左手握尺架，把尺架基准面贴在工件基准面上，右手将主尺插到沟槽或阶台的底部，旋紧紧固螺钉，读出测量尺寸。

2.2.3 百分表

如图 2-27 所示,百分表有钟表式和杠杆式等几种,主要用来测量零件表面几何形状和相互位置误差,也可以用来比较测量零件的长、宽、高和直径尺寸,对比较深的内槽、阶台、孔可用杠杆式百分表测量。铣工工作中各类工装、夹具及床的调整、找正也用百分表测量。

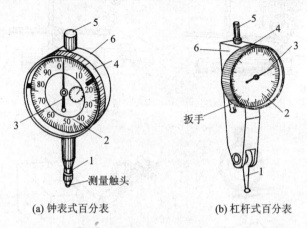

(a) 钟表式百分表　　(b) 杠杆式百分表

图 2-27　百分表

1—活动测量杆;2—表盘;3—指针;4—表壳;5—连接杆;6—表体

按照测量范围,钟表式百分表有 0～3 mm、0～5 mm、1～10 mm 三种。杠杆式百分表有 ±0.4 mm、±0.5 mm 两种。使用时按照相应的测量范围来选择。

1. 百分表的安装

如图 2-28 所示,钟表式百分表安装在万能表架和磁性表架上;杠杆式百分表安装在专用表架上。以上表架装夹百分表时可靠,并且都有调节装置,通过调节装置,可使百分表处于任何方向和任何位置,以便在不同的情况下进行测量。其中,磁性表架具有吸力,可固定在任何空间位置上,使用更加方便。

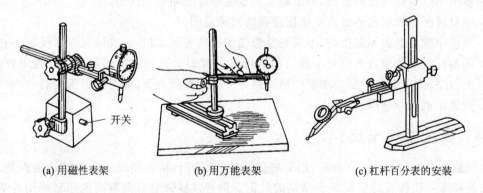

(a) 用磁性表架　　(b) 用万能表架　　(c) 杠杆百分表的安装

图 2-28　百分表的安装

2. 用百分表测量工件

如图 2-29 所示,检测时,将表架置于平板面上,安装好表后,选择标准样板,置于表的测量杆下,调整表的测量杆与样板平面垂直,使表的测量触头对样板平面有 0.5～1 mm 的压入量,使指针对准零位,再慢慢抬起和放下活动测量杆,观察表的指针数值,若不变,即可测量工件。测量时,先用手慢慢抬起活动测量杆,把工作放于表的测量触头下,再慢慢放活动测量杆,用手左右前后移动工件,使表的测量杆触头在工件平面的不同位置测量,观察表的指针变化情况,测出工件尺寸和平行度、平面度,然后与标准样板块相比,判断是否合格。用这样的方式可以对比检测成批零件。

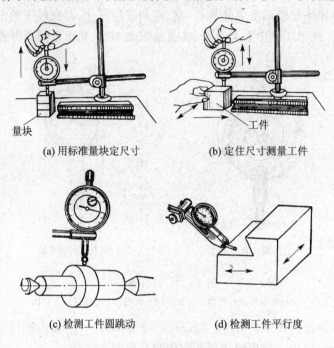

(a) 用标准量块定尺寸　　(b) 定住尺寸测量工件

(c) 检测工件圆跳动　　(d) 检测工件平行度

图 2-29　用百分表检测工件

> 注意事项

使用百分表时的注意事项如下。
- 使用百分表前应擦净表座底面、平板或平板台面、工件被测表面。
- 使用中避免使表受到振动,测量触头不能突然与被测量物接触。
- 测量时测量杆移动的距离不能超过表的测量范围。
- 测量中测量触头不能松动,不能测量粗糙不平的表面,防止水或油等液体侵入表中。
- 测量杆与被测量表面应有正确的相对位置。钟表式百分表的测量杆应垂直于被测表面;杠杆式百分表的活动测量杆轴线最好平行于被测表面,如需倾斜角度时,倾斜的角度越小测量越精确。

2.2.4　高度游标卡尺

高度游标卡尺如图 2-30 所示,用于测量零件的高度和精密划线。它的结构特点是用质量较大的基座 4 代替固定量爪 5,而活动的尺框 3 则通过横臂装有测量高度和划线用的量爪,量爪的测量面上镶有硬质合金,提高量爪使用寿命。

高度游标卡尺的测量工作应在平台上进行。当量爪的测量面与基座的底平面位于同一平面时,如在同一平台平面上,主尺 1 与游标 6 的零线相互对准。所以在测量高度时,量爪测量面的高度就是被测量零件的高度尺寸,它的具体数值与游标卡尺一样可在主尺(整数部分)和游标(小数部分)上读出。

应用高度游标卡尺划线时,调好划线高度,用紧固螺钉2把尺框锁紧后,也应在平台上进行先调整再进行划线,如图2-31所示。

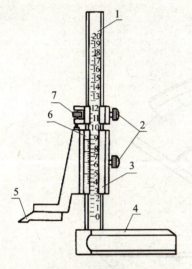

图2-30　高度游标卡尺

1—主尺;2—紧固螺钉;3—尺框;
4—基座;5—量爪;6—游标;7—微动装置

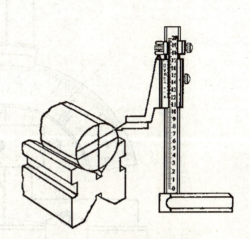

图2-31　高度游标卡尺划线

2.2.5　深度游标卡尺

深度游标卡尺如图2-32所示,用于测量零件的深度尺寸或阶台高低和槽的深度。它的结构特点是尺框3的两个量爪连成一起成为一个带游标测量基座1,基座的端面和尺身4的端面就是它的两个测量面。如测量内孔深度时应把基座的端面紧靠在被测孔的端面上,使尺身与被测孔的中心线平行,伸入尺身,则尺身端面至基座端面之间的距离就是被测零件的深度尺寸。它的读数方法和游标卡尺完全一样。

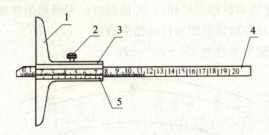

图2-32　深度游标卡尺

1—测量基座;2—紧固螺钉;3—尺框;4—尺身;5—游标

2.2.6　万能角度尺

游标万能角度尺是用来测量工件或样板内外角度的一种游标量具,按其测量精度分有2′和5′两种,测量范围为0°~320°。

1. 万能角度尺的结构

图2-33所示是读数值为2′的万能角度尺。在它的扇形板1上刻有间隔1°的刻线。游标

3 固定在尺座 6 上,它可以沿着扇形板转动。用夹紧块 7 可以把角尺 2 和直尺 8 固定在尺座上,可使测量角度在 0°～320°范围内调整。

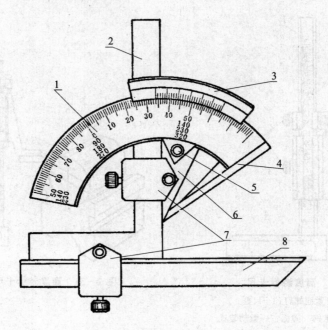

图 2-33 万能角度尺的结构

1—扇形板;2—角尺;3—游标;4—基尺;5—制动器;6—尺座;7—夹紧块;8—直尺

2. 万能角度尺刻线原理及读法

万能角度尺扇形板上刻有 120 格刻线,间隔为 1°。游标上刻线有 30 小格,对应中心角 29°,即游标上每格对应的中心角 $=\dfrac{29°}{30}=58'$,扇形板与游标每格角度相差 $=1°-58'=2'$,故万能角度尺的测量精度为 $2'$。

万能角度尺的读数方法和游标卡尺相同,先读出游标零线前的角度是几度,再从游标上读出角度"分"的数值,两者相加就是被测零件的角度数值。

如图 2-34 所示,测量角度值为 $32°+22'=32°22'$。

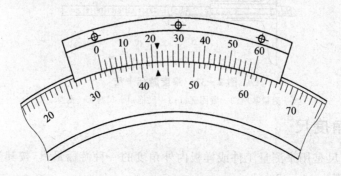

图 2-34 万能角度尺的读数法

3. 万能角度尺的使用方法

在万能角度上,基尺 4 是固定在尺座上的,角尺 2 是用夹紧块 7 固定在扇形板上的,直尺

8是用夹紧块固定在角尺上的。若把角尺2拆下,也可把直尺8固定在扇形板上。由于角尺2和直尺8可以移动和拆换,所以万能角度尺可以测量0°～320°的任何角度。

① 使用前,先将万能角度尺擦拭干净,再检查各部件的相互作用是否移动平稳可靠,止动后的读数是否不动,然后对零位。

② 测量时,放松制动器上的螺帽,移动主尺座作粗调整;再移动游标背面的手把作精细调整,直到使角度尺的两测量面与被测工件的工作面密切接触为止;然后拧紧制动器上的螺帽加以固定,即可进行读数。

③ 角尺和直尺全装上时,可测量 0°～50°的外角度;只装上直尺时,可测量 50°～140°的外角度;仅装上角尺时,可测量 140°～230°的角度;把角尺和直尺全拆下时,可测量 230°～320°的角度(即可测量 40°～130°的内角度),如图 2-35 所示。

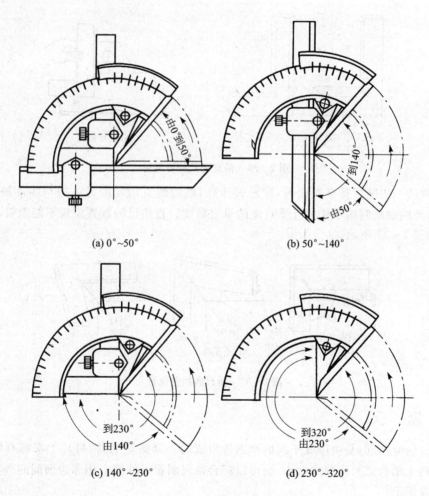

图 2-35 万能角度尺的使用

注意事项

万能角度尺使用的注意事项如下。
● 用万能角度尺测量零件角度时,应使基尺与零件角度的母线方向一致,且零件应与直角尺的两个测量面的全长上接触良好,以免产生测量误差。
- 万能角度尺用完后应擦拭上油,放入专用盒内保管。
- 在万能角度尺的尺座上,基本角度的刻线只有 0°~90°,如果测量的零件角度大于 90°,则在读数时应加上一个基数(90°、180°、270°)。

2.2.7 直角尺

直角尺用来检验工件相邻两个表面的垂直度。钳工常用的直角尺有宽度直角尺和样板直角尺(刀口直角尺)两种。

用直角尺检验零件外角度时,使用直角尺的内边;检验零件的内角度时,使用直角尺的外边,如图 2-36 所示。

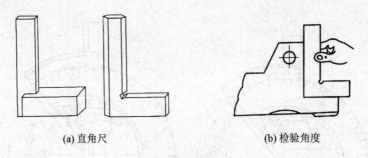

(a) 直角尺　　　　　　　　　(b) 检验角度

图 2-36　用直角尺检验零件

当直角的一边贴住基准表面时,应轻轻压住,然后使直角尺的另一边与零件被测表面接触,根据透光的缝隙判读零件相互垂直面的垂直精度。直角尺的放置位置不能歪斜,否则测量不正确,如图 2-37 所示。

(a) 正确　　　　　(b) 不正确　　　　　(c) 不正确

图 2-37　角尺的放置位置

2.2.8 塞　尺

塞尺又叫厚薄规,是由厚度不同的薄钢片组成的一套测量工具,每片上都标有厚度尺寸,用来检测两个结合之间间隙的大小,也可以配合角尺测量工件两个相邻表面间的垂直度误差,如图 2-38 所示。

塞尺有两个平行的测量表面,其长度有 50 mm、100 mm、200 mm 等几种。测量厚度为 0.02~0.1 mm 的,中间每片相隔为 0.01 mm;测量厚度为 0.1~1 mm 的,中间每片相隔为 0.05 mm。

使用塞尺时,根据零件结合面间的间隙大小,选出 1~3 片厚薄规重叠在一起,塞入间隙内,测出间隙数值。测量时不可用力过大,以免厚薄规弯曲折断。使用时,应擦净其表面,以免有脏物影响测量结果的正确性。图 2-39 所示为用塞尺和 90°角尺检测工件垂直度误差。

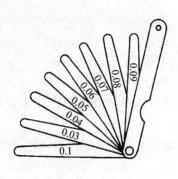

图 2-38 塞尺

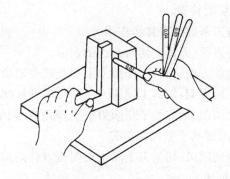

图 2-39 用塞尺和角尺检测工件垂直度

注意事项

测量练习时的注意事项如下。
- 测量练习前应认真检查所用量具。
- 测量练习中注意爱护量具,正确使用量具。
- 量具不准与其他工具、刀具及零件堆放在一起,不准将量具靠近热源。
- 测量练习完毕后将量具擦净放入盆内。

2.3　铣刀的装卸练习

技能目标
- ◆ 了解铣刀的种类、材料和应用。
- ◆ 练习装卸铣刀刀轴和铣刀。
- ◆ 了解铣刀装卸时的注意事项。

2.3.1　铣刀的一般知识

1. 铣刀材料

铣刀切削部分的材料应满足以下基本要求。

① 要有足够的硬度。在常温下,刀具切削部分必学有足够的硬度才能切入工件。由于在切削过程中会产生大量的热量,因而要求刀具材料在高温下仍能保其硬度,并能继续进行切削。

② 铣刀切削部分的材料必须有足够的韧性和强度。刀具在切削过程中要承受很大的冲击力,因此要求刀具切削部分材料具有足够的强度、韧性,在承受冲击和振动的条件下能够继续进行切削,不易崩刃、碎裂。

③ 铣刀切削部分材料还应有较好的工艺性能,锻造、焊接、切削加工和刃磨都应该比较容易。常用的铣刀材料有两类:一类是高速钢,用于制造形状较为复杂的低速切削用刀具,常用的牌号有 W18Gr4V、W6M.5Gr4V2。另一类是硬质合金,多用于制造高速切削用端铣刀。常

用的硬质合金有两大类,一类钨钴钛类(YT 系列),用于切削一般钢材;一类为钨钴类(YG 系列),用于切削铸铁。

2. 铣刀各部分名称和作用

① 前刀面:刀具上切屑流过的表面。

② 主后刀面:刀具上同前刀面相交成主切削刃的后面。

③ 副后刀面:刀具上同前刀面相交成副切削刃的后面。

④ 主切削刃:起始于切削刃上主偏角为零的点,并至少有一段切削刃拟用来在工件上切出过渡表面的那个整段切削刃。

⑤ 副切削刃:切削刃上除主切削刃以外的刃,亦起始于主偏角为零的点,但它向背离主切削的方向延伸。

⑥ 刀尖:指主切削刃与副切削刃的连接处相当少的一部分切削刃。

⑦ 前角 γ_0:影响切屑变形、切屑与前刀面的摩擦及刀具强度。增大前角,则切削刃锋利,从而使切削省力,但会使刀齿强度减弱;前角太小,会使切削费力。

⑧ 后角 α_0:增大后角,可减少刀具后刀面与切削平面之间的摩擦,可得到光洁的表面,但会使刀尖强度减弱。

⑨ 契角 β_0:契角的大小决定了切削刃的强度。契角越小,切入金属越容易,但刀刃强度较差;反之,切削刃强度好,但较难切入金属。

⑩ 主偏角 κ_r:影响切削刃参加铣削的长度,并影响刀具散热以及铣削分力之间的比值。

⑪ 副偏角 κ_r':影响副切削刃对已加工表面的修光作用。减小副偏角,可使已加工表面的粗糙度值降低,降低表面粗糙度值。

⑫ 刃倾角 λ_s:刃倾角可控制切屑流出方向,影响切削刃强度并能使切削力均匀。

3. 圆柱形铣刀的主要几何角度

圆柱形铣刀可以看成由几把切刀均匀分布在圆周上而成,如图 2-40(a)所示。由于铣刀呈圆柱形,所以铣刀的基面是通过切削刃上选定点和圆柱轴线的假想平面。铣刀各部分的名称和几何角度如图 2-40(b)所示。

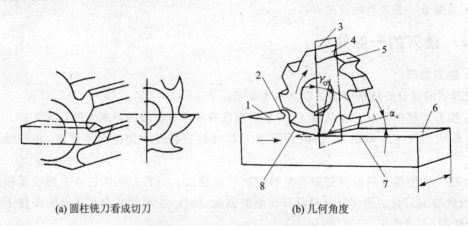

(a)圆柱铣刀看成切刀　　(b)几何角度

图 2-40　圆柱形铣刀及其组成部分

1—待加工面;2—切屑;3—基面;4—前面;5—后面;
6—已加工面;7—切削平面;8—过渡表面

为了使铣削平稳,排屑顺利,圆柱形铣刀的刀齿一般都做成螺旋形。螺旋齿刀刃的切线与铣刀轴线间的夹角称为圆柱形铣刀的螺旋角 β。

4. 三面刃铣刀的几何角度

三面刃铣刀可以看成由几把简单的切槽刀均匀分布在圆周上而成,如图 2-41(a)所示。一把切槽刀切削的情形如图 2-41(b)所示,为了减少刀具两侧对沟槽两侧的摩擦,切槽刀两侧加工出副后角 α' 和副偏角 κ'_r。

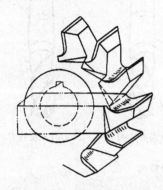 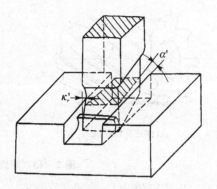

(a) 三面刃铣刀看成切槽刀　　　　　　(b) 三面刃铣刀几何角度

图 2-41　三面刃铣刀的构成

三面刃铣刀圆柱上的切削刃是主切削刃,主切削刃有直齿和斜齿(螺旋齿)两种,其几何角度前角、后角等与圆柱形铣刀相同。斜齿三面刃铣刀的刀齿间隔地向两个方向倾斜,故称为错齿三面刃铣刀。三面刃铣刀两侧面上的切削刃是副切削刃。

5. 端铣刀的几何角度

端铣刀可以看成由几把外圆车刀平行铣刀轴线沿圆周均匀分布在刀体上而成,如图 2-42 所示。每把外圆车刀都有两个切削刃,端铣刀的主切削刃与已加工表面之间的夹角是主偏角 κ_r,副切削刃与已加工表面之间的夹角是副偏角 κ'_r。主切削刃与基面倾斜的角度是刃倾角 λ_s。

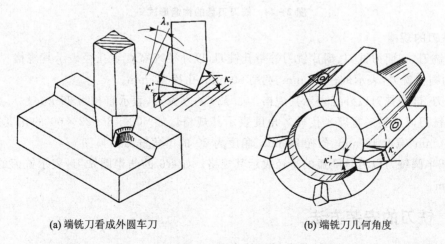

(a) 端铣刀看成外圆车刀　　　　　　(b) 端铣刀几何角度

图 2-42　端铣刀的构成

6. 铣刀刀齿的螺旋方向和刀齿的形状

① 螺旋齿铣刀。

铣刀刀齿的螺旋方向有右旋和左旋两种方向。把铣刀放在面前,使铣刀的轴线与水平面垂直,用肉眼观察,刀齿向右倾斜升起为右旋,刀齿向左倾斜升起为左旋,如图2-43所示。

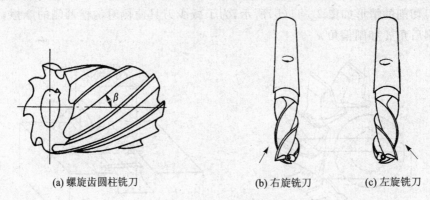

(a) 螺旋齿圆柱铣刀　　(b) 右旋铣刀　　(c) 左旋铣刀

图2-43　螺旋齿铣刀的旋向

② 铣刀刀齿的形状。

按铣刀刀齿的形状分,有尖齿铣刀和铲齿铣刀两种。尖齿铣刀的齿背是直线或折线形,刃口锋利、刃磨方便,如圆柱铣刀、立铣刀等,铣刀用钝后刃磨后刀面。铲齿铣刀的齿背是阿基米德螺旋线形,刃口不够锋利,如齿轮铣刀、特形铣刀等,铣刀用钝后刃磨前刀面。铣刀刀齿的构造形式如图2-44所示。

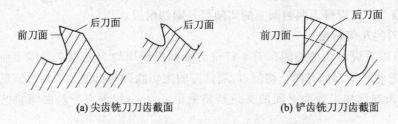

(a) 尖齿铣刀刀齿截面　　(b) 铲齿铣刀刀齿截面

图2-44　铣刀刀齿的构造形式

7. 铣刀的规格

圆柱铣刀、三面刃铣刀、锯片铣刀等带孔铣刀,以外径×宽度×孔径表示其规格。如75×60×27的圆柱铣刀,表示外径75 mm、宽度60 mm、孔径27 mm。

立铣刀、键槽铣刀以外径表示其规格。如$\phi 20$的立铣刀,表示直径为20 mm。

角度铣刀以外径×宽度×孔径×角度表示其规格。如60×18×22×60°的角度铣刀,表示外径60 mm、宽度18 mm、孔径22 mm、角度为60°的单角铣刀。

凸、凹半圆铣刀以刀具圆弧的半径表示其规格。如$R6$的凸半圆铣刀,表示铣刀的圆弧半径为6 mm。

2.3.2　铣刀的安装方法

1. 圆柱铣刀、三面刃铣刀等带孔铣刀的安装

① 铣刀刀轴。

带孔铣刀借助于刀轴安装在铣床主轴上。根据铣刀孔径的大小,常用的刀轴直径有 22 mm、27 mm、32 mm 三种。刀轴上配有垫圈和紧刀螺母,如图 2-45 所示。刀轴左端是 7:24 的锥度,与铣床主轴锥孔配合,锥度的尾端有内螺纹孔,通过拉紧螺杆,将刀轴拉紧在主轴锥孔内;刀轴锥度的前端有一凸缘,凸缘上有两个缺口,与主轴端的凸缘缝配合;刀轴的中部是光轴,安装铣刀和垫圈,轴上还带有键槽,用来安装定位键,将扭矩传给铣刀;刀轴右端是螺纹和轴颈,螺纹用来安装紧刀螺母,紧住铣刀,轴颈用来与挂架轴承孔配合,支持铣刀刀轴。

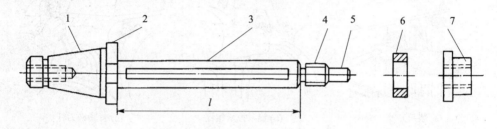

图 2-45 铣刀刀轴

1—锥柄;2—凸缘;3—刀轴承;4—螺纹;5—支撑轴颈;6—垫圈;7—紧刀螺母

② 刀轴拉紧螺杆。

拉紧螺杆用来将刀轴拉紧在铣床主轴锥孔内,左端旋入螺母与固定杆在一起,用来将螺纹部分旋入铣刀或刀轴的螺纹孔中,背紧螺纹用来将铣刀或刀轴拉紧在铣床主轴孔内,如图 2-46 所示。

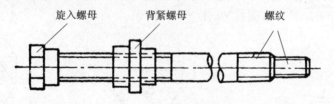

图 2-46 刀轴拉紧螺杆

③ 圆柱铣刀的安装步骤。

◆ 根据铣刀孔径选择刀轴。

◆ 调整横梁伸出长度。松开横梁紧固螺母,适当调整横梁伸出长度,使其与刀轴长度相适应,然后紧固横梁,如图 2-47 所示。

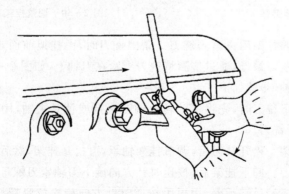

图 2-47 横梁伸出长度的调整

- ◆ 擦净主轴锥孔和刀轴锥柄。
- ◆ 安装刀轴。将主轴转速调至最低(30 r/min)或锁紧主轴。右手拿刀轴,将刀轴的锥柄装入主轴锥孔,装刀时刀轴凸缘上的槽应对准主轴端部的凸键。从主轴后端观察,用左手顺时针转动拉紧螺杆,使拉紧螺杆的螺纹部分旋入刀轴螺孔6~7转,然后用扳手旋紧拉紧螺杆的背紧螺母,将刀轴拉紧在主轴椎孔内,如图2-48所示。

(a) 装入刀轴　　　　(b) 旋入拉紧螺杆　　　　(c) 背紧铣刀杆

图 2-48　安装刀轴

- ◆ 安装垫圈和铣刀。安装时,应擦净刀轴、垫圈和铣刀。
- ◆ 安装并紧固挂架。擦净挂架轴承孔和刀轴配合轴颈,适当注入润滑油,调整挂架轴承,双手将挂架装在横梁导轨上,如图2-49所示。适当调整挂架轴承孔和刀轴配合轴颈的配合间隙,使用小挂架时用双头扳手调整,使用大挂职架时用开槽螺母扳手调整,如图2-50所示。然后紧固挂架,图2-51所示。

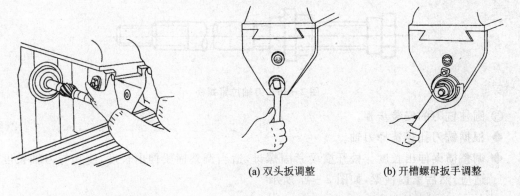

　　　　　　　　　　　　　　(a) 双头扳调整　　　(b) 开槽螺母扳手调整

图 2-49　安装挂架　　　　图 2-50　调整挂架轴承间隙

- ◆ 紧固铣刀。紧固挂架后再紧固铣刀。紧固铣刀时,由挂架前面观察,用扳手按顺时针方向旋紧刀轴紧刀螺母,通过垫圈将铣刀夹紧在刀轴上,如图2-52所示。
- ④ 卸下铣刀和刀轴,步骤如下。
- ◆ 松开铣刀。卸下铣刀时,先将主轴转速调至最低或锁紧主轴,用扳手逆时针旋转刀轴紧刀螺母,松开铣刀。
- ◆ 松开并卸下挂架。松开铣刀后,调节挂架轴承,再松开挂架,然后取下挂架。
- ◆ 取下垫圈和铣刀。卸下挂架后,按逆时针方向旋下刀轴紧刀螺母,取下垫圈和铣刀。
- ◆ 卸下刀轴。从主轴后端观察,用扳手按逆时针方向旋松拉紧螺杆的背紧螺母;然后用手锤轻击拉紧螺杆的端部;再用左手旋出拉紧螺杆,右手握刀轴取下刀轴。

◆ 铣刀刀轴的放置。刀轴卸下后,应垂直放置在专用支架上,以免因放置不当而引起刀轴弯曲变形。

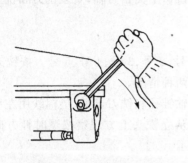 

图 2-51 紧固挂架　　　　　　　　　图 2-52 紧固铣刀

2. 套式端铣刀的安装

① 内孔带键槽的套式端铣刀的安装。

用圆柱面上带键槽并安装有键的刀轴安装。安装时,先擦净刀轴锥柄和铣床主轴锥孔,将刀轴凸缘上的槽对准主轴端部上的键,用拉紧螺杆拉紧刀轴,然后擦净铣刀内孔、端面和刀轴外圆,将铣刀上键槽对准刀轴上的键,装入铣刀,用叉形扳手旋紧压紧螺钉,紧固铣刀,如图 2-53 所示。

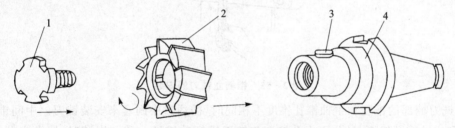

图 2-53 内孔带键槽的套式端铣刀的安装
1—紧刀螺钉;2—铣刀;3—键;4—刀轴

② 端面带键槽的套式端铣刀的安装。

如图 2-54 所示,用配有凸缘端带键的刀轴安装。安装铣刀时,先将刀轴拉紧在铣床主轴锥孔内,将凸缘装入刀轴,并使凸缘的槽对准刀轴端部的键,装入铣刀,使铣刀端面上的槽对准凸缘端面上的凸键,旋入螺钉,用叉形扳手紧固铣刀。

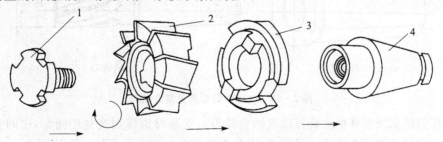

图 2-54 端面带键槽的套式端铣刀的安装
1—紧刀螺钉;2—铣刀;3—凸缘;4—刀轴

用以上形式结构的刀轴可以安装直径较大的端铣刀,也可以安装直径为 160 mm 以下的端铣刀。

用以上两种刀轴安装套式端铣刀时,也可以在平口钳上夹紧刀轴;安装铣刀和铣刀装入主轴锥孔时,用拉紧螺杆拉紧。

3. 锥柄立铣刀的安装

锥柄立铣刀的柄部一般采用莫氏锥度,有莫氏1号、2号、3号、4号、5号。按铣刀直径的大小不同做成不同号数的锥柄,安装这种铣刀有以下两种情况。

铣刀柄部锥度和主轴锥孔锥度相同时,先擦净主轴锥孔和铣刀锥柄,垫棉纱用左手握住铣刀,将铣刀锥柄穿入主轴锥孔,然后用拉紧螺杆扳手,从立铣头上方观察按顺时针方向旋紧拉紧螺杆,紧固铣刀。锥柄立铣刀的安装如图 2-55 所示。

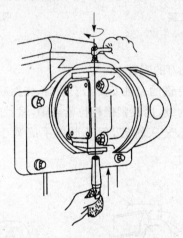

图 2-55 锥柄立铣刀的安装

② 铣刀柄部的锥度和主轴锥孔锥度不相同时,需通过中间套来安装铣刀。中间锥套的外圆锥度和主轴锥孔锥度相同,而内孔锥度与铣刀锥柄的锥度一致。安装时,擦净主轴锥孔、中间锥套内外锥体和铣刀锥柄,先将铣刀插入中间锥套锥孔,然后将中间锥套连同铣刀一起穿入主轴锥孔,旋紧拉紧螺杆,紧固铣刀,如图 2-56 所示。

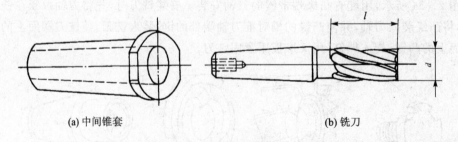

(a) 中间锥套　　　　　　　(b) 铣刀

图 2-56 借助中间锥套安装立铣刀

X52K 型铣床安装锥柄立铣刀或直柄立铣刀。安装时也需用变径中间套,中间套外圆锥度为 7:24,内圆孔锥度为莫氏 4 号锥度,安装方法与在立铣床上安装立铣刀相同。

③ 拆卸锥立柄铣刀时,先将主轴转速调至最低(30r/min)或锁紧主轴,用拉紧螺杆扳手,从立铣头上方观察按逆时针方向旋松拉紧螺杆,当拉紧螺杆上阶台端面上升到贴平主轴端部

背帽的下端平面后,再继续用力旋转拉紧螺杆,在背帽限位的情况下,拉紧螺杆将铣刀向下推出主轴锥孔,继续转动拉紧螺杆,直到取下铣刀,如图 2-57 所示。

借助中间锥套安装锥柄铣刀,在卸下铣刀后,若中间锥套仍留在主轴锥孔内,可用扳手将中间锥套取下。

4. 直柄立铣刀的安装

半圆键铣刀、直径较小的立铣刀和键槽铣刀都做成圆柱柄,一般通过钻夹头或弹簧夹头安装在主轴锥孔内,如图 2-58 和图 2-59 所示。

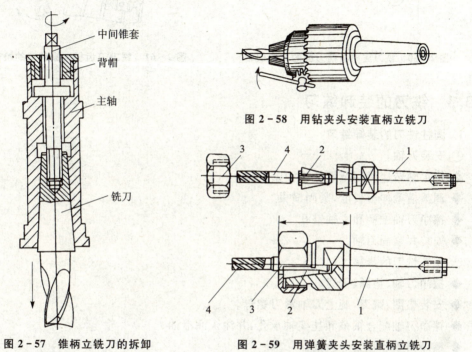

图 2-57 锥柄立铣刀的拆卸

图 2-58 用钻夹头安装直柄立铣刀

图 2-59 用弹簧夹头安装直柄立铣刀
1—弹簧夹头锥柄;2—卡簧;3—螺母;4—铣刀

5. 铣刀安装后的检查

① 检查铣刀是否紧固。

② 检查挂架轴承孔与铣刀杆支撑轴颈的配合间隙是否适当,一般情形下以铣削时不振动、挂架轴承不发热为宜。

③ 检查铣刀回转方向是否正确。在启动机床主轴回转后,铣刀应向着前刀面的方向回转,如图 2-60 所示。

④ 检查铣刀刀齿的径向圆跳动和端面圆跳动。对于一般的铣削,可用目测法或凭经验确定铣刀刀齿的径向圆跳动和端面圆跳动是否符合要求。对于精密的铣削,可用百分表进行检测。如图 2-61 所示,将磁性表架吸在工作台面上,使表的测量触头触到铣刀的刃口部位,测量杆垂直于铣刀轴线(检查径向圆跳动)或平行于铣轴线(检查端面圆跳动),然后用扳手向铣刀后刀面的方向回转铣刀,观察百分表指针在铣刀回转一转内的变化情况,一般要求在 0.05~0.06 mm 内。

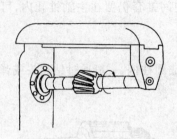 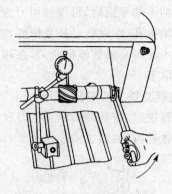

图 2-60 铣刀应向着前刀面的方向回转　　图 2-61 铣刀刀齿径向圆跳动的检查

2.3.3 铣刀的装卸练习

1. 圆柱铣刀的装卸练习

① 安装刀轴。
◆ 将主轴转速调制至最低或锁紧主轴。
◆ 调整横梁伸出长度,紧固横梁。
◆ 擦净刀轴锥柄和主轴锥孔。
◆ 安装并紧固刀轴。

② 安装铣刀的步骤。
◆ 擦净刀轴、垫圈、铣刀。
◆ 安装垫圈、铣刀,旋上刀轴紧刀螺母。
◆ 擦净刀轴配合轴颈和挂架轴承孔,并注入润滑油。
◆ 擦净横梁和挂架导轨面。
◆ 安装并紧固挂架。
◆ 调整挂架轴承。
◆ 上紧刀轴、刀螺母,紧固铣刀。

③ 拆卸铣刀和刀轴的步骤。
◆ 将主轴转速调制至最低或锁紧主轴。
◆ 松开刀轴紧刀螺母。
◆ 松开挂架并调节挂架轴承。

④ 卸下挂架。
◆ 旋转刀轴紧刀螺母,卸下垫圈和铣刀。
◆ 松开拉紧螺杆的背紧螺母。
◆ 用手捶轻击拉紧螺杆端部。
◆ 旋转拉紧螺杆,取下刀轴。
◆ 安装垫圈和螺母,将刀轴放回原处。

2. 椎柄立铣刀的装卸练习

① 安装莫氏 3 号锥柄立铣刀的步骤。

◆ 将主轴转速调制至最低或锁紧主轴。
◆ 选择中间锥套。
◆ 擦净立铣刀主轴锥孔、铣刀锥柄、中间锥套。
◆ 将铣刀锥柄装入中间锥套。
◆ 将铣刀和锥套拉紧在立铣头主轴锥孔内。
② 拆卸立铣刀的步骤。
◆ 旋松拉紧螺杆,使铣刀脱离主轴锥孔。
◆ 卸下铣刀。
◆ 用扳手卸下中部锥套。

注意事项

铣刀装卸时的注意事项如下。
- 圆柱形铣刀或其带孔铣刀安装时,应先紧固挂架,后紧固铣刀;拆卸铣刀时,应先松下铣刀,再松开挂架。
- 装卸铣刀时,圆柱形铣刀应以手持两端面,立铣刀应垫棉纱握圆周,防止刃口划伤手。
- 安装铣刀时应擦净各接合表面,以免因脏物影响铣刀的安装精度。
- 拉紧螺杆的螺纹部分应与铣刀或刀轴的螺孔有足够的旋合长度。
- 挂架轴承孔与刀轴支撑轴颈应保持足够的配合长度。
- 铣刀安装后应检查安装情况是否正确。

2.4 工件的装夹

技能目标
◆ 了解平口钳的结构。
◆ 掌握平口钳的安装和钳口找正的方法。
◆ 掌握用平口钳和压板装夹工件的发法。
◆ 了解用平口钳和压板装夹工件时的注意事项。

2.4.1 用平口钳装夹工件

1. 平口钳

平口钳是铣床上常用的装夹工件的夹具。铣削一般长方体零件平面、阶台、斜面以及铣削轴零件的沟槽等都可以用平口钳装夹。

常用的平口钳有回转式和非回转式两种。图2-62所示为回转式平口钳,主要由固定钳口、活动钳口、底座等组成。钳体能在底座上扳转任意角度。非回转式平口钳结构与回转式平口钳基本相同,只是底座没有转盘,钳体不能扳转。

回转式平口钳使用方便,适应性强,但由于多了一层转盘结构,高度增加,因而刚性相对较差。因此在铣削平面、垂直面和平行面时,一般都采用非回转式平口钳。

普通平口钳规格按钳口宽度有 100 mm、125 mm、136 mm、160 mm、200 mm、250 mm 等几种规格。

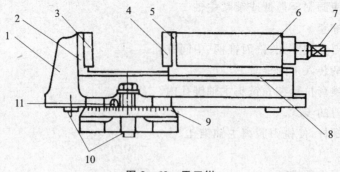

图 2-62 平口钳

1—钳体；2—固定钳口；3—固定钳口铁；4—活动钳口铁；5—活动钳口；6—活动钳身；
7—丝杆方头；8—压板；9—底座；10—定位键；11—钳体零线

2. 平口钳的安装和固定钳口的校正

① 平口钳的安装。

安装平口钳时应擦净钳座底面和铣床的工作台面。一般情况下，平口钳在工作台面安放位置应处在工作长度方向的中心偏左，宽度方向的中心，以方便操作。安装平口钳时，应根据加工工件的具体要求，使固定钳口与铣床主轴轴心线垂直或平行，如图 2-63 所示。

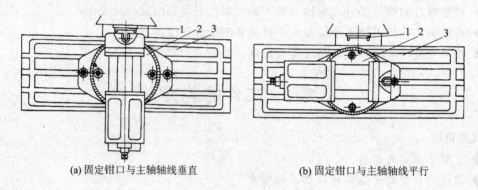

(a) 固定钳口与主轴轴线垂直　　　　　　(b) 固定钳口与主轴轴线平行

图 2-63 平口钳的安装位置

1—铣床主轴；2—平口钳；3—工作台

加工一般的工件时，平口钳可用定位键安装。安装时，将平口钳底座上的定位键放入工作台中央T形槽内，双手推动钳体，使两定位键的同一侧侧面靠在中央T形槽的侧面上，然后固定钳座，再利用钳体上的零线与底座上的刻线相配合，转动钳体，使固定钳口与铣床主轴轴线垂直或平行，也可以按需调整成所要求的角度。

加工有较高相对位置精度要求的工件时，如铣削构槽等，钳口与主轴轴线要求有较高的垂直度或平行度，这时应对固定钳口进行校正。

② 固定钳口的校正。

(a) 用划针校正平口钳固定钳口与铣床主轴轴心线垂直。

加工较长的工件时，固定钳口一般应与铣床主轴轴心线垂直安装，用划针进行校正。校正时，将划针夹持在刀轴垫圈间，把平口钳底座紧固在工作台面上，松开钳体紧固螺母，使划针的针尖靠近固定钳口铁，移动纵向工作台，用肉眼观察划针的针尖与固定钳口铁平面的缝隙大小均匀，若在钳口全长范围内一致，固定钳口就与铣床主轴轴心线垂直，然后紧固钳体，如

图 2-64 所示。紧固钳体后,必须再进行复检,以免紧固时发生位移。用划针校正的方法精度较低,常用于粗校正。也可以在平板上预先将两平面平行的垫铁(最好长一点)用高度尺在其侧面划一直线,此直线即和两平面平行,再将此垫铁夹持在平口钳内,以划出的直线为基准,用粘在铣刀头上的大头针将平口钳校正即可。此方法只适用于一般零件加工要求不高情况下的粗加工。

(b) 用 90°角尺校正固定钳口与铣床主轴轴心线平行。

如图 2-65 所示,校正时,松开钳体紧固螺母,使固定钳口平面大致与主轴轴心线平行。将 90°角尺的尺座方底面紧靠在床身的垂直导轨面上,调整钳体使固定钳口铁平面与 90°角尺尺苗外侧量面密合,然后紧固钳体,并再进行复检。

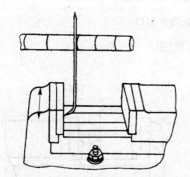

图 2-64 用划针校正平口钳固定钳口
与铣床主轴轴心线垂直

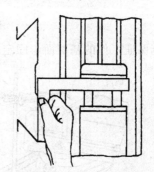

图 2-65 用 90°角尺校正固定钳口
与铣床主轴轴心线平行

(c) 用百分表校正固定钳口与铣床主轴轴心线垂直或平行。

加工工件的精度要求较高时,可用百分表对固定钳口进行校正。校正时,将磁性表架吸在横梁导轨平面上,然后安装百分表,使表的测量杆与固定钳口铁平面垂直,表的测量触头触到钳口铁平面,测量杆压缩 0.5~1.0 mm,纵向移动工作台,观察表的读数在钳口全长范围内一致,则固定钳口就与铣床主轴轴心线垂直,如图 2-66 所示。轻轻用力紧住钳体,进行了复检合格后,用力紧固钳体。

用百分表校正固定钳口与铣床主轴轴心线平行时,将磁性表架吸在床身的垂直轨道平面上,横向移动工作台进行检查。

3. 工件在平口钳的装夹

① 毛坯件的装夹。

毛坯件装夹时应选择一个较为平整的毛坯面作为粗基准面,将其靠在平口钳的固定钳口面上。装夹工件时在钳口铁平面与工件毛坯之间垫钢皮,以防损伤钳口。轻夹工件后,用划针盘(或高度尺测量)校正毛坯的上平面位置,基本上与工作台面平行即可后夹紧工件,如图 2-67 所示。

② 已经粗加工的工件的装夹。

在装夹已经粗加工的工件时,应该选择一个较大的粗加工表面作基准面,将这个基准面靠向平口钳的固定钳口或钳体导轨面上进行装夹。

工件的基准面靠向固定钳口时,可在活动钳口和工件间放置一圆棒,圆棒要与钳口上平面平行,其位置在钳口夹持工件部分高度的中间偏上。通过调整圆棒的上下位置,将工件夹紧,

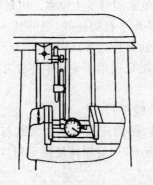 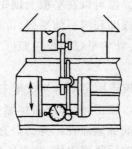

(a) 固定钳口与铣床主轴轴心线垂直　　(b) 固定钳口与铣床主轴轴心线平行

图 2-66　用百分表校正固定钳口

这样能保证工件的基准面与固定钳口面很好地贴合，如图 2-68 所示。

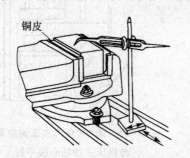 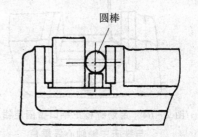

图 2-67　钳口垫铜皮装夹校正毛坯件　　图 2-68　用圆棒夹持工件

工件的基准面靠向钳体导轨面时，在工件与导轨面之间垫以平行垫铁，为了使工件基准面与导轨面平行，稍紧后可用铜锤轻击工件上面，同时用于移动平行垫铁，当其不松动时，工件基准面与钳身导轨平面贴合良好，然后夹紧，如图 2-69 所示。注意，敲击工件时，用力大小要适当，不可连续猛力敲击，应克服垫铁和钳身反作用力的影响。工件较大时，最好用经过磨削的等高垫铁。

注意事项

平口钳上装夹工件时的注意事项如下。

- 安装平口钳时，应擦净工作面和钳底平面；工件安装时，应擦净钳口铁平面、钳体导轨面及工件表面。
- 工件在平口钳上装夹时，放置的位置应适当，待铣去的余量层应高出钳口上平面，高出的高度以铣削时铣刀不接触钳口上平面为宜，如图 2-70 所示。
- 工件在平口钳上装夹时，放置的位置应适当，夹紧工件后，钳口受力应均匀。

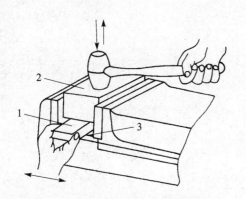
图 2-69　用平行垫铁装夹工件
1—平行垫铁；2—工件；3—钳体导轨面

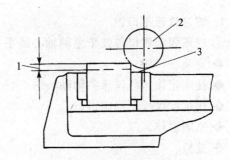
图 2-70　余量层应高出钳口上平面
1—待切除余量层；2—铣刀；3—钳口上平面

2.4.2　用压板装夹工件

形状较大或不便于用平口钳夹紧的工件，常用压板夹紧在铣床工作台面上进行加工。

用压板装夹工件，在卧式铣床上用端铣刀铣削时应用最多。在铣床上用压板装夹工件时，主要有压板、垫铁、T 行螺栓及螺母等。压板有多种形状，可适应各种不同形状工件装夹的需要。

使用压板夹紧工件时，应选择两块以上的压板，压板的一端搭在工件上，另一端搭在垫铁上，垫铁的高度应等于或略高于工件被夹紧部位的高度，中间螺栓到工件的距离应略小于螺栓到垫铁的距离。使用压板时，螺母和压板平面之间应垫有垫圈，如图 2-71 所示。

注意事项

使用压板夹紧工件时的注意事项如下。

- 压板的位置放置应正确，垫铁的高度应适当，压板与工件接触良好，夹紧可靠，以免铣削时工件移动。
- 工件夹紧处不能有悬空现象，如有悬空，应将工件垫实。
- 夹紧毛坯时，应在工件和工作台面间垫铜皮；夹紧已加工表面时，应在工件和压板间垫铜皮，以免压伤工作台面和已加工表面。
- 用端铣刀铣削工件时，压板可以调一个角度安装，但必须迎着铣削时的作用力。

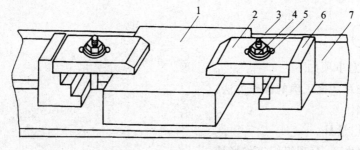
图 2-71　用压板装夹工件
1—工件；2—压板；3—T 形螺栓；4—螺母；5—垫圈；6—阶台垫铁；7—工作台面

2.4.3 校正平口钳、装夹工件练习

1. 练习校正平口钳

① 校正固定钳口与铣床主轴轴心线平行。
◆ 安装平口钳。
◆ 使固定钳口与铣床主轴轴心线平行。
◆ 用角度尺校正固定钳口。
◆ 紧固嵌体。
◆ 复检。

② 校正固定钳口与铣床主轴轴心线垂直。
◆ 松开嵌体紧固螺母,转动嵌体 90°。
◆ 在刀轴间安装划针。
◆ 用划针校正固定钳口。
◆ 紧固嵌体。
◆ 紧固嵌体,安装百分表。
◆ 用百分表校正固定钳口,在钳口全长范围内两端允差 0.03 mm。

2. 练习装夹工件

① 用平口钳装夹工件。
◆ 选择 40 mm×60 mm×150 mm 的已加工长方体零件,选择 20 mm×50 mm×170 mm 的平行垫铁。
◆ 放置垫铁(大面靠向嵌体导轨面)。
◆ 安装工件(大面靠向平行垫铁)。
◆ 夹紧工件。
◆ 用铜锤轻击工件上面。
◆ 用手扳动垫铁,垫铁以不松动为宜。

② 用压板装夹工件。
◆ 选择长方体零件(尺寸约为 200 mm×100 mm×40 mm)。
◆ 选择压板、螺栓、垫铁。
◆ 安装压板、螺栓、垫圈、旋紧螺母。
◆ 装夹工件。

> 注意事项

练习时的注意事项如下。
- 练习时注意掌握正确的操作方法。
- 注意安全。
- 爱护工具、量具。
- 注意文明生产,合理组织工作场地。

2.5 铣床的操作练习

技能目标
- ◆ 了解 X6132(X62W)、X5032(X52K)型铣床主要部件的名称和功用。
- ◆ 了解 X6132、X5032 型铣床各操纵手柄的名称、功用、操作方法。
- ◆ 了解铣床的润滑、保养和安全操作知识。
- ◆ 空转练习操作铣床。
- ◆ 了解铣床操作练习时的注意事项。

2.5.1 X6132 型铣床的操作

X6132 型铣床是目前普通铣床中应用最广泛的一种卧式万能升降台铣床。其主要特点是:转速高、功率大、刚性好、操作方便、灵活、通用性强。它可以安装万能立铣头,使铣刀回转任一角度,完成立式铣床的工作。机床本身有良好的安全装置,手动和机动进给有互锁机构;主轴能迅速有效地制动;能进行顺铣和逆铣加工;机床有完善的润滑系统,通过流油指示器可以检查自动润滑情况。X6132 卧式万能升降台铣床如图 2-72 所示。

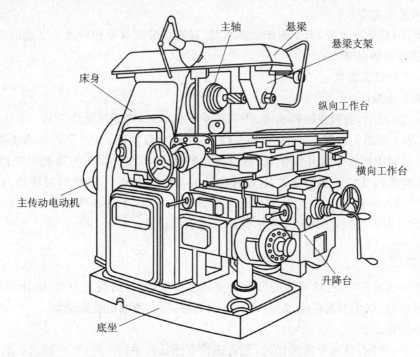

图 2-72 X6132 卧式万能升降台铣床

1. X6132 型铣床主要部件的名称和功用

① 床身:是铣床的主体,用来固定和支持其他部件。床身前壁有燕尾形垂直导轨,升降台可沿导轨上下移动,也可以固定立铣头;床身的上部有水平导轨,悬梁可在导轨上面水平前后移动;床身的内部装有主轴、主轴变速机构、润滑油泵等。

② 悬梁与悬梁支架:悬梁的一端装有支架,支架上面有与主轴同轴的支撑孔,用来支撑铣

刀轴的外端，以增强铣刀轴的刚性。悬梁向外伸出的长度可以根据刀轴的长度进行调节。

③ 主轴：是空心轴，由3组向心推力滚子轴承组成，前端有7：24的圆锥孔，用来安装刀轴和铣刀，带动铣刀旋转切削工件。

④ 纵向工作台：用来安装工件或夹具，并带动工件作纵向进给运动。工作台长1 200 mm、宽320 mm，最大有效行程720 mm，上面有3条T形槽，用来安装螺钉，固定夹具和工件，而中央T形槽又是安装夹具、附件或工件的基准。工作台前面有一条T形槽，用来安装和固定自动进给停止挡铁。

⑤ 横向工作台：用来带动纵向工作台作横向进给运动。通过回转盘与纵向工作台连接，转动回转盘，可使工作台回转45°的角度，用来铣削斜面和螺旋线零件。

⑥ 升降台：升降台装在床身正面的垂直导轨上，用来支撑工作台，并带动工作台作上下垂直进给运动。升降台中下部有丝杠与底座螺母联接；后部有燕尾导轨，与床身垂直导轨相连；顶部有矩形导轨，与鞍座导轨相连。铣床进给系统中的电动机和变速机构等就安装在升降台内部。

⑦ 主轴变速机构：用来调整和变换主轴转速，可使主轴获得30～1 500 r/min的18种转速。

⑧ 进给变速机构：用来调整和变换工作台的进给速度，可使工作台获得30～1 180 mm/min的18种不同进给速度。

⑨ 底座：用来支持床身，承受铣床全部重量，具有足够的强度和刚度。底座的内腔盛装切削液，供切削时冷却润滑。

2. X6132型铣床操作

① 主轴变速操作。

如图2-73所示，变换主轴转速时，手握变速手柄球部，将变速操作手柄1下压，使手柄的榫块从固定环2的槽1内脱出，再将手柄外拉，迅速转至最左端，直到手柄的榫块落入固定环2的槽2内，这时手柄处于脱开位置Ⅰ。然后转动转速盘3，使所需的转速数对准指针4，再将手柄下压脱出槽2，并快速推到位置Ⅱ，使冲动开关6瞬时接通，电动机瞬时转动，以利于变速齿轮啮合，然后再由位置Ⅱ慢速将手柄继续推到位置Ⅲ，使手柄的榫块落入固定环2的槽1内，变速终止。用手按"起动"按钮，主轴就获得要求的转速。

注意事项

● 主轴变速操作时，连续变换的次数不宜超过3次，如果必须进行变速，则应间隔5 min后再进行，以免引起电流过大，导致电动机超负荷，使电机线路烧坏。

② 进给变速操作。

如图2-74所示，进给变速操作时，先将进给变速操作手柄1外拉，再转动手柄，带动进给速度盘2旋转（转速盘上有23.5～1 180 mm/min18种进给速度），当所需的转速对准指针3后，将变速手柄推回到原处，按"起动"按钮使主轴旋转，再扳动自动进给操作手柄，工作台就按要求的进给速度作自动进给运动。

课题二 铣削的基本知识

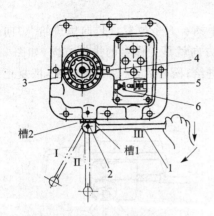

图2-73 主轴变速操作
1—变速操作手柄;2—固定环;3—转速盘;
4—指针;5—螺钉;6—冲动开关

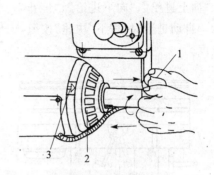

图2-74 进给变速操作
1—进给变速操作手柄;2—进给速度盘;3—指针

③ 工作台手动进给操作。

操作时将纵向、横向手柄分别接通其手动进给离合器,摇动各手柄,带动工作台作各给进给方向的手动进给运动,如图2-75所示。顺时针摇动各手柄,工作台前进(或上升);逆时针方向摇动各手柄,工作台后退(或下降)。

纵向、横向刻度盘的圆周刻线为120格,每摇1转,工作台移动6 mm,所以每摇1格,工作台移动0.05 mm;垂直方向刻度盘的圆周刻线为40格,每摇1转,工作台上升(或下降)2 mm,因此每摇动1格,工作台上升(或下降)0.05 mm。

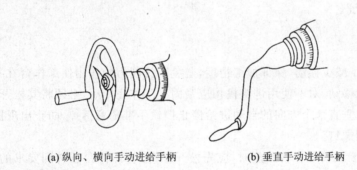

(a) 纵向、横向手动进给手柄　　　(b) 垂直手动进给手柄

图2-75 手动进给手柄和刻度盘

注意事项

- 若手柄摇过头,则不能直接退回到要求的刻线处,应将手柄退回一转后,再重新摇到要求的数值。
- 作手动进给运动时,进给速度应均匀适当。
- 不使用手动进给时应将手柄与离合器脱开。

④ 工作台自动进给操作。

工作台的自动进给必须起动主轴才能进行。工作台纵向、横向、垂直方向的自动进给操作手柄均为复式手柄。纵向自动手柄有3个位置,即"向右进给"、"向左进给"、"停止",手柄的指向就是工作台的自动进给方向,如图2-76所示。

横向、垂直方向的自动进给由同一手柄操纵,该手柄有5个位置,即"向里进给"、"向外进给"、"向上进给"、"向下进给"、"停止"。手柄推动的方向就是工作台的进给方向,如图2-77所示。自动进给时,按下"快速"按钮,工作台则快速进给;松开后,快速进给停止,恢复正常进给速度。

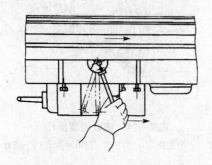

图2-76 工作台纵向自动进给操作

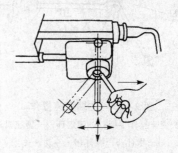

图2-77 工作台横向、垂直自动进给操作

变换进给速度时应先停止进给,然后将变速手柄向外拉并转动,带动转速盘转至所需要的转速数,对准指针后,再将变速手柄推回原位。

工作台的自动进给运动是靠各操作手柄接通电动机的电气开关,使电动机"正转"或"反转"。因此操作时只能接通一个,不能同时接通二个。为了保证机床设备的安全,铣床的纵向与横向、垂直方向自动进给之间由电器保证互锁,而横向与垂直自动进给之间的互锁由单手柄操纵的机械动作保证。

> **注意事项**

- 铣削时,为了减少振动,保证加工精度,避免因铣削力的作用使工作台在某一个进给方向产生位置移动,对不使用进给机构应紧固。工作完毕后,必须将其松开。
- 纵向、横向、垂直3个方向的自动进给停止挡铁不准随意拆掉,防止出现机床事故。

⑤ 回转盘紧固螺钉。

铣削加工中需要调转工作台角度时,应先松开螺钉,将工作台扳转到要求的角度,然后再将螺钉紧固。铣削工作完毕后,将螺钉松开,使工作台恢复原位(即回转盘的零线对准基线),再将螺钉紧固。

3. X6132型铣床的润滑

主轴箱、进给变速箱采用自动润滑,机床开动后,由指示器显示润滑情况;纵向工作台丝杆和螺母、导轨面、横向导轨面采用手拉油泵注油润滑;纵向工作台丝杆两端轴承、垂直导轨、挂架轴承采用油枪注油润滑;如图2-78所示。

4. X6132型铣床的操作顺序

操作铣床时,先手摇各进给手柄,作手动进给检查。无问题后再将电源开关扳至"通"位,将主轴换向开关扳至要求的转向,再调整主轴转速和工作台每分钟进给量,然后按"启动"按钮,使主轴旋转,扳动工作台自动进给操纵手柄,使工作台作自动进给运动。工作台进给完毕,将自动进给操作手柄扳至原位,按主轴"停止"按钮,使主轴和进给停止。

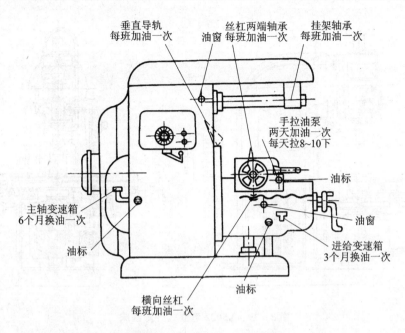

图 2-78 X6132 型铣床润滑图

工作台快速进给运动时,先扳动工作台自动进给操纵手柄,按下"快速"按钮,工作台就作这个方向的快速进给运动,快速进给结束,停止按"快速"按钮,使自动进给操纵手柄恢复原位。使用快速进给时,应注意机床的安全操作。

不使用圆工作台时,其转换开关在"断开"位置。正常情况下,离合器开关应在"断开"位置。

2.5.2 X5032 型立式铣床的操作

X5032 型立式铣床是一种常见的立式升降铣床,如图 2-79 所示。其规格、操纵机构、传动变速情况均与 X6132 相同。主要不同点是:X5032 型铣床的主轴位置与工作台面垂直,安装在左右回转的铣头内。X5032 型铣床工作台与溜板连接处没有回转盘,工作台在水平面内不能扳转角度。

1. 工作台的纵向手动进给操纵手柄

工作台手动进给操纵手柄共有两个:一个在工作台丝杆的左端,一个在工作台前方。这样可在不同的位置对机床进行操作。

2. 主轴套筒的垂直进给操纵

调整垂直进给吃力深度或需要主轴套筒带动主轴垂直进给运动时,首先松开主轴套筒锁紧手柄,再摇动升降手柄,使主轴套筒带动主轴作上下垂直移动,进给完毕,锁紧手柄。主轴套筒的垂直范围是 70 mm。

3. 立铣头调整角度的调整

立铣头座体上刻有左右 45°的刻度,可使主轴轴线按其刻线度左右回转 45°,主轴轴线的零位由定位销定位。需要转动立铣头角度时,首先拔出定位销,松开紧固螺钉,转动手柄轴,调转立铣头至要求的角度,再将锁紧螺钉紧固。

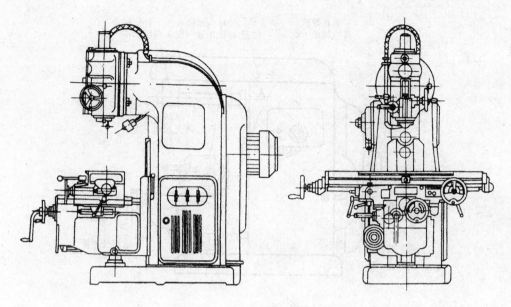

图 2-79　X5032 型立式升降铣床

2.5.3　X8126 型万能工具铣床

X8126 型万能工具铣床的外形如图 2-80 所示。它具有水平主轴和垂直主轴，故能完成卧铣和立铣的铣削工作内容。此外，它还具有万能角度工作台、圆形工作台、水平工作台以及分度机构等装置，再加上平口钳和分度头等常用附件，因此用途广泛。其适合于加工各种夹具、刀具、工具、模具和小型复杂工件，具有以下特点。

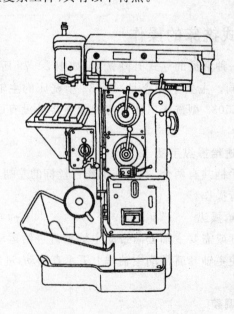

图 2-80　X8126 型万能工具铣床

① 具有水平主轴和垂直主轴，垂直主轴能在平行于纵向的垂直平面内偏转到所需角度位置，范围±45°。

② 在垂直台面上可安装水平工作台，此时机床相当于普通的升降台铣床，工作台可作纵向和垂直方向的进给运动，横向进给运动由主轴体完成。

③ 安装圆工作台后，可实现圆周进给运动和在水平面内作简单等分，用以加工圆弧轮廓面等曲线回转面。

④ 安装万能角度工作台后，工作台可在空间绕纵向、横向、垂直方向3个相互垂直的坐标轴回转角度，以适应加工各种倾斜面和复杂工件。

⑤ 机床不能用挂轮加工等速螺旋槽和螺旋面。

2.5.3 铣床的操作练习

1. 铣床的手动进给操作练习

① 在教师指导下检查机床。
② 对铣床注油润滑。
③ 熟悉各个进给方向刻度盘。
④ 做手动进给练习。
⑤ 使工作台在纵向、横向、垂直方向分别移动 2.5 mm、4 mm、7.25 mm。
⑥ 学会消除工作台丝杠和螺母间的传动间隙对移动尺寸的影响。
⑦ 每分钟均匀地手动进给 30 mm、60 mm、95.75 mm。

2. 铣床主轴的空运转操作练习

① 将电源开关转至"通"位。
② 练习变换主轴 1～3 次（控制在低速）。
③ 按"启动"按钮，使主轴旋转 3～5 min。
④ 检查油窗是否甩油。
⑤ 停止主轴旋转，重复以上练习。

3. 工作台自动进给操作练习

① 检查各进给方向紧固手柄是否松开。
② 检查各进给方向机动进给停止挡铁是否在限位柱范围内。
③ 使工作台处于各进给方向的中央位置。
④ 变换进给速度（控制在低速）。
⑤ 按主轴"启动"按钮，使主轴旋转。
⑥ 使工作台机动进给，先纵向，后横向，再垂直方向。
⑦ 检查进给油窗是否甩油。
⑧ 停止工作台进给，再停止主轴旋转。
⑨ 重复以上练习。

> **注意事项**

练习时的注意事项如下。
- 严格遵守安全操作规程。
- 不准做与以上练习内容无关的其他操作。
- 操作时按步骤进行。

- 不允许两个进给方向同时机动进给。
- 机动进给时,各进给方向紧固手柄应松开。
- 各进给方向的机动进给停止挡铁应在限位柱范围内。
- 练习完毕后认证擦拭机床,并使工作台处于各进给方向的中间位置,各手柄恢复原位。

小方法 冷操作练习时,可将工作台面擦拭干净,然后选用 8 mm 厚的玻璃(或 3～5 mm 钢板,要求平直)置于工作台面上,在玻璃上平铺一张白纸,四周用较重的铁块压住,使纸张不要在玻璃上移动,用钻夹头或铣头夹紧铅笔,上升工作台,使笔尖轻轻接触纸张,移动工作台后,可清晰地画出铅笔线条。用此方法可在一定程度上提高学生对冷操作的兴趣,并且熟悉纵向和横向工作台手柄进给方向。

2.6 铣削用量

技能目标
- 了解铣削速度,供给量的基本知识和运算方法。
- 了解铣削用量的基本概念。

在铣削过程中所选用的切削用量称为铣削用量。铣削用量的要素主要有:铣削速度 v_c、进给量 f、铣削深度 a_p 和铣削宽度 a_e。

1. 铣削速度 v_c

铣削时切削刃上选定点在主运动中的线速度,即为切削刃上离铣刀轴线距离最大的点在 1 min 内所经过的路程。铣削速度与铣刀直径、铣刀转速有关,计算公式为:

$$v_c = \frac{\pi d n}{1\,000}$$

式中:v_c——铣削速度,m/min;
d——铣刀直径,mm;
n——铣刀或铣床主轴转速,r/min。

铣削时,根据工件材料、铣刀切削部分材料、加工阶段的性质等因素,确定铣削速度,然后根据所用铣刀规格(直径)按以下公式计算,并确定铣床主轴的转速。

$$n = \frac{1000 v_c}{\pi d}$$

2. 进给量 f

铣刀在进给运动方向上相对工件的单位位移量。铣削中的进给量根据具体情况的需要有 3 种表述和度量的方法,如下。

① 每转进给量 f:铣刀每回转一周在进给运动方向上相对工件的位移量,单位为 mm/r。

② 每齿进给量 f_z:铣刀每转中每一刀齿在进给运动方向上相对工件的位移量,单位为 mm/z。

③ 每分钟进给量 v_f(即进给速度):铣刀每回转 1 min,在进给运动方向上相对工件的位移量,单位为 mm/min。

3 种进给量的关系为:

$$v_f = f \times n = f_z \times z \times n$$

式中：n——铣刀或铣床主轴转速，r/min。

z——铣刀齿数。

铣削时，根据加工性质先确定每齿进给量 f_z，然后根据铣刀的齿数 z 和铣刀的转速 n，计算出每分钟进给量 v_f，并以此对铣床进给量进行调整（铣床铭牌上的进给量以每分钟进给量表示）。

3. 铣削深度 a_p

铣削深度 a_p 指在平行于铣刀轴线方向上测得的铣削层尺寸，单位为 mm。

4. 铣削宽度 a_e

铣削宽度 a_e 指在垂直于铣刀轴线方向、工件进给方向上测得的铣削层尺寸，单位为 mm。

铣削时，采用的铣削方法和选用的铣刀不同，铣削深度 a_p 和铣削宽度 a_e 的表示也不同。图 2-81 所示为用圆柱形铣刀进行圆周铣与用端铣刀进行端铣时，铣削深度 a_p 与铣削宽度 a_e 的表示。不难看出，采用圆周铣或端铣时，铣削宽度 a_e 都表示铣削深度 a_p，因为不论使用哪一种铣刀铣削，其铣削弧深方向均垂直于铣刀轴线。

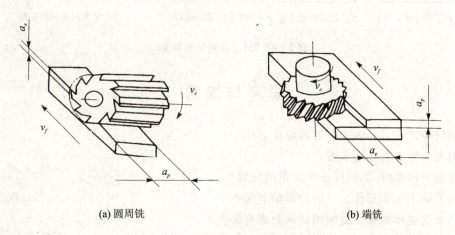

(a) 圆周铣 (b) 端铣

图 2-81 圆周铣与端铣时的铣削用量

5. 铣削用量的选择

① 粗铣时的切削用量。

粗铣时，应选择较大的切削深度、较低的主轴转速、较高的进给量。确定切削深度时，一般零件的加工表面加工余量在 2~5 mm 之间，可一次切除。选择进给量应考虑刀齿的强度以及机床、夹具的刚性等因素。加工钢件时，每齿进给量可取在 0.05~0.15 mm 间；加工铸铁件时，每齿进给量可取在 0.07~0.2 mm 间。选择主轴转速时，应考虑铣刀的材料、工件的材料及切除的余量大小，所选择的主轴转速不能超出高速钢铣刀所允许的切削速度范围，即 20~30 m/min。切削钢件时，主轴转速取高些；切削铸铁件时，或切削的材料强度、硬度较高时，主轴转速取低些。

② 精铣时的切削用量。

精铣时，应选择较小的切削深度、较高的主轴转速、较低的进给量。精铣时的铣削深度可取在 0.5~1 mm 间。精铣时进给量的大小应考虑能否达到加工的表面粗糙度要求，这时应以每转进给量为单位来选择，每转进给量可取在 0.3~1 mm 间。选择主轴转速时，应比粗铣时提高 30% 左右。

6. 对刀调整切削深度的方法(对刀方法)

如图 2-82 所示,机床各部调整完毕,工件装夹校正后,开动机床,使铣刀旋转;然后手摇各个进给手柄,使工件处于旋转的铣刀下面;再手摇垂直进给升降台手柄上升工作台,使铣刀轻轻划着工件;再手摇纵向(或横向)进给手柄使工件退出铣刀。也可记好升降台刻度盘的刻线,下降升降台使工件退出铣刀。上升升降台,调整好切削深度,将横向进给紧固,手摇纵向进给手柄使工件接近铣刀,铣去加工余量。开始铣削时,铣刀切勿冲击工件,且进给应均匀、缓慢。工作完毕后,停止主轴旋转,下降工作台,将工件退回原位并卸下。

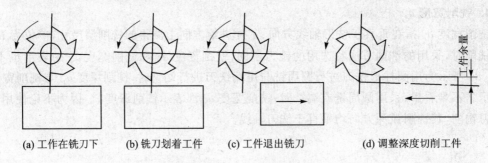

(a) 工作在铣刀下　　(b) 铣刀划着工件　　(c) 工件退出铣刀　　(d) 调整深度切削工件

图 2-82　对刀调整切削深度

思考与练习

1. 如何装卸铣刀?装卸铣刀时应注意什么?
2. 装夹工件有哪些基本要求?
3. 安装平口钳时,如何校正平口钳的位置?
4. 铣削的主运动是什么?进给运动有哪些?
5. 什么是铣削用量?铣削用量的要素有哪些?
6. 铣削中进给量有哪 3 种表述方法?它们之间的关系是什么?
7. 什么是铣削深度?什么是铣削宽度?在圆周铣和端铣中如何表示?
8. 如何进行 X6132 型铣床主轴转速的变换?变速操作中应注意什么问题?
9. 对铣刀切削部分材料有哪些基本要求?铣切削常用的材料有哪两大类?
10. 铣刀按其用途可分成哪几类?

课题三　铣平面和连接面

> **教学要求**
> 1. 正确选择铣平面的铣刀和切削用量。
> 2. 掌握用圆柱铣刀和端铣刀铣平面的方法。
> 3. 正确区别顺铣和逆铣,掌握它们各自的优缺点及适用场合。
> 4. 掌握铣平面检验方法。
> 5. 分析平面铣削时产生废品的原因和防止方法。

连接面是指相互直接或间接交接,且不在同一平面的表面,这些表面可以相互垂直、平行或成任意角度倾斜。连接面(垂直面、平行面和斜面)是相对于某一个已确定的平面而言的,这个已确定的平面称为基面。加工基面时,应先加工基准面。基准面的加工即为单一平面的加工。

连接的加工除了与单一平面加工一样需保证平面度和表面粗糙度要求外,还需要保证相对于基准面的位置精度(垂直度、平行度和倾斜度等)以及与基准面间的尺寸精度要求。保证连接面加工精确的关键是工件的正确定位和装夹。

3.1　铣平面

技能目标
◆ 掌握铣平面的方法。
◆ 正确地选择铣削平行面所用的铣刀。
◆ 掌握平行面的检测方法。
◆ 分析铣削平行面的质量问题。

3.1.1　平面的铣削方法

用铣刀加工工件表面的切削方法称为铣平面。铣平面是铣床加工中的基本工作内容,也是进一步掌握铣削其他各种复杂表面的基础。因此,必须熟练掌握用圆柱形铣刀、端铣刀铣削平面这项基础操作。平面质量的好坏主要从平面的平整度和表面粗糙度两个方面来衡量,即形状公差项目中的平面度和表面粗糙度值来考核。

1. 圆周铣

圆周铣是利用分布在铣刀圆柱面上的刀刃进行铣削并形成平面的加工,简称周铣。周铣一般在卧式铣床上进行,铣出的平面与工作台台面平行。圆柱形铣刀的刀齿有直齿与螺旋齿两种,由于螺旋齿刀齿在铣削时是逐渐切入工件的,铣削较平稳,因此,铣削平面时均采用螺旋齿圆柱形铣刀,如图3-1所示。另外,选择圆柱形铣刀的宽度应大于加工表面的宽度,这样可以在一次铣削中铣出整个加工表面。粗加工时,可选择粗齿铣刀;精加工时,可选用细齿铣刀。为了增加铣刀切削工作时的刚性,铣刀应尽量靠近床身,挂架尽量靠近铣刀安装。

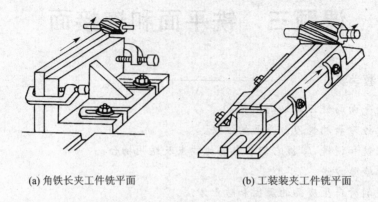

(a) 角铁长夹工件铣平面　　　　(b) 工装装夹工件铣平面

图 3-1　用圆柱形铣刀铣平面

2. 端　铣

端铣是利用分布在铣刀断面上的刀刃来铣削并形成平面的加工。用端铣刀铣平面可以在卧式铣床上进行,铣出的平面与铣床工作台台面垂直,如图 3-2 所示。端铣也可在立式铣床上进行,铣出的平面与工作台平行,如图 3-3 所示。

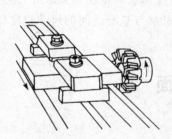 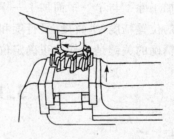

图 3-2　在卧式铣床上用端铣刀铣平面　　　图 3-3　在立式铣床上端铣刀铣平面

用端铣铣出的平面也有一条条刀纹,刀纹的粗细即为表面粗糙度。影响表面粗糙值的大小同样与工件进给速度的快慢和铣刀转速的高低等诸因素有关。

用端铣方法铣出的平面,其平面度的大小主要取决于铣床主轴轴心线与进给方向的垂直度。若主主轴轴心线与进给方向垂直,铣刀刀尖会在工件表面上铣出呈网状的刀纹,如图 3-4 所示。若主轴轴心线与进给方向不垂直,铣刀刀尖会在工件表面铣出单向的弧形刀纹,工件表面铣出一个凹面,如图 3-5 所示。如果铣削时进给方向是从刀尖高的一端移向刀尖低的一端,则会产生"拖刀"现象;反之,则可避免"拖刀"。因此,用端铣方法铣削平面时,应进行铣床主主轴轴心线与进给方向垂直度的校正,具体校正方法参见课题十一。

3. 用立铣刀铣平面

在立式铣床上用立铣刀的圆柱面刀刃铣削平面,铣出的平面与铣床工作台台面垂直,如图 3-6 所示。由于立铣刀的直径相对于端铣刀的回转直径较小,因此,加工效率较低。用立铣刀加工较大平面时有接刀纹,相对而言,表面粗糙度值 Ra 较大,但其加工范围广泛,可进行各种内腔表面的加工。

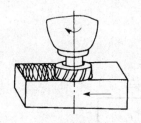
图 3-4 主轴与进给方向垂直

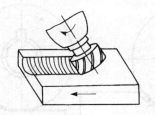
图 3-5 主轴与进给方向不垂直

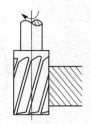
图 3-6 立铣刀加工平面

4. 圆周铣与端铣的比较

① 端铣刀的刀杆短，刚性好，且同时参与切削的刀齿数较多，因此振动小，铣削平稳，效率高。

② 端铣刀的直径可以做得很大，能一次铣出较宽的表面而不需要接刀。圆周铣时，工件加工表面的宽度受圆柱形铣刀宽度的限制而不能太宽。

③ 端铣刀的刀片装夹方便、刚性好，适宜进行高速铣削和强力铣削，可提高生产率和减小表面粗糙度值。

④ 端铣刀每个刀齿所切下的切屑厚度变化较小，因此端铣时铣削力变化小。

⑤ 在相同的铣削层宽度、铣削层深度和每齿进给量的条件下，端铣刀不采用修光刃和高速铣削等措施进行铣削时，用圆周铣加工的表面比用端铣加工的表面的表面粗糙度值小。

⑥ 圆周铣削能一次切除较大的铣削层深度（铣削宽度 a_e）。

由于端铣平面具有较多优点，因此在铣床上用圆柱形铣刀铣平面的许多场合已被用端铣刀铣平面所取代。表 3-1 所示为周铣或端铣平面时保证加工平面质量的方法。

表 3-1 用圆周铣与端铣保证加工平面质量的方法

铣削方式	影响平面质量	保证加工平面质量方法
圆周铣削	表面粗糙度	从表面粗糙度方面考虑，工件的进给速度小些，铣刀的转速高些，可以减小表面粗糙度值，保证表面质量
	平面度	从平面度方面考虑，选择合理的装夹方案和较小的夹紧力可减小工件的变形，而较小的刀具圆柱度误差和锋利的切削刃可以提高工件的平面度
端铣削	表面粗糙度	较小的进给速度和较高的铣刀转速等都可以提高表面粗糙度，从而保证工件表面质量
	平面度	平面度主要取决于铣床主轴轴心线与进给方向的垂直度误差。所以，在用端铣方法加工平面时，应进行铣床主轴轴心线与进给方向垂直度的校正

3.1.2 顺铣与逆铣

铣削时，铣刀对工件的作用力在进给方向上的分力与工件进给方向相同的铣削方式，即铣刀的旋转方向与工件的进给方向相同的铣削叫顺铣，如图 3-7(a)所示。

铣削时，铣刀对工件的作用力在进给方向上的分力与进给方向相反的铣削方式，即铣刀的旋转方向与工件进给方向相反的铣削叫逆铣，如图 3-7(b)所示。

1. 圆周铣时的顺铣与逆铣优缺点

① 顺铣优缺点。

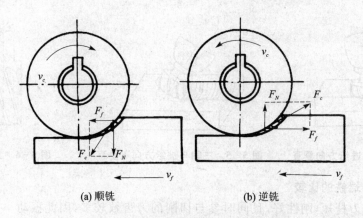

图 3-7　圆周铣时的切削力及其分力

◆ 铣刀对工件作用力 F_C 在垂直方向的分力 F_N 始终向下,对工件起压紧作用,因此铣削时较平稳。对不易夹紧的工件及细长的薄板形工件尤为适合。

◆ 铣刀刀刃切入工件时的切屑厚度最大,并逐渐减小到零。刀刃切入容易,且铣刀后面与工件已加工表面的挤压、摩擦小,故刀刃磨损慢,加工出的工件表面质量较高。

◆ 消耗在进给运动方面的功率较小。

◆ 顺铣时,刀刃从工件的外表面切入工件,因此当工件有硬皮和杂质的毛坯件时,容易磨损和损坏刀具。

◆ 顺铣时,铣刀对工件作用力 F_C 在水平方向的分力 F_f 与工件进给方向相同,会拉动铣床工作台。当工作台进给丝杆与螺母的间隙较大及轴承的轴向间隙较大时,工作台会产生间隙性窜动,导致铣刀刀齿折断、铣刀刀杆弯曲、工件与夹具产生位移,甚至机床损坏等严重后果。

② 逆铣优缺点。

◆ 在铣刀中心进入工件端面后,刀刃沿已加工表面切入工件,铣削表面有硬皮的毛坯件时,对铣刀刀刃损坏的影响小。

◆ F_C 在水平方向的分力 F_f 与工件进给方向相反,铣削时不会拉动工作台。

◆ 逆铣时,F_C 在垂直方向的分力 F_N 始终向上,对工件需较大的夹紧力。

◆ 逆铣时,在铣刀中心进入工件端面后,刀刃切入工件时的切屑厚度为零,并逐渐增加到最大,因此切入时铣刀后面与工件表面的挤压、摩擦严重,加速刀齿磨损,降低铣刀耐用度,工件加工表面产生硬化层,降低工件表面的加工质量。

◆ 逆铣时,消耗在进给运动方面的功率较大。

综合上述比较,在铣床上进行圆周铣削时,一般都采用逆铣。当工作台丝杠、螺母传动副有间隙调整机构,并可将轴向间隙调整到足够小(0.03~0.05 mm)时,可选用顺铣。或当 F_C 在水平方向的分力 F_f 小于工作台与导轨之间的摩擦力时,或当铣削不易夹紧或薄而长的工件时,也可选用顺铣。

为了提高表面加工质量,精铣时可用顺铣进行。精铣时,余量一般为 0.10~0.3 mm。

2. 端铣时的顺铣与逆铣优缺点

端铣时,根据铣刀与工件之间的相对位置不同,分为对称铣和非对称铣削两种方式。按切入边与切出边所占的铣削宽度 a_e 比例的不同,非对称铣削又分为非对称顺铣和非对称逆铣。

① 对称铣削。

铣削宽度 a_e 对称于铣刀轴线的端铣称为对称铣削,如图 3-8 所示。在铣削宽度上以铣刀轴线为界,铣刀先切入工件的一边称为切入边,铣刀切出工件的一边称为切出边。对称铣削时,切入边与切出边所占的铣削宽度相等,均为 $a_e/2$,切入边为逆铣,切出边为顺铣。

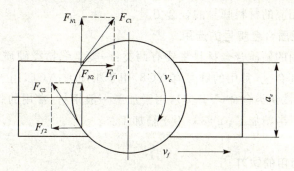

图 3-8 端铣对称铣削

对称铣削在铣削宽度较窄的工件(a_e 较小)和铣刀齿数较少时,一方面各刀齿的铣削力 F_C 在进给方向的分力 F_f 之和在方向上将发生交替变化,会引起工件和工作台的窜动;另一方面各刀齿的铣削力 F_C 在与进给方向垂直方向的分力 F_N 之和使窄长的工件容易造成弯曲变形。所以,对称铣削只在铣削宽度接近铣刀直径时采用。

② 非对称顺铣。

铣削时,顺铣部分占的比例较大,刀齿由较大的切削厚度切入工件,而以较小的切削厚度切出。铣刀各刀齿的铣削力 F_C 在进给方向的分力 F_f 之和,其方向与进给方向相同,使工件和工作台发生窜动。因此,端铣时一般都不采用非对称顺铣,只是在加工不锈钢等变形系数较大、冷作硬化现象较严重的材料时,才采用非对称顺铣,以减少切屑粘附和提高刀具寿命。此时,必须调整机床工作台的丝杆螺母副的传动间隙,如图 3-9 所示(a)。

③ 非对称逆铣。

铣削时,刀齿由最小的切削厚度切入工件,由较大的切削厚度切出,逆铣部分占的比例较大。铣刀各刀齿的铣削力 F_C 在进给方向的分力 F_f 之和,其方向与进给方向相反,不会拉动工作台,因而冲击小,振动较小。而且没有用圆柱形铣刀进行逆铣时,由于切入时切削厚度为零而引起的滑擦现象,因此,当加工碳钢及高强度低合金钢时,若用端铣应采取非对称逆铣,如图 3-9(b) 所示。

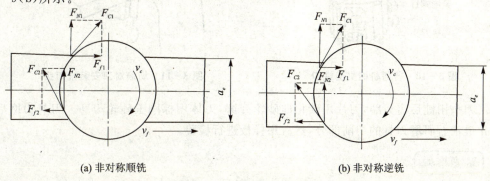

(a) 非对称顺铣   (b) 非对称逆铣

图 3-9 端铣非对称铣削

3.1.3 平面的高速铣削

高速铣削是采用硬质合金材料刀具,用较高的主轴转速、较高的进给速度、较深的切削深度及较宽的铣削宽度,采用强力铣削方式,以达到高生产率的一种方法。高速铣削时,根据工件材料的不同,选用相应的材料牌号的合金刀具。

1. 高速铣削时硬质合金牌号的选用

高速铣削时,常用的硬质合金材料主要有两类:一类是钨钴类硬质合金(YG 类),用于加工铸铁、有色金属及其合金,常用的牌号有 YG8,用于粗加工;YG6,用于半精加工;YG3,用于精加工。另一类是钨钛钴类合金(YT 类),用于加工一般钢材,常用的牌号有 YT5,用于粗加工;YT14、YT15,用于半精加工;YT30,用于精加工。

2. 高速铣削平面用的铣刀

① 普通的机械夹固端铣刀。

如图 3-10 所示,这类铣刀一般先把硬质合金刀片焊接在刀杆上,然后用机械夹固的方法把刀头固定在刀体上,常用的是用螺钉或楔块紧固。铣刀刀齿的数目一般不少于 4 个,可以使铣床主轴工作平稳,受力均匀。

为了减少刀齿的圆跳动,使刀齿切削均匀,安装刀头时应进行校正。常用的安装刀头的校正方法采用切痕调刀法,如图 3-11 所示。调整安装刀头时,先装好第一把刀头,夹紧工件对刀,在工件上铣出一段台阶面,停止工作台进给,再停止主轴旋转;然后安装第二把刀头,使刀头的主切削刃与工件上铣出的阶台面切痕对正,将刀头紧固;以同样的方法安装第三把和第四把刀头。安装完毕,降落工作台,开动机床,调整到原来的切削深度,铣完第一刀,铣削中注意观察刀具的工作情况。

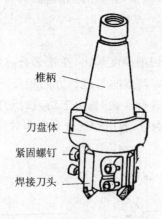

图 3-10 普通机械夹固铣刀

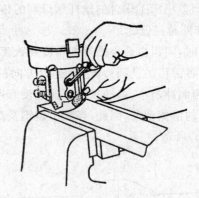

图 3-11 切痕对刀安装铣刀头

铣刀头用钝后需刃磨,刀片用碳化硅砂轮刃磨,刀体用棕刚玉砂轮刃磨。刀具刃磨后,应用碳化硅油石研磨刀具的切削部分,然后用样板进行检验。

注意事项

● 刃磨刀头时,双手动作要协调,用力适当。

- 磨削余量过大时,应避免温度过高,引起刀片碎裂。
- 刃磨出的后刀面应平整,不能出现塌刀。
- 刃磨过程中严禁沾水冷却,以免刀片碎裂。
- 刃磨时应戴防护眼镜。

② 机械夹固不重磨硬质合金端铣刀。

这种铣刀是把具有精度和合理几何角度的硬质合金多边形铣刀刀片,用螺钉、压板、楔块、刀片座等简单机械零件,紧固在端铣刀刀体上,用来加工平面或阶台面的新型高效率先进刀具,如图 3-12 所示。

直径 $\phi100\sim\phi160$ mm 的硬质合金端铣刀,其安装方法与套式端铣刀的安装方法相同。直径>160mm 的硬质合金端铣刀安装方法是:先将心轴装入铣床主轴锥孔内对刀盘体定位,并使刀盘体上的槽和主轴端的定位键对正,再用 4 个六角螺钉,通过主轴端的 4 个螺孔,将刀盘体紧固在铣床主轴上。

机械夹固不重磨硬质合金端铣刀片不需要操作者刃磨,只需刀片的转位更换即可。当刀片切削刃磨钝后,用内六角扳手松开多边形刀片的夹紧块,把磨钝的刀片转换一个位置,然后夹紧,就可继续使用,如图 3-13 所示。待多边形刀片的每一个切削刃都用钝后,再更换新刀片。为了保证刀片每次转位或更换后都有正确的空间位置,刀片转位安装时应与刀片座的定位点良好地接触,然后再用内六角扳手将片刀紧固。

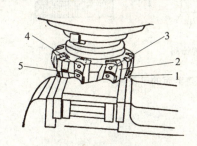

图 3-12 机械夹固不重磨硬质合金端铣刀
1—刀片;2—刀片座;3—双头螺钉;
4—刀片座夹紧座;5—刀片夹紧块

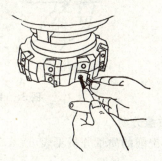

图 3-13 更换刀片

3. 高速铣削时的切削用量

高速铣削时,一般主轴转速可达 750~950 r/min,进给量为 300~375 mm/min,铣削深度一次可铣 3 mm,卧铣一次可铣 6~7 mm,铣削宽度一般为 120~150 mm(刀具直径)。

高速铣削也分粗铣和精铣。粗铣时,采用较低的主轴转数,较高的每分钟进给量,较大的切削深度。精铣时,采用较高的主轴转速,较低的每分钟进给量,较小的切削深度。加工材料的强度、硬质较高时,切削用量取低些;加工材料的强度、硬度较低时,切削用量取高些。

4. 高速铣削时对工件的装夹要求

高速铣削时,由于切削力大,铣刀和工件间的冲击力大,要求工件装夹牢固、可靠,夹紧力的大小足以承受铣削力。采用平口钳装夹工件时,工件加工表面伸出钳口的高度应尽量减少,切削力应朝向平口钳的固定钳口。

3.1.4 平面铣削的质量分析

平面的铣削质量不仅与铣削时所用的铣床、夹具和铣刀的质量有关,还与铣削用量和切削液的合理选用等诸多因素有关。其检验项目主要为平面粗糙度检验和平面度检验。

1. 平面检验

① 平面粗糙度检验。

用标准的表面粗糙度样块对比检验,或者凭经验用肉眼观察得出结论。

② 平面的平面度检验。

平面度的检验一般用刀口尺检验。检验时,手握刀口尺的尺体,向着光线强的地方,使尺子的刀口贴在工件被测表面上,用肉眼观察刃口与工件平面间的缝隙大小,确定平面是否平整。检测时,移动尺子,分别在工件的纵向、横向、对角线方向进行检测,最后测出整个平面的平面度误差,如图3-14所示。

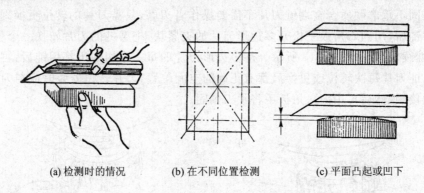

(a) 检测时的情况　　(b) 在不同位置检测　　(c) 平面凸起或凹下

图3-14　用刀口尺检测平面的平面度

2. 质量分析

平面铣削的质量分析见表3-2。

表3-2　平面铣削的质量分析

质量问题	产生原因
影响表面粗糙度的因素	1. 铣刀磨损,刀具刃口变钝; 2. 铣削时,进给量太大; 3. 铣削时,切削层深度太大; 4. 铣刀的几何参数选择不当; 5. 铣削时,切削液选择不当; 6. 铣削时有振动; 7. 铣削时有积屑瘤产生,或切屑有粘刀现象; 8. 铣削时有拖刀现象; 9. 铣削过程中因进给停顿,铣削力突然减小,而使铣刀下沉在工件加工面上切出凹坑

续表 3-2

质量问题	产生原因
影响平面度的因素	1. 用圆柱铣铣削平面时,圆柱形铣刀的圆柱度差; 2. 用端铣铣削平面,铣床主轴轴心线与进给方向不垂直; 3. 工件受夹紧力和切削力的作用产生变形; 4. 工件自身存在内应力,在表面层材料被切除后产生变形; 5. 铣床工作台进给运动的直线性差; 6. 铣床主轴轴承的轴向和径向间隙大; 7. 铣削中,由铣削热引起工件的热变形; 8. 铣削时,由于圆柱形铣刀的宽度或端铣刀的直径小于被加工面的宽度而接刀,产生接刀痕

3.1.5 平面铣削技能训练

1. 用圆柱形铣刀(直径 ϕ80 mm,宽度 63 mm)铣平面尺寸 106 mm×51 mm×21 mm

◆ 读零件图,检查毛坯尺寸。
◆ 安装平口钳,校正固定钳口与铣床主轴轴心垂直。
◆ 选择并安装铣刀。
◆ 选择并调整切削用量(主轴转速 118 r/min,进给量 60 mm/min,切削厚度 2 mm)。
◆ 安装并校正工件。
◆ 对刀调整铣削深度,自动进给铣削工件。
◆ 铣削完毕后,下降工作台并退出工件。
◆ 测量并卸下工件。

注意事项

操作中应注意的事项如下。
● 用平口钳装夹工件完毕应取下平口钳扳手,才能进行铣削。
● 调整铣削深度时,若手柄摇过头,应注意消除丝杠与螺母间的间隙对移动尺寸的影响。
● 铣削中不准用手摸工件和铣刀,不准测量工件,不准变换工作台进给量。
● 铣削中不准停止铣刀旋转和工作台自动进给,以免损坏刀具、啃伤工件。若必须停止时,应先降落工作台,再停止工作台自动进给和铣刀旋转。
● 进给结束后,工件不能立即在铣刀旋转的情况下退回,应先下降工作台后再退刀。
● 铣削时不使用的进给机构应紧固,工作完毕后再松开。

2. 用普通机夹铣刀(直径 ϕ100 mm)高速铣平面尺寸 120 mm×60 mm×35 mm

◆ 选择铣刀盘,并安装在 X52K 机床上。
◆ 选择并刃磨铣刀头(选择 YT15 的焊接刀头)。
◆ 安装并校正平口钳。
◆ 调整切削用量(取转速 600 mm/min,进给量 150 mm/min)。
◆ 对刀试切并调整、安装铣刀头。
◆ 铣尺寸 170 mm×70 mm 各面,保证尺寸 170.4 mm×70.4 mm(留磨量 0.4 mm)。

- ◆ 换卧式铣床铣尺寸 800 mm。
- ◆ 去行刺,转下道工序(磨削)。

注意事项

- 铣削前先检查刀盘、铣刀头、工件装夹是否牢固,铣刀头的安装位置是否正确。
- 铣刀旋转后,应检查铣刀前的旋转方向是否正确。
- 调整切削深度时应开车对刀。
- 进给中途,不准停止主轴旋转和工作台自动进给,遇有问题应先降工作台,再停止主轴旋转和工作台自动进给。
- 进给中途不准测量工件。
- 切屑应飞向床身,以免烫伤人。
- 对刀试切调整铣刀头时,注意不要损伤刀片刃口。
- 若采用 4 把铣刀头,可将刀头安装成阶台状切削工件。
- 切削时应佩戴防护眼镜。

3.2 铣垂直面和平行面

技能目标

- ◆ 掌握长方体零件加工顺序和基准面的选择方法。
- ◆ 掌握铣垂直面和平行面的方法。
- ◆ 分析铣削过程中出现的质量问题和了解铣削过程中的注意事项。

3.2.1 用圆周铣铣垂直面和平行面

1. 周铣加工垂直面

① 在卧式铣床上用平口钳装夹进行铣削。

用平口钳装夹铣垂直面,如图 3-15 所示,这种方法适宜加工较小的工件。当工件长度大于圆柱形铣刀宽度时,平口钳的安装应使固定钳口与铣床主轴轴心线垂直,以避免接刀;当工件长度较短时,平口钳固定钳口应与铣床主轴轴心线平行。

② 在卧式铣床上用角铁装夹进行铣削。用角铁装夹铣垂直面,适用于基准面比较宽而加工面比较窄的工件上垂直面的铣削,如图 3-1(a)所示。

③ 在立式铣床上用立铣刀进行铣削。对基准面宽而长、加工面较窄的工件,可在立式铣床上用立铣刀加工,如图 3-16 所示。

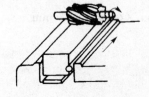
(a) 固定钳口与主轴线垂直

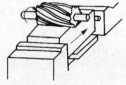
(b) 固定钳口与主轴线平行

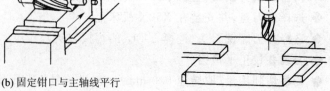

图 3-15 用平口钳装夹铣垂直面　　　图 3-16 用立铣刀铣垂直面

④ 产生垂直度误差的原因及保证垂直度的方法见表 3-3。

表 3-3 圆周铣产生垂直度误差质量分析

主要因素	产生原因	校正方法
固定钳口与工作台面不垂直	平口钳使用过程中钳口的磨损和平口钳底座有毛刺或切屑	1. 在固定钳口处垫铜皮或纸片； 2. 在平口钳底面垫铜皮或纸片； 3. 校正固定钳口的钳口体。如图 3-17 所示，用一块平行铁将其紧贴固定钳口，在活动钳口处放置一圆棒，将平行铁夹牢，再用百分表校验贴牢固定钳口的一面，使工作台作垂直运动。在上下移动 200 mm 的长度上，百分表读数的变动应在 0.03 mm 以内为合适。如果超差，可把固定钳口铁卸下，根据差值方向进行修磨到要求
工件基准面与固定钳口不贴合	工件基准面与固定钳口之间由切屑和工件的两对面不平行造成夹紧时基准面与固定钳口不是面接触而呈线接触	1. 修去毛刺； 2. 装夹时可在活动钳口处夹一圆棒，并应将钳口与基准面擦拭干净
圆柱形铣刀的圆柱度误差大	当固定钳口安装成与主轴轴心线垂直时，圆柱形铣刀如有锥度，则铣出的平面与基准面不垂直	重磨圆柱形铣刀
基准面的平面度误差大	基准面没有达到要求	精铣基准面
夹紧力太大	夹紧力太大，使固定钳口向外倾斜	夹紧力不能太大，不能使用较长的手柄夹紧工件

2. 周铣平行面的铣削

平行面是指与基准面平行的平面。铣削平行面除平行度、平面度要求外，还有两平行面之间的尺寸精度要求。用圆周铣铣削平行面一般都在卧式铣床上用平口钳装夹进行铣削，工件尺寸也不大。装夹时主要使基准面与工作台面平行，因此在基准面与平口钳钳体导轨面之间垫两块厚度相等的平行垫铁，如图 3-18 所示。较厚的工件最好垫上两条厚度相等的薄铜皮，以便检查基准面是否与平口钳导轨平行。

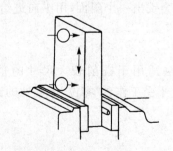

图 3-17 校正固定钳口的垂直度

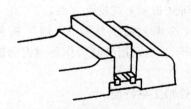

图 3-18 用平行垫铁装夹工件铣平行面

铣削平行面时，还需要保证平行平面之间的尺寸精度要求。在单件生产时，平行面的加工一般采取铣削——测量——再铣削……的循环方式进行,直至达到规定的尺寸要求为止。因此,控制尺寸精度必须注意粗铣时切削力大,铣刀受力抬起量大,精铣时切削力小,铣刀受力抬起量小,在调整工作台上升距离时,应加以考虑。当尺寸精度要求较高时,应在粗铣完后,增加一次半精铣,再根据余量大小借助百分表调整工作台升高量。经粗铣或半精铣后测量工件尺寸一般应在平口钳上测量,不要卸下工件。

产生平行度误差的原因及保证平行度的方法见表 3-4。

表 3-4 圆周铣平行面质量分析

主要因素	产生原因	校正方法
基准面与平口钳钳体导轨面不平行	1. 平行垫铁的厚度不相等; 2. 垫铁的上下表面与工件和导轨间有杂物; 3. 活动钳口与平口钳钳体导轨间存在间隙。当活动钳口夹紧工件而受力时,会使活动钳口上翘,工件靠近活动钳口的一边向上抬起; 4. 工件与固定钳口贴合面与基准面不垂直	1. 两块平行垫铁在平面磨床上同时磨出; 2. 用干净的棉布擦去杂物; 3. 工件夹紧后,须用铜锤或木榔头轻轻敲击工件顶面,直到两块平行垫铁的四端都没有松动现象为止; 4. 装夹工件时,应使该工件与固定钳口紧密贴合。
机用虎钳的导轨面与工作台面不平行	机用虎钳底面与工作台台面之间有杂物,以及与导轨面本身不平行	应注意剔除毛刺和切屑,必要时,需检查导轨面与工作台台面的平行度
铣刀圆柱度误差大	无论机用虎钳装夹的方向是与主轴平行还是垂直,若铣刀的圆柱度不准,都会影响平行面的平行度	周铣平面时要选择圆柱度较高的铣刀

3.2.2 用端铣铣垂直面和平行面

1. 端铣加工垂直面

① 在立式铣床上端铣垂直面。

在立式铣床上端铣垂直面(用机用虎钳装夹)与在卧式铣床上周铣垂直面的方法基本相同,不同之处是:用端铣刀铣垂直面时,影响加工面与基准面之间垂直度的主要原因是铣床主轴轴心线与进给方向的垂直度误差。如果立铣头的"零位"不准,用横向进给会铣出一个与工作台台面倾斜的平面;用纵向进给作非对称铣削,则会铣出一个不对称的凹面。同理,在卧式铣床上端铣时,若工作台"零位"不准,用垂直方向进给会铣出一个斜面;用纵向进给作非对称铣削,则也会铣出一个不对称的凹面。

② 在卧式铣床上端铣垂直面。

在卧式铣床上端铣垂直面(用压板装夹)的方法适用于铣削较大尺寸的垂直面,如图 3-19 所示。当采用升降台作垂直方向进给时,由于不受工作台"零位"准确性的影响,因此精度很高。

2. 端铣加工平行面

① 在立式铣床上端铣平行面。

如果端铣中、小型工件上的平行面,可选用机用虎钳装夹,需将工件基准面紧贴机用虎钳钳体导轨面或平行垫铁上;如果端铣的平行面尺寸较大或在工件上有阶台,可选择直接用压板装夹,需将其基准面与工作台台面贴合,如图 3-20 所示。

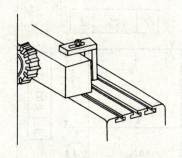

图 3-19 在卧式铣床上端铣垂直面

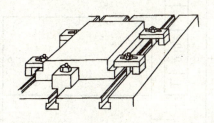

图 3-20 在立式铣床上端铣平行面

② 在卧式铣床上端铣平行面。

在卧式铣床上端铣平行面适用于加工尺寸较大、两侧面有较高平行度要求的工件。铣削时,先以加工后的底面为基准,铣削工件的一侧面(与底面垂直),然后再以这一侧面作为平行面的基准,在工作台 T 形槽里装上定位键,使工件基准面靠向定位键侧面后压紧,再用端铣刀加工侧面的平行面,如图 3-21 所示。

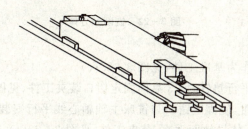

图 3-21 在卧式铣床上端铣平行面

如果底面与基准面不垂直,则需用角尺或百分表校正基准面或将底面重新铣准,使之与基准面垂直。

3.2.3 长方体零件加工技能训练

用平口钳装夹工件,在卧式铣床上用圆柱形铣刀铣削长方体,如图 3-22 所示。

1. 图样分析

① 读图。了解图样上有关加工部位的尺寸标注、精度要求、表面形状与位置精度和表面粗糙度要求,及其他技术要求。

② 检查毛坯。对照零件图样检查毛坯尺寸和形状,了解毛坯余量的大小。

③ 确定基准面。选择零件上较大的面或图样上的设计基准面作定位基准面。这个面应首先加工,并用其作为加工其余各面时的基准面。加工过程中,这个基准面应靠向固定钳口或钳体导轨面,以保证其余各加工面对这个基准面的垂直度和平行度要求。

2. 加工步骤

① 铣基准面 A(面 1):平口钳固定钳口与铣床主轴轴心线垂直安装。以面 2 为粗基准,靠向平口钳的固定钳口,两钳口与工件间垫铜皮装夹工件,见图 3-23(a)。

② 铣面 2:以面 1 为精基准靠向平口钳的固定钳口,在活动钳口和工件之间放置圆棒装夹

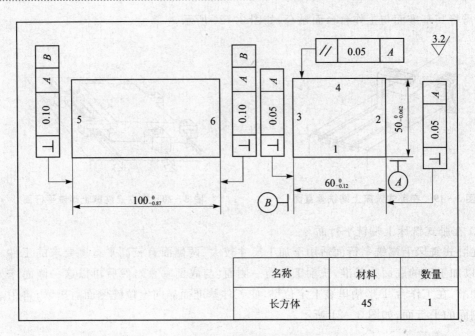

图 3-22 铣削长方体

工件,见图 3-23(b)。

③ 铣面 3:仍以面 1 作为基准工件,见图 3-23(c)。

④ 铣面 4:面 1 靠向平行垫铁,面 3 靠向固定钳口装夹工件,见图 3-23(d)。

⑤ 铣面 5:调整平口钳,使固定钳口与铣床主轴轴心线平行安装。面 1 靠向固定钳口,用 90°角尺校正工件面 2 与钳体导轨面垂直,装夹工件,见图 3-23(e)。

⑥ 铣面 6:面 1 靠向固定钳口,面 5 靠向钳体导轨面装夹工件,保证面 5 与面 6 平行,见图 3-23(f)。

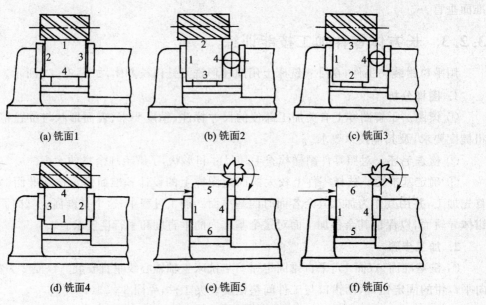

图 3-23 长方体的铣削顺序

> **注意事项**
> - 铣削过程中每次重新装夹工件前,应及时用锉刀修整工件上的锐边和去除毛刺,但不应锉伤工件的已加工表面。
> - 铣削时一般先粗铣,留 0.2～0.3 mm 余量,然后再精铣,以提高工件表面的加工质量。
> - 用铜锤或木锤轻击工件时,不要砸伤工件已加工表面。
> - 铣削钢件时,应使用切削液。

3.2.4 平行面的检验

平行面的检验主要是对平面度、平行度及垂直度及尺寸精度的检测。平面度检验用刀口尺检查(见图 3-24)。

1. 平行度的检测

① 用游标卡尺测量工件两边缘处,若读数一样,则表明两面平行,此方法也是平行面尺寸精度的检测方法。

② 用百分表检测。检测时,将工件放置于划线平台上,将百分表架固定于划线平台上,使百分表测量触头接触被测表面。移动工件,使工件的一端边缘在百分表测量触头下移动至另一边缘,观察百分表指针的读数,只要误差小于图样给出的误差值即为合格。此方法也可检测工件的平面度。

2. 垂直度的检测

如图 3-24 所示,一手拿住工件,一手拿住直角尺。用直角尺的一边贴住基准表面,轻轻压住,然后使直角尺的另一边与零件被测表面接触,根据透光的缝隙判读零件相互垂直面的垂直精度。直角尺的放置位置不能歪斜,否则测量不正确,如图 2-25 所示。

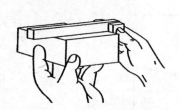

图 3-24 垂直度的检测　　　　　图 2-25 直角尺的错误放置

小窍门　利用靠铁定位安装工件铣垂直面时,靠铁找正紧固后,可在工件与靠铁之间夹一薄纸,工件装夹好后,可用手轻轻扯动薄纸,若工件两端的薄纸不被扯出,说明工件与靠铁已经贴紧,否则还需继续调整工件与靠铁的位置。此方法适用于批量加工。

小心得　敲击力的大小要与夹紧力相适应。夹紧力大时,可重敲;夹紧力小时,则应轻敲。敲击的位置应从已经落实的部位开始,逐渐向没有贴合好的位置,直到完全贴合好为止。

3.3 铣斜面

技能目标
- ◆ 掌握斜面的铣削方法。
- ◆ 掌握斜面的测量方法。
- ◆ 分析斜面铣削时出现的质量问题和注意事项。

3.3.1 斜面及其在图样上的表示方法

斜面是指工件上相对基准平面倾斜的平面,即与基准平面相交成所需角度的平面。斜面相对基准面倾斜的程度用斜度来衡量,在图样上有以下两种表示方法。

1. 倾斜角度的度数表示法

倾斜程度大的斜面(斜度大)用倾斜角度 α 的方法表示。如图 3-26(a)所示,其斜面和基准面的夹角=20°。

2. 斜度 S 的比值表示法

倾斜程度小的斜面用斜度 S 的比值方法表示。如图 3-26(b)所示,在 70 mm 的长度上,斜面两端至基准面的距离相差 10 mm,斜度用"∠1∶7"表示。斜度的符号"∠"的下横线与基准面平行,上斜线的倾斜方向应与斜面的倾斜方向一致(即斜度符号"∠"的尖端必须与图样上倾斜角的尖端相对应),不能画反。α 与 S 之间的换算关系为:

$$S = \tan\alpha$$

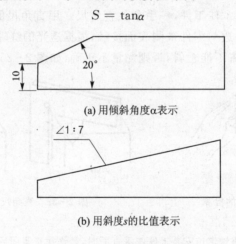

(a) 用倾斜角度 α 表示

(b) 用斜度 s 的比值表示

图 3-26 斜度表示法

3.3.2 斜面的铣削方法

铣削斜面时,工件、机床、刀具之间关系必须满足两个条件:一是工件的斜面应平行于铣削时铣床工作台的进给方向;二是工件的斜面应与铣刀的切削位置相吻合,即用圆周刃铣刀铣削时,斜面与铣刀的外圆柱面相切;用端面刃铣刀铣削时,斜面与铣刀的端面相重合。

在铣床上铣斜面的方法有 3 种,即工件倾斜铣斜面、铣刀倾斜铣斜面和角度铣刀铣斜面。

1. 工件倾斜铣斜面

在立式或卧式铣床上,铣刀无法实现转动角度的情况下,可以将工件倾斜所需角度安装进行铣削斜面。常用的方法有以下几种。

① 根据划线装夹工件铣斜面。

在单件生产中,常采用划线校正工件的装夹方法来实现斜面的铣削,如图 3-27 所示。

② 利用倾斜垫铁装夹工件加工斜面。

使用倾斜垫铁使工件基准面倾斜,用平口钳装夹工件,铣出斜面,如图 3-28 所示。所用垫铁的倾斜程序需与斜面的倾斜程序相同,垫铁的宽度应小于工件宽度。用这种方法铣斜面时,装夹、校正工件方便,倾斜垫铁制造容易,且铣削一批工件时,铣削深度不需要随工件更换而重新调整,适用于小批量生产。

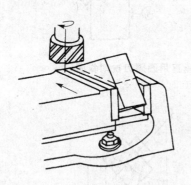 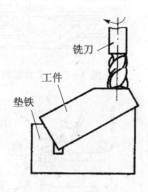

图 3-27 按划线装夹工件铣斜面　　　　图 3-28 用倾斜垫铁装夹工件

③ 利用平口钳钳体调转所夹工件的角度铣削斜面。

安装平口钳时必须要校正固定钳口与主轴轴心线的垂直度与平行度(卧式铣床),或与工作台纵向进给方向的垂直度与平行度,然后再按角度要求将钳体转到刻度盘上的相应位置,就可以铣削所要的斜面了。如图 3-29 所示,图 3-29(a)所示是先校正固定钳口与主轴轴心线垂直,再调转钳体 α 角,横向进给用立铣刀铣出斜面;图 3-29(b)所示是先校正固定钳口与主轴轴心线平行,再调转钳体 α 角,纵向进给用立铣刀或端铣刀铣出斜面。

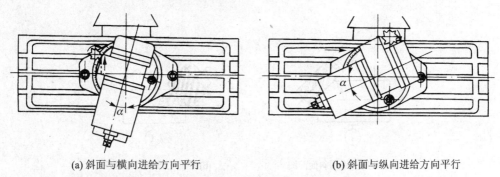

(a) 斜面与横向进给方向平行　　　　(b) 斜面与纵向进给方向平行

图 3-29 调转钳体角度装夹工件铣斜面

2. 铣刀倾斜铣斜面

在立铣头可转动角度的立式铣床、装有立铣头的卧式铣床、万能工具铣床上均可将端铣刀、立铣刀按要求偏转一定角度进行斜面的铣削。用平口钳装夹工件时,常用的方法有以下两种。

① 工件的基准面与工作台台面垂直装夹工件。

用立铣刀的圆周刃铣削斜面时,立铣头应扳转的角度 $\alpha=\theta$,如图 3-30 所示;用端铣刀或用立铣刀的端面刃铣削斜面时,立铣头应扳转的角度 $\alpha=90°-\theta$,如图 3-31 所示。

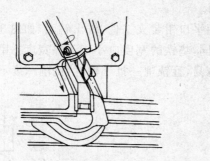 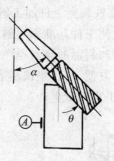

图 3-30 工件基准面与工作台台面垂直用圆周刃铣削斜面

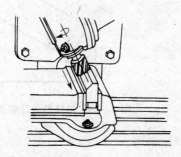 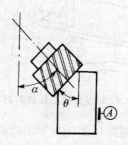

图 3-31 工件基准面与工作台台面垂直用端面刃铣削斜面

② 工件的基准面与工作台台面平行装夹工件。

用立铣刀的圆周刃铣削斜面时,立铣头应扳转的角度 $\alpha=90°-\theta$,如图 3-32(a)所示;用端铣刀或用立铣刀的端面刃铣削斜面时,立铣头应扳转的角度 $\alpha=\theta$,如图 3-32(b)所示。

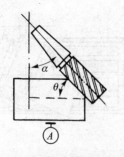 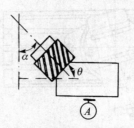

(a) 圆周刃铣削斜面简图　　　　(b) 端面刃铣削斜面简图

图 3-32 工件基准面与工作台台面平行

3. 角度铣刀铣斜面

切削刃与轴线倾斜成某一角度的铣刀称为角度铣刀,斜面的倾斜角度由角度铣刀保证。

受铣刀刀刃宽度的限制,用角度铣刀铣削斜面只适用于宽度不大的斜面,如图 3-33 所示。

铣削对称的双斜面时,应选择两把直径和角度相同、刀刃相反的角度铣刀同时进行铣削,铣刀安装时应将两把铣刀的刃齿错开,以减小铣削力和振动。由于角度铣刀的刀齿强度较弱,刀齿排列较密,铣削时排屑较困难,所以在使用角度铣刀铣削时,选择的铣削用量应比圆柱形铣刀低 20% 左右,尤其是每齿进给量更要适当减小。铣削碳素钢工件时,应施以充足的切削液。

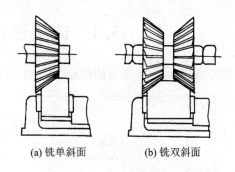

(a) 铣单斜面　　　(b) 铣双斜面

图 3-33　用角度铣刀铣斜面

> **注意事项**

综上所述,铣削斜面时,工件、铣床及铣刀三者之间必须满足以下几个条件。
- 工件的斜面应平行于铣削时铣床工作台的进给方向。
- 工件的斜面应与铣刀的切削位置相吻合,即用圆周刃铣刀铣削时,斜面与铣刀的外圆柱面相切。
- 用端面刃铣刀铣削时,斜面与铣刀的端面相重合。

3.3.3　斜面铣削的质量分析

影响斜面铣削质量的主要因素有斜面倾斜的角度、斜面尺寸和表面粗糙度,见表 3-5。

表 3-5　斜面铣削质量分析

质量问题	产生原因
斜面倾斜角度	1. 周铣时,铣刀圆柱度误差大(有锥度); 2. 采用角度铣刀加工斜面时,铣刀角度不准确; 3. 在装夹工件时,钳口、钳体导轨和工件表面未擦净; 4. 扳转立铣头时,角度不准确; 5. 采用划线装夹工件铣斜面时,划线不准确性或在加工过程中工件发生位移
斜面尺寸	1. 看错刻度或摇错手柄转数,以及没有消除丝杆螺母副的间隙; 2. 在加工过程中工件有松动现象; 3. 测量不准,使尺寸铣错
表面粗糙度	1. 在铣削过程中,尽量减少加工中产生的振动,增强铣床及夹具的刚度; 2. 合理选择切削液,在铣削中切削液的浇注要充分; 3. 保证铣刀切削刃的锋利,注意选择适当的进给量; 4. 铣削过程中,工作台进给或主轴回转时,不能突然停止,否则会啃伤工件表面,影响表面粗糙度

3.4 连接面铣削综合技能训练

加工如图 3-34 所示的压板,其加工步骤如下。

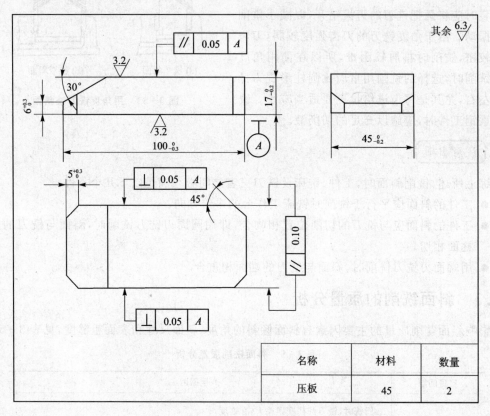

图 3-34 压板零件图

(1) 铣削长方体 $100_{-0.3}^{\ 0}$ mm×$45_{-0.2}^{\ 0}$ mm×$17_{-0.2}^{\ 0}$ mm,并保证图样规定的位置公差要求。

(2) 铣 30°斜面。

① 校正平口钳固定钳口与铣床主轴轴心线垂直。

② 选择并安装铣刀(铣直径 $\phi 80$ mm 的镶齿端铣刀)。

③ 装夹并校正工件(工件基准面与工作台台面平行)。

④ 调整铣削用量(取 $n=150$ r/min,$v_f=60$ mm/min,a_p 分次适量)。

⑤ 调转立铣头角度 $\alpha=30°$。

⑥ 对刀铣削工件(对刀调整铣削深度后紧固纵向进给,用横向进给分数次走刀铣出 30°斜面)。

(3) 铣 45°斜面。

① 换装直径 $\phi 20 \sim \phi 25$ mm 的立铣刀。

② 调转立铣头角度 $\alpha=45°$。

③ 将工件基准面(底面)靠向平口钳固定钳口装夹工件。

④ 对刀、调整铣削宽度(即切深),铣出 45°斜面。

⑤ 分次装夹工件,铣出其余 3 个 45°斜面。

思考与练习

1. 什么叫圆周铣？什么叫端铣？
2. 铣平面时，影响平面度的原因，用圆周铣时主要是什么？用端铣时主要是什么？
3. 当摇动工作台手柄时，工作台为什么会移动？当反向摇动手柄时，工作台为什么不立即反向移动？
4. 在铣床上用刻度盘调整工作台的移动距离时，如何保证移动距离的准确？
5. 什么是立铣头"零位"的校正？什么是工作台"零位"的校正？校正的目的是什么？
6. 什么是顺铣和逆铣？各有什么优缺点？圆周铣时，一般采用哪一种？
7. 为什么当进给结束时，工件不能在回转的铣刀下直接退回？正确的操作要领是什么？
8. 在卧式铣床上用平口钳装夹工件，圆周铣铣垂直面、平行面时，铣出的平面与基准面不垂直或不平行的原因有哪几种？怎样防止？
9. 什么是连接面？零件上常见的连接面有哪几种？连接面铣削与单一平面铣削比较有什么不同？
10. 斜面的铣削方法有哪几种？
11. 铣削斜面时，造成倾斜度不准的原因有哪些？

课题四　铣阶台、沟槽和切断

教学要求

1. 掌握阶台和直角沟槽铣削。
2. 掌握轴上键槽的铣削。
3. 掌握工件的切断。

4.1　铣阶台

技能目标

◆ 掌握阶台铣削方法和测量方法。
◆ 正确选择铣阶台用的铣刀。
◆ 分析铣削中出现的问题和注意事项。

在机械加工中，阶台、直角沟槽与键槽的铣削技术是生产各种零件的重要基础技术，由于这些部件主要应用在配合、定位、支撑与传动等场合，故在尺寸精度、形状和位置精度、表面粗糙度等方面都有着较高的要求。在铣床上铣削阶台和沟槽时，其工作量仅次于铣削平面，如图4－1所示。其技术要求主要体现在以下3个方面。

① 在尺寸精度方面。大多数的阶台和沟槽要与其他的零件相互配合，所以对它们的尺寸公差，特别是配合面的尺寸公差，要求都会相对较高。

② 在形状和位置精度方面。如各表面的平面度、阶台和直角沟槽的侧面与基准面的平行度、双阶台对中心线的对称度等要求，对斜槽和与侧面成一夹角的阶台还有斜度的要求等。

③ 在表面粗糙度方面。对与零件之间配合的两接触面的表面粗糙度要求较高，其表面粗糙度值一般应不大于 $Ra6.3\mu m$。

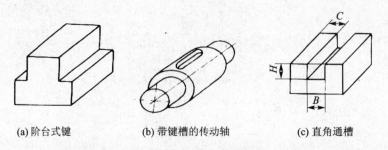

(a) 阶台式键　　　(b) 带键槽的传动轴　　　(c) 直角通槽

图4－1　带阶台和沟槽的零件

4.1.1　阶台的铣削方法

零件上的阶台通常可在卧式铣床上采用一把三面刃铣刀或组合三面刃铣刀铣削，或在立式铣床上采用不同刃数的立铣刀铣削。

1. 用一把三面刃铣刀铣阶台

① 铣刀的选择。

选择铣刀时,应使三面刃铣刀的宽度大于阶台的宽度,以便一次进给铣出阶台的宽度。铣削时,为了使工件的上平面能够在铣刀刀轴下通过,铣刀的直径应按下式确定:

$$D > d + 2t$$

式中:D——铣刀直径,mm;

d——刀轴垫圈直径,mm;

t——阶台的深度,mm。

② 工件的安装和校正。

一般情况下采用平口钳装夹工件,尺寸较大的工件可用压板装夹,形状复杂的工件或大批量生产时可用夹具装夹。安装平口钳时,应校正固定钳口与铣床主轴轴心线垂直(或平行)。安装工件时,应使工件的侧面靠向平口钳的固定钳口,工件的底面靠向钳体导轨平面,铣削的阶台底面应高于钳口上平面,如图 4-2 所示。

> **注意事项**

- 校正铣床工作台零位。在用盘形铣刀加工阶台时,若工作台零位不准,铣出的阶台两侧将呈凹弧形曲面,且上窄下宽,使尺寸和形状不准,如图 4-3 所示。
- 校正机用虎钳。机用虎钳的固定钳口一定要校正到与进给方向平行或垂直,否则,钳口歪斜将加工出与工件侧面不垂直的阶台来。

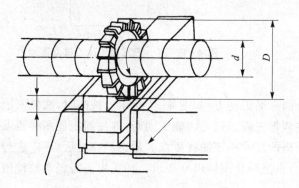
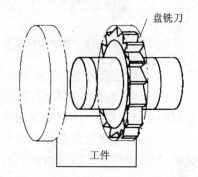

图 4-2 用一把三面刃铣刀铣阶台　　图 4-3 工作台零位不准对加工阶台的影响

③ 铣削方法。

安装校正工件后,摇动各进给手柄,使铣刀侧面划着阶台侧面,如图 4-4(a)所示;然后垂直降落工作台,见图 4-4(b),横向移动工作台一个阶台宽度的距离,并紧固横向进给;再上升工作台,使铣刀的圆周刃轻轻擦着工件上表面,如图 4-4(c)所示;手摇工作台纵向进给手柄,使铣刀退出工件,上升工作台一个阶台深度,摇动纵向进给手柄使工件靠近铣刀,手动或扳动自动进给手柄铣出阶台,如图 4-4(d)所示。

④ 铣削较深的阶台。

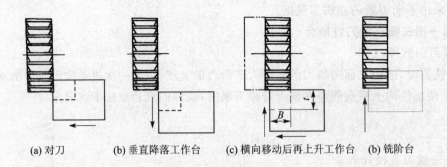

(a) 对刀　　(b) 垂直降落工作台　　(c) 横向移动后再上升工作台　　(b) 铣阶台

图 4-4　阶台的铣削方法

铣削较深阶台时,阶台的侧面留 0.5～1 mm 的余量,分次铣出阶台深度,最后一次进给时,可将阶台底面和侧面同时精铣到尺寸要求,如图 4-5 所示。

⑤ 一把三面刃铣刀铣双面阶台。

铣双面阶台时,先铣出一侧的阶台,并保证尺寸要求,然后使铣刀退出工件,将工作台横向移动一个距离 $A=L+C$,再将横向进给紧固,铣出另一侧的阶台,如图 4-6 所示。

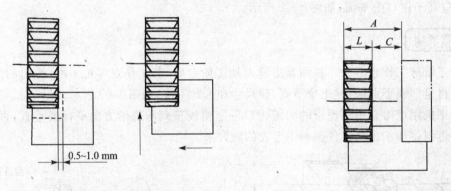

图 4-5　铣较深的阶台　　　　图 4-6　用一把三面刃铣刀铣双面阶台

2. 用组合三面刃铣刀铣阶台

成批铣削双面阶台零件时,可用组合的三面刃铣刀,如图 4-7 所示。铣削时,选择两把直径相同的三面刃铣刀,用薄垫圈适当调整两把三面刃铣刀内侧刃间距,并使间距比图样要求的尺寸略大些,以避免因铣刀侧刃摆差使铣出的尺寸小于图样要求。静态调好之后,还应进行动态试铣,即在废料上试铣并检测凸台尺寸,直至符合图样尺寸要求。加工中还需经常抽检该尺寸,避免造成过多的废品。

用三面刃铣刀铣阶台时,三面刃铣刀的周刃起主要切削作用,而侧刃起修光作用。由于三面刃铣刀的直径较大,刀齿强度较高,便于排屑和冷却,能选择较大的切削用量,效率高,精度好,因此通常采用三面刃铣刀铣阶台。

3. 端铣刀铣阶台

如图 4-8 所示,宽度较宽且深度较浅的阶台用端铣刀加工。工件可用平口钳装夹,也可用压板夹紧在工作台面上。铣削时所选择的端铣刀直径应大于阶台的宽度,一般可按 $D=(1.4～1.6)B$ 选取,以便在一次进给中铣出阶台。阶台的深度可分数次铣成。

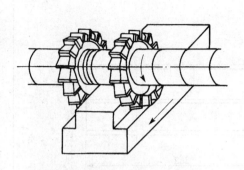

图 4-7 用组合三面刃铣刀铣阶台

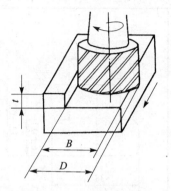

图 4-8 用端铣刀铣阶台

4. 用立铣刀铣阶台

如图 4-9 所示,铣削较深阶台或多级阶台时,可用立铣刀铣削。立铣刀周刃起主要切削作用,端刃起修光作用。由于立铣刀的外径通常都小于三面刃铣刀,因此,铣削刚度和强度较差,铣削用量不能过大,否则铣刀容易加大"让刀"导致变形,甚至折断。因此,在条件许可的情形下,应选择直径较大的立铣刀,以提高铣削效率。

当阶台的加工尺寸及余量较大时,可采用分段铣削,即先分层粗铣掉大部分余量,并预留精加工余量,后精铣至最终尺寸。粗铣时,阶台底面和侧面的精铣余量选择范围通常在 0.5～1.0 mm 之间。精铣时,应首先精铣底面至尺寸要求,后精铣侧面至尺寸要求,这样可以减小铣削力,从而减小夹具、工件、刀具的变形和振动,提高尺寸精度和表面粗糙度。

5. 阶台的测量

阶台的宽度和深度可用游标卡尺或深度尺测量,对于两边对称的阶台,深度较深时用千分尺测量,用千分尺测量不便时,可用界限量规测量,如图 4-10 所示。

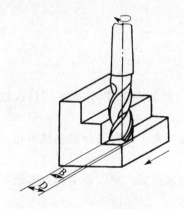

图 4-9 用立铣刀铣阶台

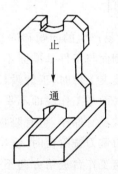

图 4-10 用极限量规测量阶台宽度

4.1.2 阶台技能训练

阶台材料 45 钢,锻件毛坯,经退火或正火热处理。在卧式铣床上用三面刃铣刀铣削阶台,如图 4-11 所示。

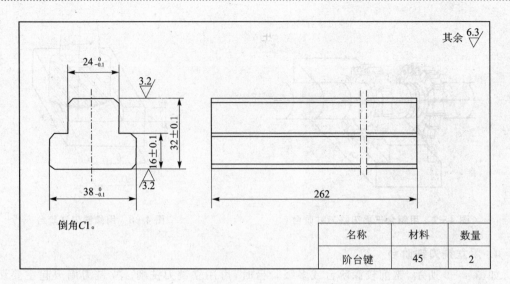

图 4-11 铣阶台

加工步骤如下。

① 安装平口钳,校正固定平口钳与铣床主轴轴心线垂直。

② 选择并安装圆柱形铣刀(选择直径 $\varphi 80 \times 80$ mm 圆柱形铣刀)。

③ 铣四面至尺寸 $38_{-0.2}^{0} \times (32 \pm 0.1)$ mm。

④ 换装三面刃铣刀(100 mm×12 mm×28 mm),并调整切削用量(取转速 $n=95$ r/min,进给量 $f=60$ mm/min)。

⑤ 铣一侧阶台至尺寸。

⑥ 铣另一侧的阶台至尺寸。

⑦ 换装倒角铣刀倒角。

⑧ 测量,卸下工件。

注意事项

阶台铣削时易产生的问题和注意事项如下。

- 阶台的侧面与工件基准面不平行。原因是用平口钳装夹工件时,固定钳口没校正好;用压板装夹工件时,工件没校正好。
- 阶台的底面与工作底面不平行。原因是用平口钳装夹工件时选择的垫铁不行,或者工件和垫铁没有擦净,垫有赃物。
- 用三面刃铣刀铣阶台时,铣出的阶台侧面不平,出现凹面。原因是工作台零值不准,铣刀侧面与工作台进给方向不平行。
- 阶台面啃伤。原因是工件装夹不牢固,铣削中松动;或者不使用的进给机构没有紧固,铣削中产生窜动现象。
- 铣出的阶台表面粗糙度不符合要求。原因是进给量过大,吃刀量过大,或刀具变钝,铣削钢件没有使用切削液。

4.2 铣直角沟槽

技能目标
◆ 掌握直角沟槽的铣削方法和测量方法。
◆ 正确选择铣直角沟槽的铣刀及铣刀的刃磨方法。
◆ 分析铣直角沟槽时易出现的质量问题。

4.2.1 直角沟槽的铣削方法

如图4-12所示，直角沟槽有敞开式、半封闭式和封闭式3种。敞开式直角沟槽通常用三面刃铣刀加工；封闭式直角沟槽一般采用立铣刀或键槽铣刀加工；半封闭直角沟槽则须根据封闭端的形式，采用不同的铣刀进行加工。

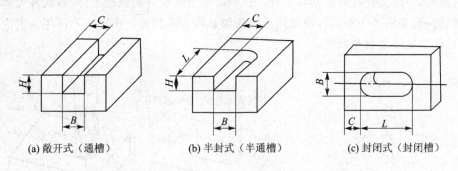

(a) 敞开式（通槽）   (b) 半封式（半通槽）   (c) 封闭式（封闭槽）

图4-12 直角沟槽的种类

1. 敞开式、半封闭式直角沟槽的铣削

① 用三面刃铣刀铣通槽。

三面刃铣刀适用于加工宽度较窄、深度较深的通槽，如图4-13(a)所示。所选择的三面刃铣刀的宽度L，应等于或小于所加工的槽宽B；刀具的直径D应大于刀轴垫圈的直径d与2倍的沟槽深度H之和，即$D>d+2H$，如图4-13(b)所示。对槽宽尺寸精度要求较高的沟槽，通常选择宽度小于槽宽的三面刃铣刀，先铣好槽深，再扩刀铣出槽宽。有对称度要求时，一定要保证对称度要求。

三面刃铣刀侧面对刀时，先使侧面刀刃轻轻与工件侧面接触，垂直降落工作台，横向移动工作台一个铣刀宽度L和工件侧面到沟槽侧面的距离C之和的位移量A，将横向进给紧固后，调整切削深度铣出沟槽，如图4-13(c)所示。

② 用立铣刀铣半通槽

用立铣刀铣半通槽时，如图4-14所示，所选择的立铣刀直径应小于沟槽的宽度。由于立铣刀刚性较差，铣削易产生偏让现象，或因受力过大引起铣刀折断，损坏刀具。加工沟槽深度较深时，应该分数次铣到要求的槽深，但不能来回吃刀铣削工件，只能由沟槽铣向沟槽的里端。槽深铣好后，再扩铣沟槽两侧。扩铣时，应避免顺铣，以免损坏刀具，啃伤工件。

2. 封闭式直角沟槽的铣削

封闭式直角沟槽一般都采用立铣刀或键槽铣刀来加工。用立铣刀铣削封闭槽时，如图4-15所示，因立铣刀端面刀刃不能全部通过刀具中心，不能垂直进行切削工件，所以铣削

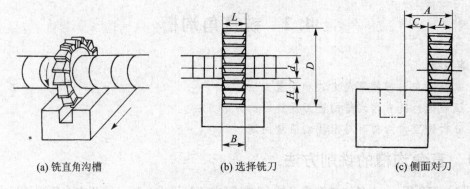

(a) 铣直角沟槽　　　　　(b) 选择铣刀　　　　　(c) 侧面对刀

图 4-13　用三面刃铣刀铣直角通槽

前应在工件上划出沟槽的尺寸位置线,并在所划线沟槽长度线的一段预钻一个直径略小于槽宽的落刀圆孔,以便由此孔落刀切削工件。铣削时应分数次进刀铣透工件,每次进刀都由落刀孔的一端铣向沟槽的另一端。沟槽铣透后再铣够长度和两侧面。铣削中不使用的进给机构应紧固,扩铣两侧应注意避免顺铣。

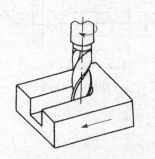

图 4-14　用立铣刀铣半通槽

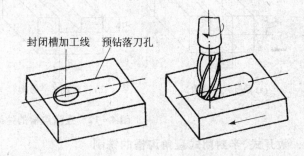

图 4-15　用立铣刀铣封闭槽

3. 直角沟槽的检验

直角沟槽的长度、宽度、深度分别可用游标卡尺、千分尺或杠杆百分表检验。用杠杆百分表检验沟槽对称度时,如图 4-16 所示,将工件分别以 A、B 面为基准放在平板的平面上,使表的触头触在沟槽的侧面上,来回移动工件,观察表的指针变化情况。若两次测得的数值一致,则沟槽两侧对称于工件。

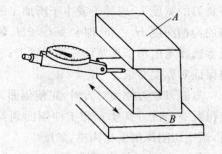

图 4-16　用杠杆百分表检测对称度

注意事项

- 用立铣刀加工沟槽时,要注意铣刀的轴向摆差及铣刀单面切削时的让刀现象,以免造成沟槽宽度尺寸超差。
- 用三面刃铣刀加工时,若工作台零位不准,铣出的直角沟槽会出现上宽下窄的现象,并使两侧面呈弧形凹面。
- 在铣削过程中,不能中途停止进给,也不能退回工件。因为在铣削中,整个工艺系统的受力是有规律和方向性的,一旦停止进给,铣刀原来受到的铣削力发生变化,必然使铣刀在槽中的位置发生变化,从而使沟槽的尺寸发生变化。
- 对于尺寸较小、槽宽要求较高及深度较浅的封闭式直角沟槽,可采用键槽铣刀加工。铣刀的强度、刚度都较差时,应考虑分层铣削。分层铣削时应在槽的一端吃刀,以减小接刀痕迹。
- 当采用自动进给功能进行铣削时,不能一直铣到头,必须预先停止,改用手动进给方式走刀,以免铣过有效尺寸,造成报废。

4.2.2 刃磨键槽铣刀

键槽铣刀用钝后可在普遍的砂轮机上或在工具磨床上刃磨,一般情况下只刃磨端面刃。刃磨时,右手在前握住刀具切削部分,左手在后握住刀具柄部,使刀体自然向下倾斜一个 $\alpha_0 \approx 8° \sim 10°$ 的后角,同时使刀体向右倾斜一个 $\varphi_0 \approx 2°$ 的向心角,使端面刀刃与砂轮的圆周面处于平行状态,双手轻轻用力使端面刃的后刀面与砂轮圆周面或端面接触,同时刃磨出后角和向心角,如图 4-17 所示。刃磨后的端面两刃口应处在同一回转平面内,以保证两刃口均匀地切削工件。

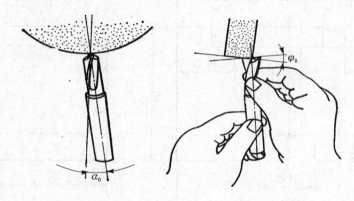

图 4-17 刃磨键槽铣刀

4.2.3 直角沟槽铣削时质量分析

直角沟槽铣削时的质量分析见表 4-1。

表 4-1 直角沟槽铣削时的质量分析

质量问题	产生原因
铣出的沟槽尺寸不符合图样要求	1. 铣刀的尺寸选择不正确; 2. 铣刀刀刃的圆跳动和端面跳动过大,使沟槽尺寸铣大; 3. 用立铣刀铣沟槽时,产生让刀现象。来回数次吃刀切削工件,将槽宽尺寸铣大; 4. 测量尺寸时有错误,或将刻度盘数值摇错,使沟槽尺寸铣错
沟槽的形位精度不符合图样的要求	1. 沟槽两侧与工件中心不对称。主要是对刀时对偏;扩铣两侧时将槽铣偏;测量尺寸时不正确,按测量的数值铣削,将铣偏; 2. 沟槽两侧面与工件侧面不平行,沟槽底面与工件底面不平行。原因是平口钳的固定钳口没有校正好;选择的垫铁不平行;装夹工件时工件没有校正好; 3. 沟槽的两侧出现凹面。原因是工作台零位不准,用三面刃铣刀铣削时,沟槽两侧出现凹面,两侧不平行

续表 4-1

质量问题	产生原因
沟槽的表面粗糙度不符合图样要求	1. 主轴转速过低,或进给量过大; 2. 切削深度过大,铣刀切削时不平稳; 3. 切削钢件没有施加切削液; 4. 刀具变钝,刃口磨损等

4.2.4 直角沟槽技能训练

加工如图 4-18 所示的直角沟槽,长方体材料 45 钢,外形 100 mm×60 mm×50 mm 已加工完成。

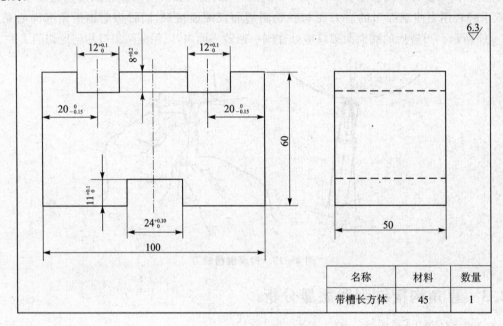

图 4-18 铣直角沟槽

加工步骤如下。

① 安装平口钳,校正固定钳口与主轴轴心线平行。
② 选择并安装铣刀(选择 80 mm×8 mm 的三面刃铣刀)。
③ 在工件上划出沟槽的尺寸位置线。
④ 安装并校正工件。
⑤ 铣 12,深 12 mm 的沟槽。
⑥ 换装工件,铣 10,深 8 mm 的沟槽,保证位置尺寸。
⑦ 测量卸下工件。

注意事项

- 使用直柄铣刀加工工件时,铣刀应装夹牢固,以免铣削中松动。
- 使用直径较小的立铣刀加工工件时,工件台进给不能过大,以免产生严重的让刀现象造成废品或折断铣刀。
● 清除切削时应该用小毛刷。

4.2.5 小　结

1. 沟槽铣削中的加工特点

① 相互位置精度。工件的沟槽通常情况下是要与其他零件相配合的,故除本身有一定的精度和光洁度外,还要求沟槽与其他零件的其他表面间具有一定的位置精度。因此在对工件的安装、刀具的选择、调整中有较高的要求。

② 工件的强度和刚性。工件在铣除沟槽后,其强度和刚性会降低。因此,在安装工件时,除了要保证工件的定位精度和夹紧的可靠性外,还应注意合理选择夹紧部位,并控制夹紧力的大小,以免由于工件刚度下降而引起变形。

③ 工件的切削条件。铣沟槽时,铣刀尺寸的选择受到沟槽尺寸的限制,特别是铣小尺寸沟槽的铣刀,其强度、散热性及排屑条件均较差。

2. 机床虎钳装夹工件的技巧

正确使用机床虎钳不仅保证工件具有较大的精度和光洁度,而且可以保证虎钳本身的精度,并延长其使用寿命。使用机用虎钳时,应注意以下几点。

① 及时清除油污、铁屑及其他杂物,保证虎钳清洁。

② 应以固定钳口为基准,校正虎钳在工作台上的位置。

③ 为使夹紧可靠,应使工件与钳口的接触面尽可能大些。为提高万能虎钳的刚性,可将底座取下,把钳身直接固定在工作台上。要根据工件的材料、结构确定适当的夹紧力,不可过小,也不能过大,不允许任意加长虎钳的手柄。

④ 工件安装后,不宜高出钳口过多(过高,在铣削过程中工件的振动大),必要时可在两钳口处加垫板。

⑤ 装夹较长工件时,可用两个(或多个)虎钳同时夹紧,以保证夹紧可靠,并防止工作时发生振动。

⑥ 铣深槽时,首先要注意校正虎钳的固定钳口,并使工件的定位基准面与固定钳口及水平垫铁很好的贴合;其次要注意合理地确定工件上的夹紧部位,防止在铣出槽后,由于刚性降低,工件在夹紧力的作用下产生变形,使槽宽变窄或出现夹刀现象。正确的夹紧部位应选在槽底附近。

4.3　铣轴上键槽

技能目标

◆ 掌握轴上键槽的铣削方法,及正确选择铣刀。

◆ 掌握轴上键槽的测量方法。

◆ 分析轴上键槽铣削时出现的质量问题和注意事项。

键连接是通过键将轴与轴上零件结合在一起,用于传递扭矩,防止机构打滑。轴上的键槽称为轴槽,轴上零件上的键槽称为轮毂槽。在平键连接中,轴槽和轮毂槽都是直角沟槽。轴槽多用铣削的方法加工。由于轴键的两侧面与平键两侧面相配合,以传递转矩,是主要工作面,因此,轴槽宽度的尺寸精度要求较高,轴槽两侧面的表面粗糙度值较小,轴槽与轴线的对称度也有较高的要求,轴槽深度的尺寸一般要求不高。具体要求如下。

① 键槽必须对称于轴的中心线。在机械行业中,一般键槽的不对称度应≤0.05 mm,侧面和底面须与轴心线平行,其平行度误差应≤0.05 mm(在 100 mm 范围内)。

② 键槽宽度、长度和深度需达到图纸要求。键槽宽的公差参照机械设计手册。

③ 键槽在零件上的定位尺寸需根据国标或者图纸要求进行严格控制。

④ 表面粗糙度要求一般应不大于 Ra6.3μm。

4.3.1 轴上键槽的铣削方法

轴槽的结构主要有敞开式、半封闭式和封闭式 3 种,如图 4-19 所示。轴上的通槽和槽底一端是圆弧的半通槽,一般选用盘形槽铣刀铣削,轴槽的宽度由铣刀宽度保证,槽底圆弧半径由铣刀半径保证。轴上的封闭槽和槽底一端是直角的半通槽,用键槽铣刀铣削,并按轴槽的宽度尺寸来确定键槽铣刀的直径。

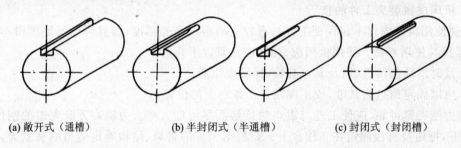

(a) 敞开式(通槽)　　　(b) 半封闭式(半通槽)　　　(c) 封闭式(封闭槽)

图 4-19　轴上键槽的种类

1. 工件的装夹及校正

装夹工件时,不但要保证工件的稳定性和可靠性,还要保证工件在夹紧后的中心位置不变,即保证键槽中心线与轴心线重合。铣键槽的装夹方法一般有以下几种。

① 用平口钳安装。

用平口钳安装适用于在中小短轴上铣键槽,装夹简便、稳固,适用于单件生产,如图 4-20(a)所示。当工件直径有变化时,工件中心在钳口内也随之变动,影响键槽的对称度和深度,如图 4-20(b)所示。若轴的外圆已精加工过,也可用此装夹方法进行批量生产。

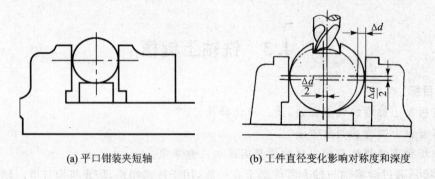

(a) 平口钳装夹短轴　　　　　　(b) 工件直径变化影响对称度和深度

图 4-20　平口钳装夹零件

② 用 V 形铁装夹

图4-21所示为V形铁的装夹情况。V形铁装夹适用于长粗轴上的键槽铣削,采用V形铁定位支撑的优点为夹持刚度好,操作方便,铣刀容易对中。其特点是工件中心只在V形铁的角平分线上,随直径的变化而上下变动,因此当铣刀的中心对准V形槽的对称平面时,能保证一批工件上轴键槽的对称度,如图4-21(b)所示。当在铣削一批直径有偏差的工件时,虽对铣削深度有影响,但变化量一般不会超过槽深的尺寸公差。在卧式铣床上用键槽铣刀加工,当工件的直径变化时,键槽的对称度会受影响,如图4-21(c)所示。

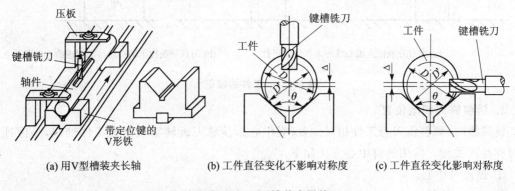

(a) 用V型槽装夹长轴　　(b) 工件直径变化不影响对称度　　(c) 工件直径变化影响对称度

图4-21　V形铁装夹零件

③ 工作台上T形槽装夹。

图4-22所示为将圆柱形工件直接安装在铣床工作台T形槽上并使用压板将工件夹紧的情况,T形槽槽口处的倒角相当于V形铁上的V形槽,能起到定位作用。当加工直径在台$\phi20\sim\phi60$ mm范围内的长轴时,可直接装夹在工作台的T形槽口上,而阶梯轴和大直径轴不适合采用这种方法。

④ 用分度头装夹。

如图4-23所示,如果是对称键与多槽工件的安装,为了使轴上的键槽位置分布准确,大都采用分度头或者是带有分度装置的夹具装夹。利用分度头的三爪自动定心卡盘和后顶尖装夹工件时,工件轴线必定在三爪自定心卡盘和顶尖的轴心线上,工件轴线位置不会因直径变化而变化,因此,轴上键槽的对称性不会受工件直径变化的影响。

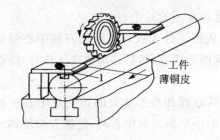　　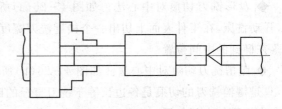

图4-22　T形槽上装夹工件　　　　图4-23　分度头装夹工件

⑤ 工件的校正。

如图4-24所示,要保证键槽两侧面和底面都平行于工件轴线,就必须使工件轴线既平行于工作台的纵向进给方向,又平行于工作台台面。用平口钳装夹工件时,用百分表校正固定钳口与纵向进给方向平行,再校正工件上母线与工作台台面平行;用V形铁和分度头装夹工件时,要校正工件母线与纵向进给方向平行,又要校正工件上母线与工作台台面平行。在装夹长轴时,最好用一对尺寸相等且底面有键的 V 形铁,以节省校正时间。

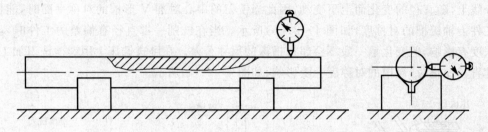

(a) 用百分表校正轴心线与工作台面平行   (b) 用百分表校正轴心线与切削进给方向平行

图 4-24 工件的校正

2. 调整铣刀切削位置

铣键槽时,调整铣刀与工件相对位置(对中心),使铣刀旋转轴线对准工件轴线,是保证键槽对称性的关键。常用的对中心方法如下。

① 擦边对中心。

如图 4-25 所示,先在工件侧面贴张薄纸,用干净的液体作为黏液,开动铣床,当铣刀擦到薄纸后,向下退出工件,再横向移动铣刀。

用三面刃盘形铣刀时移动距离 A 为:$A = \dfrac{D+L}{2} + \delta$

用键槽铣刀或者立铣刀时移动距离 A 为:$A = \dfrac{D+d}{2} + \delta$

式中:A——工作台移动距离,mm;
$\quad\quad L$——铣刀宽度,mm;
$\quad\quad D$——工件直径,mm;
$\quad\quad d$——铣刀直径,mm;
$\quad\quad \delta$——纸厚,mm。

② 切痕对中心。

切痕对中心的方法使用简便,但对中心精度不高,是最常用的对中心方法。

◆ 盘形铣刀切痕对中心法。如图 4-26(a)所示,先把工件大致调整到铣刀的中心位置上,开动铣床,在工件表面上切出一个接近铣刀宽度的椭圆形切痕,然后移动横向工作台,使铣刀落在椭圆的中间位置。

◆ 键槽铣刀切痕对中心法。如图 4-26(b)所示,其原理和盘形铣刀的切痕对中心法相同,只是键槽铣刀的切痕是各边长等于铣刀直径的四方形小平面。对中心时,使铣刀在旋转时落在小平面的中间位置。

③ 百分表对中心。

图 4-27(a)所示为工件装夹在平口钳内加工键槽。此时,可将杠杆百分表装在铣床主轴上,用手转动主轴,观察百分表在钳口两侧 a、b 两点的读数,若读数相等,则铣床主轴轴心线对准了工件轴线。这种对中心法较精确。

图 4-27(b)所示为工件装在 V 形铁或分度头上铣削键槽。移动工作台,使百分表在 a、b

两点的数值相等,即对准中心。

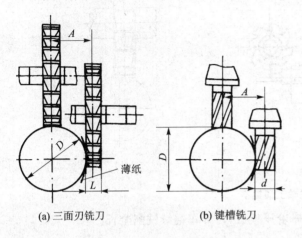

(a) 三面刃铣刀　　　　(b) 键槽铣刀

图 4-25　擦边对中心法

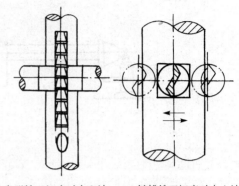

(a) 盘形铣刀切痕对中心法　　(b) 键槽铣刀切痕对中心法

图 4-26　切痕对中心法

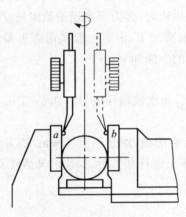 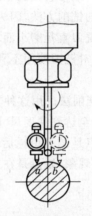

(a) 用百分表在平口钳上对中心　　(b) 用V型铁装夹时百分表在轴类零件上对中心

图 4-27　百分表对中心法

3. 键槽的铣削方法

① 铣轴上通键槽。

轴上键槽为通槽或一端为圆弧形的半通槽,一般都采用盘形槽铣刀来铣削。这种长的轴类零件,若外圆已经磨削准确,则可采用平口钳装夹进行铣削,见图 4-28(a)。为避免因工件伸出钳口太多而产生振动和弯曲,可在伸出端用千斤顶支撑。若工件直径已经粗加工,则采用三爪自定心卡盘和尾顶尖来装夹,且中间需用千斤顶支撑。

工件装夹完毕并调整对中心后,应调整铣削宽度(即铣削深度)。调整时先使回转的铣刀刀刃和工件表面接触,然后退出工件,再将工作台上升到轴槽的深度,即可开始铣削。当铣刀开始切到工件时,应手动慢慢移动工作台,不浇注切削液,并仔细观察。在铣削深度(即铣削层宽度)接近铣刀宽度时,轴的一侧是否有先出现阶台现象,如图 4-28(b)所示,若有,则说明铣刀还未对准中心,应将工件有阶台一侧向铣刀作横向移动调整,直至对准中心为止。

当工件采用V形架或工作台中央T形槽加压板装夹时,可先将压板压在距工件端部60～100 mm处,由工件端部向里铣出一段槽长,然后停车,将压板移到工件端部,垫上铜皮重新

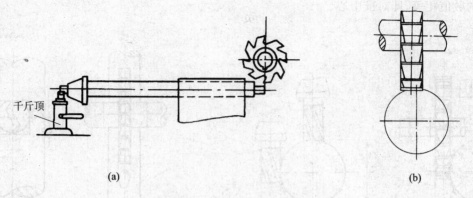

图4-28 铣轴上通键槽

压紧工件,如图4-22所示,观察确认铣刀不会碰着压板后,再开车继续铣削全长。

② 铣轴上封闭键槽。

轴上键槽是封闭槽或一端为直角的半通槽,用键槽铣刀铣削。用键槽铣刀铣削轴槽,通常不采用一次铣准轴槽深度的铣削方法,因为当铣刀用钝时,其刀刃磨损的轴向长度等于轴槽深度,如刃磨圆柱刀刃,会使铣刀直径磨小而不能再用精加工,因而一般采用磨去端面一段的方法较合理,但磨损长度太长对铣刀使用不利。常用的方法如下。

◆ 分层铣削法。

图4-29所示为分层铣削法。用这种方法加工,每次铣削深度只有0.5~1 mm,以较大的进给速度往返进行铣削,直至达到深度尺寸要求。

使用此加工方法的优点是铣刀用钝后,只需刃磨端面,磨短不到1 mm,铣刀直径不受影响,铣削时不会产生"让刀"现象;缺点是在普通铣床上进行加工时,操作的灵活性不好,生产效率反而比正常切削更低。

◆ 扩刀铣削法。

图4-30所示为扩刀铣削法。将选择好的键槽铣刀外径磨小0.3~0.5 mm(磨出的圆柱度要好)。铣削时,在键槽的两端各留0.5 mm余量,分层往复走刀铣至深度尺寸,然后测量槽宽,确定宽度余量,用符合键槽尺寸的铣刀由键槽的中心对称扩铣槽的两侧至尺寸,并同时铣至键槽的长度。铣削时注意保证键槽两端圆弧的圆度。这种铣削方法容易产生"让刀"现象,使槽侧产生斜度。

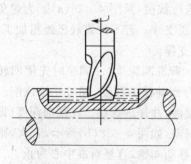

图4-29 分层铣削法

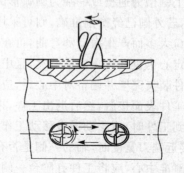

图4-30 分层铣至深度再扩铣两侧

4.3.2 轴上键槽的检测和铣削质量分析

1. 轴上键槽的检测方法

① 键槽尺寸检测。

根据键槽的具体精度要求,可选用游标卡尺、内径百分尺、内径千分尺和塞规测量键槽宽度。键槽的宽度一般要求较高,图 4-31 所示为圆形塞规或方形塞规的通端 1、止端 2 检测槽宽。测量键槽的长度用游标卡尺测量。

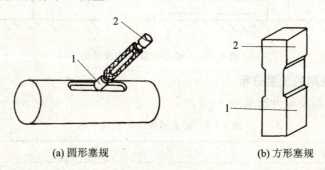

(a) 圆形塞规　　　　　　(b) 方形塞规

图 4-31　轴上键槽宽度的检测
1—通端;2—止端

② 键槽深度检测。

键槽深度检测可用各类游标卡尺、外径百分尺、外径千分尺进行测量,如图 4-32 所示。键槽的深度精度要求一般都不高。

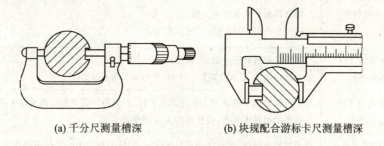

(a) 千分尺测量槽深　　　　　　(b) 块规配合游标卡尺测量槽深

图 4-32　轴上键槽的深度检测

③ 键槽中心平面与轴心线的对称度检测。

如图 4-33 所示,将工件置入 V 形铁内,选择一块与键槽宽度尺寸紧密配合的塞块塞入槽内,并使塞块的平面大致处于水平位置,用百分表检测塞块 A 面与平板(钳工高精度检验和划线专用工具)平面平行并读数,然后将工件转 180°,用百分表检测塞块 B 面与平板平面平行并读数,两次读数差值的一半,就是键槽对称度误差。

④ 表面粗糙度的检测。

表面粗糙度的检测应注意选择相对应的对比样板,也可用粗糙度仪进行检验。如果知道具体的数值,则用粗糙度检测仪;如果只是大概地评判,就可以用粗糙度样板来对比;也可以用探针检测,也就是在金属表面取一定长度的距离(10 mm),用探针沿直线测其表面的凹凸深度,最后取平均值。

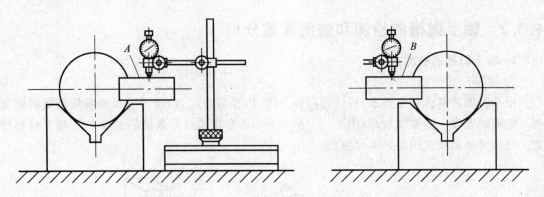

图 4-33 轴上键槽对称度检测

2. 轴上键槽铣削的质量分析

轴上键槽铣削的质量分析见表 4-2。

表 4-2 轴上键槽铣削质量分析

质量问题	产生原因
键槽宽度尺寸不合格	1. 铣刀宽度尺寸不合适或人为测量误差；铣刀刀尖刃质量不高或磨损； 2. 铣刀有摆差，用键槽铣刀铣槽，铣刀径向圆跳动过大；用盘铣刀铣槽，铣刀端面跳动过大，导致将槽铣宽； 3. 铣削时，吃刀深度过大，进给量过大，产生"让刀"现象，将槽铣宽
轴槽两侧与工件轴线不对称的	1. 铣刀对中不准。目测切痕对中心法导致人为误差过大； 2. 铣削时因进给量较大产生了"让刀"现象，或铣削时工作台横向未锁紧等； 3. 轴槽两侧扩铣余量不一致； 4. 成批生产时，工件外圆尺寸公差太大
轴槽两侧与工件轴线不平行	1. 工件外圆直径不一致，有锥度； 2. 用平口钳或V形特装夹工件时，平口钳没有校正好
轴槽槽底与工件轴线不平行	1. 工件圆柱面上素线与工作台面不平行、V形特殊钳口安装误差过大等； 2. 选用的垫铁不平行，或选用的两V形架不等高
键槽端部出现较大圆弧	铣刀的转速过低、垂向手动进给速度过快、铣刀端齿中心部位刃磨质量不好，使端面齿切削受阻
键槽深度超差	1. 铣刀夹持不够牢固，铣削时，沿螺旋线方向被拉下； 2. 垂向调整尺寸出现计算或操作失误

4.3.3 轴上键槽铣削技能训练

图 4-34 所示为带键槽零件图样，材料 45 钢，坯料为圆钢经精车或磨削。单件加工，采用平口钳装夹。轴槽宽度尺寸精度 IT9，表面粗糙度值 Ra3.2 mm。封闭槽选用键槽铣刀 $d=10$ mm 和 $d=12$ mm 各1把在立式铣床上加工；半通槽选用盘形槽铣刀 80 mm×12 mm×27 mm 或同规格的三面刃铣刀在卧式铣床上加工。加工步骤如下。

1. 在立式铣床铣轴上封闭键槽

① 安装平口钳，校正固定钳工与工作台纵向进给方向平行。

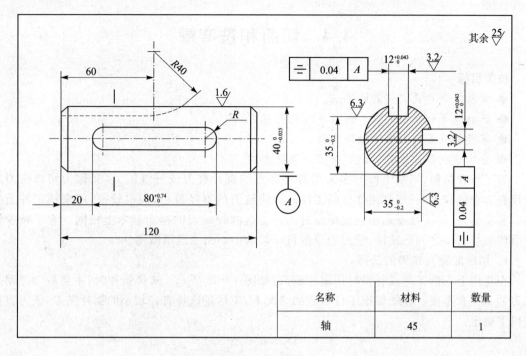

图 4-34 铣轴上键槽

② 选择并安装钻夹头和键槽铣刀。
③ 调整切削用量,取 $n=475$ r/min,每次进给时的铣削深度 $a_p=0.2\sim 0.3$ mm,手动进给铣削。
④ 试铣检查铣刀尺寸。
⑤ 安装并校正工件。
⑥ 用杠杆百分表调整中心。
⑦ 铣削封闭槽,先用 $d=10$ mm 键槽铣刀分层粗铣,槽深留余量 0.2 mm,槽两端各留 0.5 mm 余量。换 $d=12$ mm 键槽铣刀扩刀精铣至规定要求。
⑧ 测量卸下工件。

2. 在卧式铣床铣轴上半通键槽

① 安装平口钳,校正固定钳口与主轴轴心线垂直。
② 选择并安装铣刀(盘形槽铣刀 80 mm×12 mm×27 mm 或三面刃铣刀)
③ 调整切削用量,取 $n=95$ r/min, $v_f=475$ mm/min, $a_e=$ 槽深(一次铣到深度)。
④ 试铣检查铣刀尺寸。
⑤ 安装并校正工件。
⑥ 对中心,铣削。
⑦ 测量卸下工件。

4.4 切断和铣窄槽

技能目标
◆ 掌握用锯片铣刀切断的方法。
◆ 正确选择切断用的锯片铣刀及工件夹持方法。
◆ 掌握用开缝铣刀铣窄槽的方法。
◆ 分析造成锯片铣刀折断的原因及预防措施。

为了节省材料,切断工件时多采用薄片圆盘的锯片铣刀或开缝铣刀(又称为切口铣刀)。锯片铣刀直径较大,一般都用作切断工件。开缝铣刀的直径较小,齿也较密,用来铣工件上的切口和窄缝,或用于切断细小的或薄型的工件。这两种铣刀的构造基本上相同。为了减少铣刀两侧面与切口之间的摩擦,铣刀的厚度自周边向中心凸缘逐渐减薄。

1. 切断时锯片铣刀的选择

在铣床上切断工件或材料时用锯片铣刀,如图 4-35 所示。选择锯片时,主要是选择锯片铣刀的直径和厚度。在能够把工件切断的情况下,应尽量选择直径较小的锯片铣刀,铣刀直径按以下确定:

$$D > d + 2t$$

式中:D——铣刀直径,mm;
　　d——刀轴垫圈直径,mm;
　　t——切削时的深度,mm。

铣刀直径确定后,再确定铣刀厚度。一般情况下,铣刀厚度可取 2~5 mm,铣刀直径大时取较厚的铣刀,直径小时取较薄的铣刀。

2. 锯片铣刀的安装

由于锯片铣刀厚度较薄,刚度也较差,切断时深度也较深,受力较大,切削过程中容易折断或崩齿,因此,安装锯片铣刀时应符合以下要求。

① 当锯片铣刀切断工件所受的力不是很大时,在刀柄和铣刀之间一般不用键,而是使用刀柄螺母、垫圈和铣刀压紧在刀柄上。铣刀紧固后,依靠刀轴垫圈和铣刀两端面间的摩擦力并利用旋转切断工件。当锯片铣刃所受的力较大时需在刀柄和铣刀之间安装键,以防止锯片铣刀打滑、碎裂。安装锯片铣刀时,应尽量将铣刀靠近铣床床身,并且要严格控制铣刀的端面跳动及径向跳动。在铣削过程中,为了防止刀柄螺母受铣削力作用而旋松或愈旋愈紧,从而影响切断工作的平稳,可在铣刀与刀柄螺母之间的任一垫圈内安装一段键,如图 4-36 所示。

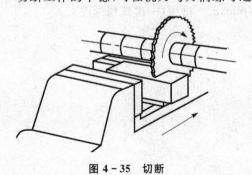

图 4-35 切断　　　　　图 4-36 刀柄螺母的防松措施
　　　　　　　　　　　1—刀轴;2—铣刀;3—垫圈;4—防松键

② 安装锯片铣刀时,铣刀尽量靠近铣床主轴端部。安装挂架时,挂架尽量靠近铣刀,以增加刀轴刚度,减少切断中的振动。

③ 安装大直径的锯片铣刀时,应在铣刀两侧增设夹板,以增加安装刚度和摩擦力,使切断工作平稳。

④ 铣刀安装后,应检查刀齿径向圆跳动和端面圆跳动是否在要求的范围之内,以免因径向圆跳动量过大,减少了同时工作的齿数,而使切削不均匀,排屑不流畅而损坏刀齿;或因端面圆跳动量过大,使刀具两端面与工件切缝两侧摩擦力增大,出现夹刀现象,损坏铣刀。

3. 工件的装夹和安装

① 平口钳装夹工件。

用平口钳装夹工件时,一般固定钳口应与铣床主轴轴心线平行,铣削力应与固定钳口成法向,工件伸出钳口端长度应尽量短,以铣不到钳口为宜。这样可减少切断时的振动,增加工件刚度,如图 4-37(a)所示。

② 用压板压紧装夹工件。

用压板将工件夹紧在工作台面上时,压板的压紧点要尽量靠近铣刀,工件侧面和端面可安装定位靠铁,用来定位和承受一定切削力,防止切断中工件位置移动而损坏刀具。工件切缝应处于工作台 T 形槽间,防止切断中损伤工作台面,如图 4-37(b)所示。

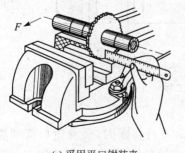 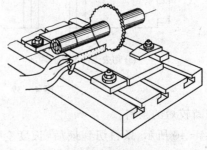

(a) 采用平口钳装夹　　　　　　　　　　(a) 采用压板装夹

图 4-37　在铣床上切断工件

③ 用夹具装夹工件时,夹具的定位面应与主轴轴心线平行,铣削力应朝向夹具的定位支撑部位。

4. 平口钳装夹工件切断的方法

用平口钳装夹工件切断时,应尽量手动进给,进给速度要均匀。当使用机动进给时,应先摇工作台手柄,使铣刀切入工件后,再自动走刀切断工件,自动进给的速度不能过快。

① 切断较薄工件。

如图 4-38 所示,切断的工件厚度较薄时,将条料一端伸出钳口端 3~5 个工件的厚度,紧固工件,对刀调整,切去调料的毛坯端部。然后将工件退出铣刀,松开横向进给紧固手柄,移动横向工作台一个铣刀厚度和工件厚度距离之和,紧固横向进给,切出第一件。以同样的切断出 3~5 件,松开工件,重新装夹,使铣刀擦着条料端部后逐次切断工件。

② 切断较厚工件。

切断的工件厚度较厚时,将条料一端伸出钳口端部 10~15 mm,切去条料的毛坯端部,如图 4-39 所示。然后退刀松开条料,再使条料伸出钳口端部一个工件厚加 5~10 mm 的长度,

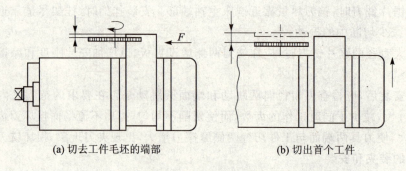

(a) 切去工件毛坯的端部　　　　(b) 切出首个工件

图 4-38　切断较薄工件

将工件夹紧,移动横向进给使铣刀擦着条料端部,退出工件,移动横向进给一个工件厚度和铣刀厚度距离之和,将横向进给紧固,切断工件。

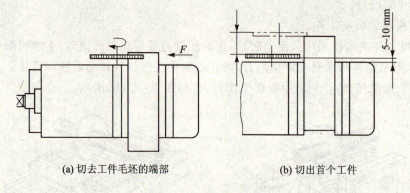

(a) 切去工件毛坯的端部　　　　(b) 切出首个工件

图 4-39　切断较厚工件

③ 切断较短的条料。

如图 4-40 所示,条料切到最后,长度变短,装夹后进行切断时,会使钳口两端受力不均匀,活动钳口易歪斜(又称为喇叭口),切断中工件易被铣刀抬挤出钳口,损坏铣刀,啃伤工件。因此,条料切到最后,应在钳口的另一端垫上切成的工件或同等厚度的垫块,使钳口两端受力均匀,从而使最后的工件切断过程顺利进行。工件切到最后留下 20~30 mm 的料头,就不能再切了。

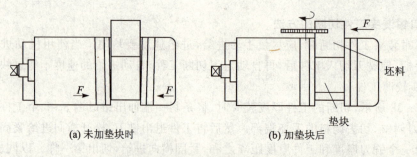

(a) 未加垫块时　　　　(b) 加垫块后

图 4-40　切断较短工件

④ 切断带孔工件。

切断带孔工件时,应将平口钳的固定钳口与铣床主轴轴心线平行安装,夹持工件孔的两侧面,将工件切透,如图 4-41 所示。

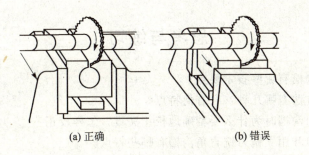

(a) 正确　　　　(b) 错误

图 4-41　切断带孔工件

⑤ 切断时铣刀的位置。

切断过程中,为了使铣刀工作平稳和安全,防止铣刀将工件抬挤出钳口,损坏铣刀,铣刀的圆周刃以刚好与条料工件的底面相切为宜,即刚刚切透工件,如图 4-42 所示。

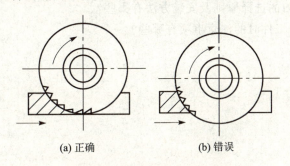

(a) 正确　　　　(b) 错误

图 4-42　切断时铣刀的位置

5. 用开缝铣刀铣窄槽工件的装夹方法

零件上较窄的直角沟槽(如开口螺钉)一般用开缝铣刀(切口铣刀)在铣床上加工。为了装卸工件方便,又不损伤工件的螺纹部分,可用对开螺母、对开半圆孔夹紧块、带橡胶 V 形夹紧块,在平口钳上装夹加工。另外,还可用开口的螺纹保护套,或垫铜皮,将工件用三角卡盘夹持加工。

注意事项

切断时的注意事项如下。
- 应尽量采用手动进给,进给应均匀。
- 若采用机动进给,必须先手动切入工件后,再机动进给,进给速度不能过快。
- 加工前应先检查工作台的零位的准确性。
- 使用大直径铣刀切断时,应采用加大的垫圈,以增强锯片铣刀的安装刚性。
- 切断钢件时,应先加充足的切削液。
- 切断时,注意力应集中,走刀中途发现铣刀停转或工件移动,应先停止工作台进给,再停止主轴旋转。
- 禁止用变钝的铣刀切断,铣刀用钝后应及时换刀刃磨。
- 切断时,非使用的进给机构应紧固。
- 切断时的力应朝向夹具的主要支撑部分。
- 操作者不要面对着锯片铣刀,应站在铣刀的倾斜方向,以免铣刀脆裂后飞出伤人。

思考与练习

1. 阶台和直角沟槽有哪些技术要点？
2. 铣削阶台的方法有哪几种？各有何特点？
3. 铣阶台和直角沟槽时为什么要精确地校正夹具？怎样校正？
4. 用三面刃铣刀和用立铣刀铣直角沟槽有哪些特点？
5. 装夹轴类工件的方法有哪几种？各有何特点？
6. 铣轴上键槽时，常用的对中心方法有哪几种？如何选用？
7. 轴上键槽槽宽的对称度如何检验？
8. 铣出的轴槽槽宽尺寸超差，原因有哪些？
9. 切断时锯片铣刀的选择原则及安装方法有哪些？
10. 在铣床上切断工件时的注意事项有哪些？

课题五　特形沟槽与特形面的铣削

教学要求

1. 掌握特形沟槽与特形面的铣削方法和检验方法。
2. 正确选择铣特形沟槽用的铣刀。
3. 分析铣削中出现的质量问题。

在机械制造和传动技术领域中,特形沟槽与特形面的应用是十分广泛的,如放置圆柱形工件的V形槽、铣床上安装各类夹具和工件的T形槽、机床横梁上的燕尾槽及与半圆键配合带动齿轮传动的半圆键槽等都属于特形沟槽。这些特形沟槽通常用刃口形状与其形状相应的铣刀来铣削。

5.1　铣削V形沟槽

技能目标

◆ 掌握V形沟槽的铣削方法和检验方法。
◆ 正确选择铣V形沟槽用的铣刀。
◆ 分析铣削中出现的质量问题。

5.1.1　相关工艺知识

V形槽结构特殊,应用比较广泛,常作为轴类零件的定位和夹紧元件,在机床上被用作V形导轨。精度不高的V形槽常采用铣削方式,精度较高的V形槽铣削后还需采用磨削等精加工方式。

首先,V形槽一般用来支撑轴类零件并对工件进行定位,因此其对称度与平行度要求较高,这是加工V形槽时需要保证的重要精度。其次,为了保证与配合件的正确配合,V形槽的底部与直角槽相通,该直角槽较窄,一般采用锯片铣刀铣削。V形槽的铣削方法较多,一般是使用角度铣刀直接铣出,也可采用改变铣刀切削位置或改变工件装夹位置的方法铣削。V形槽技术要求如下。

① V形槽的夹角一般为90°、60°、120°,通常以90°V形槽最为常见。
② V形槽的中心与窄槽中心重合,一般情况下矩形工件两侧对称于V形槽中心。
③ V形槽两V形面夹角中心线垂直于工件基准面。
④ 窄槽略深于两V形面的交线。

5.1.2　V形槽的铣削方法

铣削V形槽前,一般要铣削底面的直角槽和中间窄槽。

铣削底面的直角槽时用平口钳装夹,根据槽宽选用合适的立铣刀进行铣削。直角槽的作用是避免V形铁安放时不稳定。

中间窄槽用锯片铣刀铣削,如图5-1所示。窄槽的作用是当用角度铣刀铣V形面时保护刀尖不易被损坏,同时,使V形槽面与其相配合的零件表面能够紧密贴合,如图5-2所示。

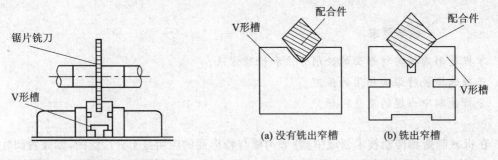

图5-1 锯片铣刀铣窄槽　　　　　　图5-2 窄槽的作用

铣削中间窄槽时,可以按槽宽划线并参照横向对刀法对刀,也可用换面对刀法对刀。具体操作如下:工件第一次铣出切痕后,将工件回转180°,以另一侧面定位再次铣出切痕,目测两切痕是否重合,如有偏差,按偏差的一半微量调整横向工作台,直至两切痕重合。

1. 调整立铣头用立铣刀加工V形槽

当毛坯件铣成长方体或正方体后,夹角≥90°的V形槽可调整立铣头角度用立铣刀加工,如图5-3所示。加工时先用短刀轴安装锯片铣刀铣出窄槽,然后调整立铣头角度,安装立铣刀铣V形槽。用立铣刀在立式铣床上加工,加工前先把立铣头转过45°,再把工件安装在机用虎钳内进行铣削。当一条V形槽的一边铣削好以后,把虎钳松开;将工件回转180°并安装好。注意:不能变动工件的安装高度及工作台的高低和纵向位置。接着铣V形槽的另一边。

图5-3 用立铣刀铣V形槽

用这种方法铣出的V形槽,其角平分线必定能准确地与两侧面对称。在立式铣床上铣V形槽,用横向进给走刀铣出工件,夹具或工件的基准面应与横向工作台进给方向平行。尺寸较小的V形槽或夹角<90°的V形槽也可以用对称双角铣刀加工。同样,在卧式铣床上也可以用单角度铣刀对称地铣削出V形槽。

2. 在卧式铣床用双角度铣刀铣V形槽

铣削时先在卧式铣床上用锯片铣刀铣出窄槽,然后安装对称双角度铣刀铣出V形槽。但铣刀宽度必须大于槽宽,才能铣出合格的V形槽。在卧式铣床上用双角度铣刀铣V形槽时,用纵向进给走刀铣出工件,夹具或工件的基准面应与纵向工作台进给方向平行。精度较低的V形面夹角≥90°的V形槽,可调整工件加工,操作步骤如下。

① 换刀。换装对称双角度铣刀,在不影响横向移动的前提下,铣刀尽可能靠近铣床主轴,以增强刀柄的刚度。

② 对刀。对刀时,目测使铣刀刀尖处于窄槽中间,垂向上升,使铣刀在窄槽槽口铣出切痕。如图5-4所示,微量调整横向,使铣出的两切痕基本相等,此时窄槽已与双角度铣刀中间

平面对称。同时,当铣刀的锥面刃与槽口恰好接触时,可作为垂向对刀记号位置。

③ 计算 V 形槽深度。如图 5-5 所示,根据 V 形槽槽口的宽度尺寸 B 和槽形角 α 以及中间窄槽的宽度 b,计算 V 形槽的深度。

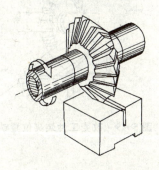

图 5-4　槽口切痕对刀

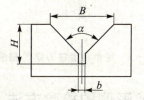

图 5-5　V 形槽深度计算

④ 粗铣。如图 5-6 所示,根据加工余量的大小,可将整个加工分为多次粗铣和一次精铣。在每次粗铣后,应用游标卡尺测量槽的对称度,并适当调整横向工作台,调整量为误差的 1/2。

⑤ 预检。在完成粗铣后,取下工件,放置在测量平板上,预检槽的对称度。如图 5-7 所示,测量时应以工件的两个侧面为基准,在 V 形槽内放入标准圆棒,用百分表测出圆棒的最高点,然后将工件翻转 180°,再用百分表测量圆棒最高点,若示值不一致,需按示值差的一半再进一步调整工作台横向进给,试铣,直至符合对称度要求。

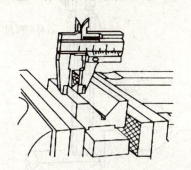

图 5-6　粗铣 V 形槽后测量对称度

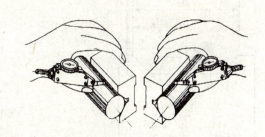

图 5-7　用百分表和标准圆棒测量 V 形槽对称度

⑥ 精铣。对称度调整好以后,把刀具移至合适加工位置,按精铣余量上升工作台,精铣 V 形槽,此时可根据经验法或查表法,把转速提高一个档次,进给速度降低一个档次,以提高表面质量。

3. 在卧式铣床用单角度铣刀加工 V 形槽

在没有双角度铣刀的情况下,也可采用单角度铣刀加工 V 形槽,如图 5-8 所示。单角度铣刀的角度等于 V 形槽形角度的一半,用单角度铣刀先铣削好 V 形槽的一侧,然后将工件翻转 180°装夹,再铣削另一侧;或者将铣刀卸下转动 180°,重新安装好后,将 V 形槽铣出。这种方法虽然费时,但是装夹位置准确,铣削出的 V 形槽对称度较好。

4. 改变工件装夹位置加工 V 形槽

在卧式或万能铣床上铣 90°V 形槽时,先安装锯片铣刀铣出窄槽,按划线再将 V 形槽的一个V形面与工作台台面找正至平行或垂直位置,用三面刃铣刀、立铣刀或面铣刀等加工V形槽,如图5-9所示。

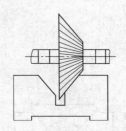

图5-8 用单角度铣刀铣V形槽

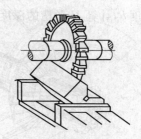

图5-9 改变工件装夹位置铣V形槽

5.1.3 V形槽的检验方法

V形槽检测项目包括V形槽宽度B、V形槽槽形角α和V形槽对称度。

1. V形槽宽度的测量

用游标卡尺直接测量槽宽B,测量简便,但精度较差。如图5-10所示,用标准圆棒间接测量精度较高,先间接测得α、h,如图5-11所示,然后根据公式计算得出V形槽宽度B。

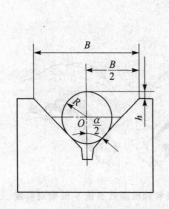

图5-10 V形槽宽度B的测量计算

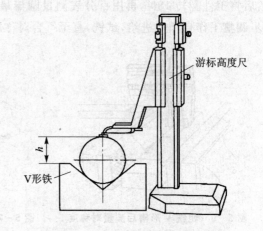

图5-11 游标高度尺测量h值

$$B = 2\tan\frac{\alpha}{2}\left(\frac{R}{\sin\alpha/2} + R - h\right)$$

式中:R——标准圆棒半径,mm;

α——V形槽槽形角(°);

h——标准圆棒顶点至V形槽上平面距离,mm。

2. 用万能角度尺测量槽形角α

V形槽槽形角α一般用万能游标量角器或角度样板测量,如图5-12所示。比较精确的测量是选用两根不同直径的标准圆棒进行间接测量,如图5-13所示。测量时,分别测得H和h,然后按公式计算,求出槽形角实际值。

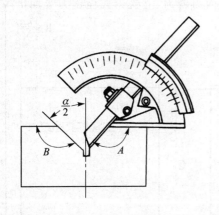
图 5-12 测量 V 形槽槽形角

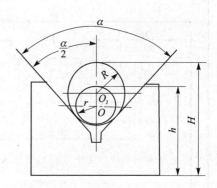
图 5-13 V 形槽槽形角的测量计算

$$\sin\frac{\alpha}{2} = \frac{R-r}{H-R-(h-r)} \qquad (5-2)$$

式中：R——较大标准圆棒半径，mm；

　　　r——较小标准圆棒半径，mm；

　　　H——较大标准圆棒顶点至 V 形槽底面距离，mm；

　　　h——较小标准圆棒顶点至 V 形槽底面距离，mm。

3. V 形槽对称度的检测

测量时以工件两侧面为基准，分别放在平板上，V 形槽内放一圆棒，用百分表分别测量圆棒的最高点，若两次测量结果相同，两 V 形面就对称于工件中心，如图 5-14 所示。若用高度测量圆棒的最高点，则能获得 V 形槽中心至侧面的实际距离。

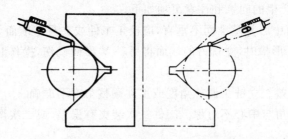
图 5-14 V 形槽对称度的检测

5.1.4　V 形槽技能训练

铣 V 形槽，材料 45 钢，如图 5-15 所示。

加工步骤如下。

① 选用直径为 18 mm 的锥柄立铣刀，锯片铣刀为 80 mm×3 mm×22 mm。

② 安装校正平口钳及装夹工件。

③ 铣 3 mm 窄槽至尺寸。主轴转速 $n=118$ r/min。铣削前先用试铣法对中心，以保证其对称度要求。

④ 调整立铣头，铣 V 形槽至尺寸。先按划线粗铣，留余量 1 mm，然后调整切削层深度，

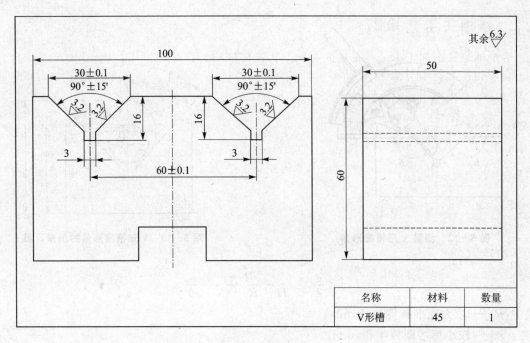

图 5-15 铣 V 形槽

半精铣 V 形槽一侧面,然后将工件转 180°装夹,铣削另一 V 形槽的一侧面;继而将工作台横向移动(60±0.1) mm 后,用相同的方法铣两 V 形槽的另一个侧面。半精铣后用量棒测得实际尺寸,调整并精铣至(30±0.1) mm。

注意事项

V 形槽铣削时易产生的问题和注意事项如下。
- 两 V 形面夹角中心与基准面不垂直,应校正工件或夹具基准面与工作台面平行。
- 用立铣刀铣 V 形槽时,立铣刀的端面将另一 V 形面铣伤,操作时应注意刀尖对准窄槽中心。
- V 形槽角度超差。立铣头调整角度或工件调整角度不准确。
- V 形槽两面半角与中心不对称。工件二次装夹有误差,或二次调整立铣头角铣削时调整角度不一样。

5.2 铣削 T 形沟槽

技能目标
- ◆ 掌握铣削 T 形槽的方法。
- ◆ 正确选用铣削 T 形槽的铣刀。
- ◆ 了解 T 形槽的检验方法。
- ◆ 分析铣削过程中出现的问题及注意事项。

5.2.1 相关工艺知识

T形槽是铣削加工中铣特形槽的一种。它在机械中被广泛地运用。例如,铣床工作台台面上用来定位和紧固分度头、机用虎钳等夹具或直接安装工件的槽就是T形槽。T形槽一般可在铣床上进行加工,铣T形槽如图5-16所示。

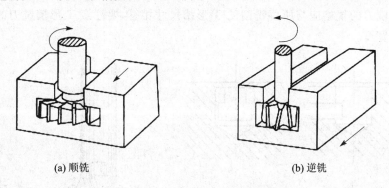

(a) 顺铣　　　　　　　　　(b) 逆铣

图 5-16　T形槽的铣削

T形槽由直槽和底槽组成,其底部的宽槽称之为底槽,上部的窄槽称之为直槽。底槽两侧上平面为T形槽的工作面。T形槽在铣床上铣削时可以分为铣直角槽、铣底槽和倒角3个步骤完成,如图5-17所示。T形槽已经系列化和标准化。

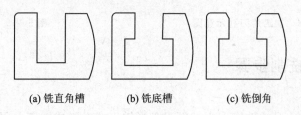

(a) 铣直角槽　　　(b) 铣底槽　　　(c) 铣倒角

图 5-17　铣T形槽的3个步骤

1. 工件的装夹与校正

工件的装夹可根据工件形状和尺寸的不同,采用不同的装夹方法。工件尺寸较小时,可用机用虎钳夹持铣削。如果工件的尺寸较大,应将工件直接平压在铣床工作台面上加工,采用这种方法铣削时,工件平稳,切削振动小。

T形槽槽口方向应与工作台进给方向一致,再用百分表校正工件上平面与工作台台面的平行度,使它与铣床工作台台面基本平行,以保证T形槽的铣削深度一致。铣T形槽首先需按照所划槽线来校正工件的位置,当找正槽线时,如果工件侧面已经加工过,可在工作台台面上紧固一个平铁,将平铁找正,用工件侧面靠紧定位平铁,压紧工件即可。如果工件的侧面未加工,可用大头针粘在刀尖上,按工件已经画好的槽加工线校正工件。

2. T形槽铣刀

T形槽结构形式不同,选用的铣刀也不同。

① 如果T形槽两端是封闭的,应选用立铣刀或键槽铣刀铣削直角槽。立铣刀加工前应在T形槽的两端各钻一个落刀孔,落刀孔的直径应大于T形槽的总宽度,深度应略小于T形槽的总深度,如图5-18所示。

② 如果 T 形槽两端是开敞的，应选用宽度和直角槽槽宽相等的三面刃铣刀和立铣刀加工直角槽，然后用 T 形槽铣刀加工 T 形槽。T 形槽铣刀是专门用来加工 T 形槽底槽的，通常有锥柄和直柄两种，如图 5-19 所示。其切削部分与盘形铣刀相似，又可分为直齿和交错齿两种。较小的 T 形槽铣刀，由于受 T 形槽直角槽部分尺寸的限制，刀具柄部和刀头连接部分直径较小，因而刀具刚度和强度均比较小。应根据 T 形槽的尺寸选用直径和厚度合适的 T 形槽铣刀。T 形槽铣刀的规格应与所要铣削的 T 形槽尺寸相符，要注意 T 形槽铣刀的颈部直径要小于直角槽的宽度。

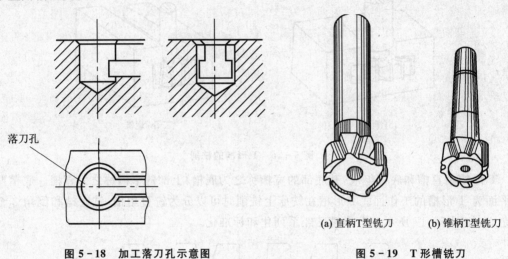

图 5-18 加工落刀孔示意图　　图 5-19 T 形槽铣刀

5.2.2 T 形槽铣削步骤

1. 铣削直角槽

铣削直角槽可以在卧式铣床上用三面刃盘形铣刀或在立式铣床上用立铣刀加工。铣刀安装好后，摇动工作台，使铣刀对准工件毛坯上的线印，并紧固防止工作台横向移动的手柄。开始切削时，采取手动进给，铣刀全部切入工件后，再用自动进给进行切削，铣削出直角槽，如图 5-20 所示。

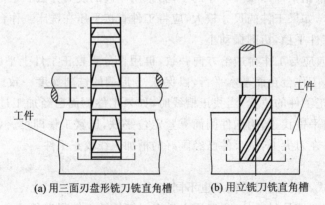

(a) 用三面刃盘形铣刀铣直角槽　　(b) 用立铣刀铣直角槽

图 5-20 直角槽的铣削

2. 铣削 T 形槽底槽

① 先用立铣刀或三面刃铣出直角槽。如图 5-21 所示,铣直角槽时可将整个槽深铣出。若工件上有 2 条或 2 条以上的 T 形槽,可先将所有 T 形槽的直槽铣出,然后更换 T 形铣刀铣削 T 形槽。

对刀时先调整工作台,使 T 形槽铣刀的端面处于工件表面(即 T 形槽的加工面)的上方,在工件表面涂上粉笔,升高工作台,当铣刀刚好擦到粉笔时记好刻度,退刀后升高工作台台面,使得工件与刀具的相对位置符合图纸尺寸要求位置,这时槽就已经对好。然后调整铣床,使 T 形槽铣刀尽量接近工件,观察铣刀两侧刃是否同时碰到直角槽槽侧,切出相等的切痕。

② 直角槽铣出后,更换 T 形刀铣出 T 形槽。若 T 形槽铣刀直径小于直槽宽度时,可采用逆铣法铣削一边,再铣削另一边,达到 T 形槽槽宽的尺寸要求;若铣刀厚度小于底槽的厚度,则要分层铣出底槽的厚度,即先铣削上平面,再铣削底面,逐步达到 T 形槽槽深的尺寸要求,这样槽底面的表面粗糙度值会小一些。若 T 形槽铣刀直径大于直槽宽度,在铣削底槽时,须对中心方可进行铣削。对中心一般是按划线的方式,对底槽进行试切,然后目测底槽两边的切痕是否一致。加工两侧不通的 T 形槽时,可选择 T 形槽铣刀直径达到转头,在工件上所要求的位置钻出落刀孔。落刀孔钻完后,可按照铣削 T 形槽的步骤加工出图样要求的 T 形槽。

铣削时先手动进给,待底槽铣出一小部分时,测量槽深,如符合要求可继续手动进给。当铣刀大部分进入工件后可使用机动进给,在铣刀铣出槽口时也最好采用手动进给。

③ 铣削好 T 形槽后,换装倒角铣刀倒角,如图 5-22 所示。对于需要倒角的 T 形槽,可根据图样要求,用单角度铣刀在立式或卧式铣床上加工出倒角;也可以自己用立铣刀刃磨出所需角进行,铣削倒角时应注意两边的对称度。

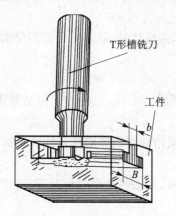

图 5-21 T 形槽底槽的铣削

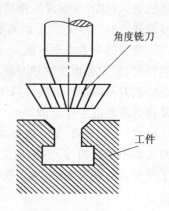

图 5-22 T 形槽槽口倒角

5.2.3 T 形槽的质量分析与检测

1. T 形槽的质量分析

T 形槽的质量分析见表 5-1。

表 5-1 T形槽的质量分析

质量问题	产生原因
直角槽的宽度超差	1. 对刀不准； 2. 横向工作台未紧固，铣削时工件移位； 3. 计算有误或测量时看错量具读数，造成进刀失误； 4. 工件未能装夹牢固，而造成铣削时移位
底槽与基准面不平行	1. 工件上平面未找正； 2. 铣刀未夹紧，铣削时产生"掉刀"的现象
表面粗糙	1. 产生的切削未能及时清除； 2. 切削时的进给量过大； 3. 切削时刀具用得过钝

2. T形槽的检测

T形槽的检测比较简单，要求不高的T形槽可用游标卡尺测量槽宽、槽深以及槽底与直角槽的对称度；要求比较高的基准槽可在平板上用杠杆表检测它与基准的平行度，也可用内径千分尺或塞规进行检验。

> 注意事项

T形槽铣削时易产生的问题和注意事项如下。

- T形槽铣刀在切削时切削排出非常困难，经常把容削槽填满而使铣刀失去切削能力，以致使铣刀折断，所以要经常清除切削。
- T形槽铣刀的颈部受T形槽的限制，直径较小，强度较低，要注意因铣刀受到过大的铣削力和突然的冲击力而折断。
- 铣钢件时，应充分加注冷却润滑液。
- T形槽铣刀不能用得太钝。因为钝的刀具切削能力太弱，铣削力和切削热迅速增加，这是铣刀折断的主要原因。
- T形槽铣刀在工作时工作条件非常差，所以要采用较小的进给量和较低的切削速度。
- 对两头都不穿通的T形槽，应先加工落刀圆孔。
- 为了改善切屑排出条件，减少铣刀与槽底的摩擦，在条件允许的情况下，可将直槽稍铣深些。

5.3 铣削燕尾槽

技能目标

- ◆ 掌握燕尾槽的铣削方法。
- ◆ 正确选用铣削燕尾槽用的铣刀。
- ◆ 掌握加工燕尾槽时有关的测量和计算。
- ◆ 分析铣削中出现的质量问题。

5.3.1 相关工艺知识

燕尾槽是机械零部件联结中广泛采用的一种结构,用来作为机械移动部件的导轨,如铣床身和悬梁相配合的导轨槽、升降台导轨、车床拖板等。燕尾槽分为内燕尾槽和外燕尾槽,它们是相配合使用的,如图 5-23 所示。其角度、宽度和深度都有较高的精度要求,对燕尾槽上斜面的平面度要求也较高,且表面粗糙度值 Ra 要小。精度要求较高的燕尾倒轨铣削后还需经过磨削、刮削等精密加工。燕尾槽的角度有 45°、50°、55°、60°等多种,一般采用 55°。

1. 工件的装夹与校正

工件的装夹可根据工件形状和尺寸的不同,采用机用虎钳夹持铣削或将工件直接平压在铣床工作台上加工。

校正工件时可先将工件的上平面与工作台台面找正使之平行,以保证铣出的燕尾槽深浅一致。然后再将燕尾槽的加工线校正,找正的方法可参照 T 形槽找正法。

2. 燕尾槽铣刀的选择

加工燕尾槽的方法与加工 T 形槽的方法相似,也是先加工出直角槽,然后用带柄的角度铣刀(燕尾槽铣刀)铣出燕尾槽。燕尾槽铣刀有锥柄和直柄两种,其中直柄燕尾槽如图 5-24 所示。其切削部分与单角度铣刀相似,铣刀可用铣夹头或快换夹头装夹。为了使铣刀有较好的刚度,刀柄不宜伸出太长。

在铣削燕尾槽时要正确选用铣刀,加工直角槽应选用立铣刀或三面刃铣刀。如何选用燕尾槽铣刀是关键,首先应根据图纸燕尾槽标注尺寸得出燕尾槽的角度,再相应地选用角度与槽形角相等的刀具;铣刀的直径与厚度应根据燕尾槽的宽度与深度选择。在满足加工条件的同时,应尽量选用直径较大的燕尾槽铣刀,这样铣刀的刚度会稍好一些,以便能承受较大的切削力。

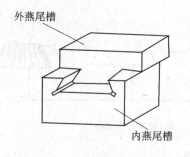

图 5-23 内燕尾槽和外燕尾槽

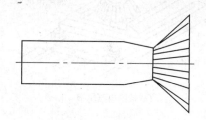

图 5-24 直柄燕尾槽

5.3.2 燕尾槽的铣削步骤

燕尾槽的铣削方法分为两个步骤:先在立式铣床上用立铣刀或端铣刀铣出直槽,再用燕尾槽铣刀铣出燕尾槽。铣带斜度燕尾槽时,第一步先铣出不带斜度的一侧,第二步将工件按图样规定的方向和斜度调整至与工作台进给方向成一定斜度,铣出带斜度的一侧。

1. 铣削凹直角槽和凸台直角

在卧式铣床上用三面刃盘形铣刀或在立式铣床上用立铣刀铣削出凹、凸直角,如图 5-25 所示。铣出的凹、凸直角宽度应按图纸要求铣削,深度应留有 0.3~0.5 mm 的余量,等到加工燕尾时将此余量一起铣去,这样就不会产生接刀痕。

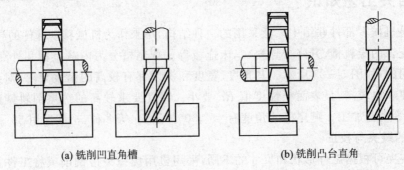

(a) 铣削凹直角槽　　　　　(b) 铣削凸台直角

图 5-25　凹凸直角加工

2. 燕尾槽加工

将加工好的直角槽加工成燕尾槽,如图 5-26 所示。由于燕尾槽的加工要求较高,故铣削燕尾槽时应分粗、精两次进行。粗铣时留 0.5 mm 的精铣余量。铣削时常用逆铣法,先铣好一侧面后再铣另一侧。燕尾槽尺寸较小时,可两侧同时铣出。由于铣刀颈部较细,强度差,所以不能一次铣去全部余量,可分多次铣削加工到尺寸。精铣燕尾槽两侧时,需达到图纸要求的尺寸和对称度要求。对于内燕尾槽来说,槽宽不能直接测出,应借助两根标准直径的圆棒放在槽内,用游标卡尺或内径千分尺测出两棒之间的尺寸,用量角器测出槽形角,经过换算才能获得槽宽尺寸。燕尾槽的对称度可采用分别测出斜面到工件侧面的距离加以比较。经过综合分析,确定燕尾槽两侧斜面的加工余量,进行最后的精铣,从而达到尺寸要求和对称度要求。当铣削在长度方向带斜度的燕尾槽时,一般先铣好不带斜度的一侧,再将工件调整到与工作台进给方向成规定斜度后锁紧,铣出带斜度的一侧。

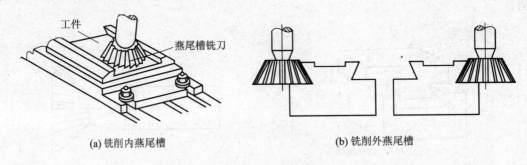

(a) 铣削内燕尾槽　　　　　(b) 铣削外燕尾槽

图 5-26　铣削燕尾槽

> **注意事项**
>
> ● 铣削内、外燕尾槽时,铣削条件与铣削 T 形槽时相同,而燕尾槽铣刀刀尖处的切削性能和强度均较差,故更应注意冷却充分、合理排屑及减小铣削力。每次进刀铣削时均采用逆铣,纵向进给时采用手动进给切入工件,然后采用机动进给铣削,快加工完此工步时,最好也采用手动进给。

5.3.3　燕尾槽的测量方法

如图 5-27 所示,用万能角度尺和深度千分尺测量内燕尾槽或外燕尾槽槽形角大小和深度或高度尺寸。

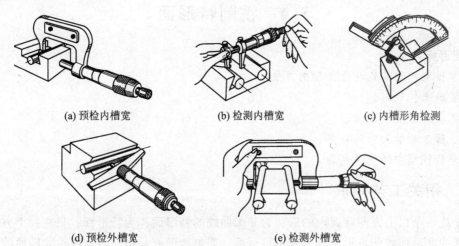

(a) 预检内槽宽　　　(b) 检测内槽宽　　　(c) 内槽形角检测

(d) 预检外槽宽　　　(e) 检测外槽宽

图 5-27　内、外燕尾槽的精度检测

图 5-28(a)所示为用两根标准圆棒间接测量槽宽,在槽内放两根标准圆棒,用内径千分尺或精度较高的游标卡尺测量出两标准圆棒之间的尺寸,用下式计算出内燕尾槽的宽度 A_1。

$$A_1 = M_1 + d\left(1 + \cot\frac{\alpha}{2}\right) - 2h\cot\alpha \tag{5-3}$$

式中：M_1——两标准圆棒内侧距离,mm；

　　　d——标准圆棒的直径,mm；

　　　α——燕尾槽槽形角,°；

　　　h——内燕尾槽槽深,mm。

外燕尾槽的测量方法与内燕尾槽相同。如图 5-28(b)所示,用两根标准圆棒间接测量外燕尾槽宽度尺寸,用外径千分尺测出两标准圆棒之间的尺寸,用以下公式计算出外燕尾槽的宽度 A_2。

$$A_2 = M_2 + d\left(1 + \cot\frac{\alpha}{2}\right) \tag{5-4}$$

式中：M_2——两标准圆棒外侧距离,mm；

　　　d——标准圆棒的直径,mm；

　　　α——燕尾槽槽形角,°；

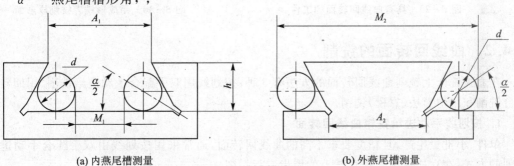

(a) 内燕尾槽测量　　　　　　　　　(b) 外燕尾槽测量

图 5-28　内燕尾槽和外燕尾槽的宽度计算

5.4 铣削特形面

技能目标
- ◆ 掌握双手进给铣曲线外形的方法。
- ◆ 正确选择铣刀。
- ◆ 铣出的工件较圆滑。
- ◆ 了解工件加工时的顺序。
- ◆ 分析铣削中的质量问题。

5.4.1 相关工艺知识

一个或一个以上方向截面内的形状为非圆曲线的特形面称为特形面。只在一个方向截面内的形状为非圆曲线的特形面称为简单特形面。简单特形面是由一直素线沿非圆曲线平行移动而形成。本小节只介绍简单特形面的铣削。

根据零件的形状不同，简单特形面又分为两种类型：直素线较短时，称为曲线回转面，即曲线外形，如图 5-29 所示的压板、凸轮和连杆等，其外形轮廓中有一部分为曲线回转面。曲线回转面可用立铣刀在立式铣床或仿形铣床上加工；直素线较长时则称成形面，一般可用成形铣刀在卧式铣床上加工，如图 5-30 所示。铣削曲线回转面的工艺要求如下。

① 曲线形状应符合图样要求，曲线连接的切点位置准确。
② 曲线回转面对基准应处于要求的正确相对位置。
③ 曲线回转面连接处圆滑，无明显的啃刀和凸出余量，曲线回转面铣削刀痕平整均匀。

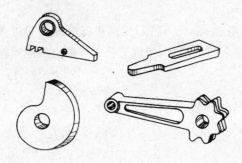

图 5-29 具有曲线回转面的工件

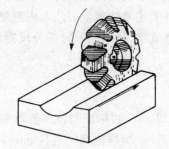

图 5-30 用成形铣刀铣削成形面

5.4.2 曲线回转面的铣削

在立式铣床上铣削曲线回转面的方法有 3 种：按划线用双手配合手动进给铣削、用回转工作台铣削和用仿形法（靠模）铣销。

1. 按划线手动进给铣销曲线回转面

单件、小批量生产，且精度要求不高的曲线回转面，通常采用按划线由双手配合手动进给铣削的方式，在立式铣床上用立铣刀的周齿进行切削。

① 工件的装夹。

工件装夹前,先在工件上划出加工部位外形轮廓线,并在线的中间打上样冲眼。工件用压板夹紧在工作台面上,工件下面应垫以平行垫铁,以防止铣伤工作台。工件的安装位置要便于双手配合操作,如图 5-31 所示。

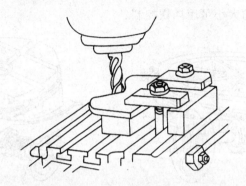

图 5-31 手动进给铣削曲线回转面

② 铣刀的选择。

铣削只有凸弧的曲线回转面,立铣刀直径不受限制;铣削凹圆弧时,立铣刀半径应等于或小于零件最小的凹圆弧半径,否则曲线外形表面将被铣伤。为保证铣刀有足够的刚性,在条件允许的情况下尽量选择直径较大的立铣刀。

③ 铣削方法。

◆ 曲线外形各处余量不均匀,有时相差悬殊,因此首先进行粗铣,把大部分余量分几次切除,使划线轮廓周围的余量大致相等。

◆ 铣削时,双手同时操作铣床的纵向和横向进给手柄,协调配合进给。操作时要精神集中,密切注视观察铣刀切削刃与划线相切的部位,用逐渐趋近法分几次铣至要求,即铣去样冲眼的一半。

◆ 铣削时应始终保持逆铣,尤其在两个方向同时进给时更应注意,以免因顺铣折断铣刀和铣废工件。

◆ 铣削外形较长又比较平坦的部分时,可以一个方向采用机动进给,另一个方向采用手动和机动进给相配合。

2. 用回转工作台铣削曲线回转面

曲线外形由圆弧组成或由圆弧和直线组成的曲线回转面工件,在数量不多的情况下,大多采用回转工作台在立式铣床上加工。为了保证工件圆弧中心位置和圆弧半径尺寸,以及使圆弧面与相邻表面圆滑相切,铣削前应保证或确定以下几点。

◆ 工件圆弧面中心必须与回转工作台重合。

◆ 准确地调整回转工作台与铣床主轴的中心距。

◆ 确定工件圆弧面开始铣削时回转工作台的角度。

◆ 若工件圆弧面的两端都与相邻表面相切,要确定铣削过程中回转台应转过的角度。

① 回转工作台的结构。

回转工作台又称为圆转台,它的主要功用是在转台台面上装夹工件、进行圆周分度和作圆周进给铣削曲线外形轮廓。回转工作台的规格以转台的外径表示,常见的规格有 250 mm、315 mm、400 mm 和 500 mm 四种。按驱动方法回转工作台分手动和机动进给两种,其外形结构如图 5-32 和图 5-33 所示。机动进给回转工作台既可机动进给,又可手动进给;而手动进给回转工作台只能手动进给。手动和机动圆转台结构基本相同,其差别在于机动圆转台的传动轴能与铣床传动装置相连接,使圆转台实现机动进给。离合器手柄可改变转台旋转方向和停止机动进给。转台角度的大小可用挡铁控制。

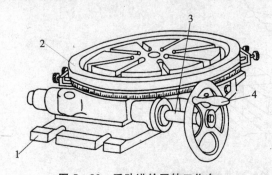 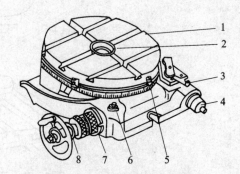

图 5-32 手动进给回转工作台
1—底座;2—圆工作台;3—蜗杆轴;4—手柄

图 5-33 机动进给回转工作台
1—圆工作台;2—锥孔;3—离合器手柄;
4—传动轴;5—挡铁;6—螺母;7—偏心环;8—手轮

圆工作台上的 T 形槽供安放 T 形螺钉,夹紧工件或夹具,转台圆周面上刻有 360 刻度可作分度依据;转台主轴是一个带阶台孔莫氏 4 号锥孔的轴。

② 回转工作台中心与铣床主轴同轴度的校正。

安装回转工作台时,必须校正其中心与铣床主轴同轴,其目的是为了便于以后找正工作圆弧面和回转工作台的同轴度,精确地控制回转工作台与铣床主轴的中心距,以及确定工件圆弧面开始铣削的位置。校正的方法有顶尖校正法、百分表校正法两种。

◆ 顶尖校正法。

如图 5-34(a)所示,在回转工作台主轴孔内插入带有中心孔的校正心棒,在铣床主轴中装入顶尖,校正时回转工作台在铣床工作台上不固定,使顶尖对准心棒上的中心孔,利用两者内外锥面配合的定心作用,使铣床主轴与回转工作台中心同轴,然后再压紧圆转台。这种方法操作简便,校正迅速,适用于一般精度要求的工件校正。

◆ 百分表校正法。

如图 5-34(b)所示,将百分表固定在铣床主轴上,使表的测量头与回转工作台中心部的圆柱孔表面保留一定间隙,然后用手转动铣床主轴,根据间隙大小调整工作台。待间隙基本均匀后,再按表的测量头接触圆柱孔表面,然后根据百分表读数的差值调整工作台,直到符合规定要求。百分表校正法精度高,适用于精度要求较高的工件的校正。

③ 工件在圆转台上的安装和校正。

安装工件前,先在工件上划出加工部位的外形轮廓线。一般工件的安装是在工件下面垫上平行的垫铁,用夹板夹紧在圆转台上。平行垫铁不应露出工件的加工线以外。工件的安装位置、T 形螺钉高度及平行垫铁的长度和宽度都要合适,以免妨碍铣削。

◆ 按划线校正工作。

如图 5-35 所示,将已划好线的工件放在回转工作台上,在立铣头上用润滑脂粘上大头针进行校正。手摇圆转台手柄,适当左右调整工件,用肉眼观察,使大头针针尖的运动轨迹与工件上所校正部位的圆弧相吻合。工件校正后,用压板将工件夹紧,再复校一次。校正时一但调

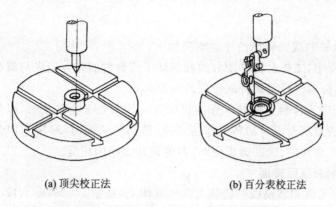

(a) 顶尖校正法　　　　　　(b) 百分表校正法

图 5-34　校正回转工作台与铣床主轴同轴

整好针尖与圆转台圆心的距离后,工作台不再移动,只移动工件进行校正。

◆ 用心轴定位校正工件。

如图 5-36 所示,如果工件上圆弧面以内孔为基准,只要将工件内孔校正到与回转工作台中心同轴即可。在回转工作台的锥孔内或阶台孔内放入锥度心轴或阶台心轴,使心轴的圆柱部分与工件的孔配合定位,达到使工件的内孔与回转工作台的圆心同心的目的,铣出工件上的圆弧部分。如图 5-37 所示。

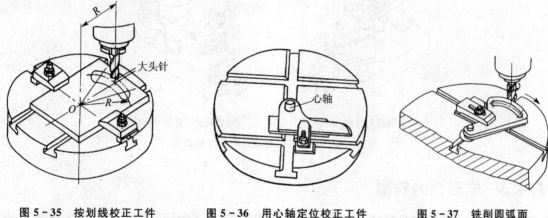

图 5-35　按划线校正工件　　　图 5-36　用心轴定位校正工件　　　图 5-37　铣削圆弧面

④ 铣刀与回转工作台中心距的调整。

为了保证所铣得的圆弧面半径的准确性,必须准确调整铣刀与回转工作台的中心距。当铣削凸圆弧面时,中心距等于凸圆弧半径与铣刀半径之和;铣削凹圆弧面时,中心距等于凹圆弧半径与铣刀半径之差。

⑤ 铣削顺序。为保证轮廓表面各部分连接圆滑,以及便于操作,按下列次序进行铣削。

◆ 凸圆弧与凹圆弧相切的工件,应先加工凹圆弧面。
◆ 凸圆弧与凸圆弧相切的工件,应先加工半径较大的凸圆弧面。
◆ 凸圆弧与直线相切的工件,应先加工直线再加工圆弧面。
◆ 凹圆弧与凹圆弧相切的工件,应先加工半径较小的凹圆弧面。
◆ 凹圆弧与直线相切的工件,应先加工圆弧面再加工直线。

注意事项

用回转工作台铣曲线回转面的注意事项如下。
- 在校正过程中,工作台的移动方向和回转工作台的回转方向应与铣削时的进给方向一致,以消除传动丝杆及蜗杆蜗轮副的间隙影响。
- 铣削时,铣床工作台及回转工作的进给方向均须处于逆铣状态,以免发生"扎刀"现象和造成立铣刀折断。对回转工作台来说,铣凸圆弧面时,回转工作台的转动方向应和铣刀旋转方向相同;铣凹圆弧面时,两者旋转方向则相反。

3. 按靠模铣削曲线回转面

靠模铣削是将工件和靠模板一起装夹在夹具体上(见图 5-38(a)),或直接装夹在工作台上(见图 5-38(b)),用手动进给使铣刀靠在靠模曲线型面上进行铣削的一种方法。靠模铣削可在立式铣床或仿形铣床上进行,除手动进给外,也可采用机动进给。

手动进给铣削时,用双手分别操纵纵向和横向进给手轮,使靠模铣刀的柄部外加始终沿着靠模板的型面作进给运动,即可将工件的曲线回转面铣出。粗铣时,铣刀的柄部外圆不与靠模板直接接触,而是保持一定的距离,以使精铣余量均匀;精铣时,双手配合均匀进给,铣刀与靠模之间接触压力适当、稳定,以保证获得圆滑、平整的加工表面。

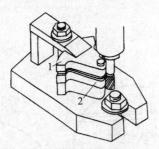 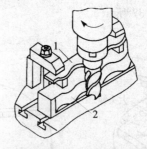

(a) 直柄铣刀铣曲线回转面　　(b) 锥柄铣刀铣曲线回转面

图 5-38　按靠模手动进给铣曲线回转面
1—靠模;2—工件

5.4.3　成形面的铣削

成形面是直素线较长的简单特形面,由于直素线较长,不能用立铣刀圆周刃进行加工,而要使用成形铣刀在卧式铣床上进行加工,如图 5-39 所示。

1. 成形铣刀

成形铣刀又称为特形铣刀,其切削刃截面形状与工件特形表面完全一样。成形铣刀分整体式和组合式两种,后者一般用于铣削较宽的特形表面。为了便于制造和节约材料,大型的成形铣刀很多做成镶齿的组合铣刀。

成形铣刀的刀齿一般都做成铲齿形,以保证刃磨后的刀齿仍保持原有的截面形状;前角大多为 0°,刃磨时只磨刀齿的前面。

图 5-39　用成形铣刀铣特形面

成形铣刀的切削性能较差,制造费用较高,使用时切削用量应适当降低,用钝后应及时刃磨,以减少刃磨量,提高铣刀的使用寿命。

2. 成形面的铣削方法

先在工件的基准面上划出特形面的加工线,然后安装和校正夹具和工件,再按划线对刀进行粗铣和精铣。当工件加工余量很大时,可先用普通铣刀粗铣,铣去大部分余量后,再用成形铣刀精铣,以减小成形铣刀的磨损。其铣削过程如图 5-40 所示。

(a) 按粗铣和精铣划线　　(b) 铣出直槽和阶台　　(c) 精铣

图 5-40　成形面的铣削过程

成形面的加工质量由成形铣刀的精度来保证,检验一般采用样板进行。

5.4.4　简单特形面的检测与铣削质量分析

1. 检测方法

◆ 圆弧半径的检测。可以用游标卡尺和圆弧样板配合检测。

◆ 切点位置的检测。可以用游标卡尺和目测配合检测,游标卡尺检测切点的尺寸是否正确,目测是观察连接部位是否圆滑(有无达过大的切痕)。

◆ 型面素线的检测。型面素线应垂直于两基准平面,检测时可用 90°角尺检查素线是否垂直于端平面。

◆ 型面表面质量的检测。表面质量要求高的型面可以用表面粗糙度样块比较检测;表面质量要求低的型面,只检查形状误差(切痕的大小),可用样板目测间隙是否合格。

2. 质量分析

质量分析如表 5-2 所列。

表 5-2　简单特形面铣削的质量分析

质量问题	产生原因
曲线外形连接不圆滑	1. 划线不正确; 2. 切点位置确定错误; 3. 回转工作台转角错误
圆弧尺寸不准确	1. 划线错误或偏差较大; 2. 铣削过程中检测不准确; 3. 圆弧加工位置找正不准确; 4. 操作过程中铣削深度过量
表面质量差	1. 铣削用量不当,回转工作台进给速度过大或进给不均匀; 2. 铣削方式选择错误(顺铣),引起"扎刀"; 3. 铣刀用钝后未及时更换,精铣表面质量差; 4. 回转工作台及机床传动系统间隙过大,引起较大的铣削振动

5.4.5 简单特形面铣削技能训练

图 5-41 所示为扇形板工件,其曲线外形由圆弧和直线组成,利用回转工作台在立式铣床上加工。材料 45 钢,单件生产。

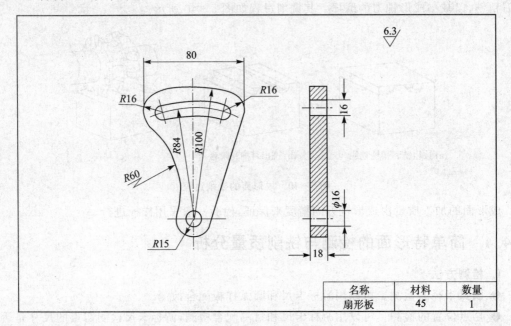

图 5-41 铣扇形板

加工步骤如下

① 划线。工件曲线由凹、凸圆弧,圆弧槽以及直线等组成。圆弧 $R15$ mm,$R100$ mm 以及圆弧槽中心位置 $R84$ mm 都是以 $\phi16$ mm 孔的中心为基准,所以该孔可以作为它们的定位基准,$R60$ mm 为连接圆弧。按图划线,并打样冲眼。按 $\phi16$ mm 孔和圆弧槽两端的位置,预先加工定位孔和落刀孔。

② 铣刀选择。铣外形时选用直径为 20 mm 的立铣刀;铣圆弧槽时选用直径为 14 mm 的立铣刀或键槽铣刀。

③ 装夹、校正工件。先校正回转工作台与铣床主轴同轴,并记下纵、横向进给手轮刻度值,然后校正工件圆弧中心与回转工作台同轴(以 $\phi16$ mm 孔用定位心轴定位),并按划线找正 $R60$ mm 和 $R16$ mm 圆弧。工件找正后用压板螺栓压紧。

④ 铣削曲线。

- 铣 $R60$ mm 凹圆弧面。工件校正夹紧后,调整立铣刀轴线与回转工作台中心距 60-10 = 50 mm,转动回转工作台铣削。
- 铣直线部分。调整回转工作台,使工件的直线与纵向进给方向平行,并锁紧回转工作台,纵向移动工作台铣削。
- 铣 $R100$ mm 凸圆弧。调整立铣刀轴线与回转工作台中心距 100+10 = 110 mm,转动回转工作台铣削。
- 铣 $R15$ mm 凸圆弧面。调整立铣刀轴线与回转工作台中心距 15+10 = 25 mm,对准两切点位置,转动回转工作台铣削。

◆ 铣 R16 mm 两角连接弧面。按划线找正后,对刀并转动回转工作台铣削,铣削时注意两切点位置。

◆ 铣 R16 mm 宽的圆弧槽。调整立铣刀轴线与回转工作台中心距 84 mm,改用直径 14 mm 立铣刀或键槽铣刀,转动回转工作台粗铣一刀,然后用扩刀法铣削,保证尺寸要求。

⑤ 检验。用游标卡尺检测圆弧及圆弧位置尺寸;凹圆弧可用圆弧样板检测。

思考与练习

1. V 型槽的铣削方法有哪几种?
2. 试述铣 T 形槽时容易出现的问题和注意事项。
3. 如图 5-10 所示,测量 $\alpha=120°$ 的 V 形槽,用直径为 30 mm 的标准量棒测得量棒上素线至 V 形槽上平面的距离是 17.87 mm。试计算 V 形槽宽度 B。
4. 如图 5-13 所示,测量 $\alpha=90°$ 的 V 形槽,分别用直径为 40 mm 和 25 mm 的标准量棒测得 $H=55$ mm,$h=26.38$ mm。试计算 V 形槽实际槽角。
5. 如图 5-28(a) 所示,测量 55°燕尾槽,已测得槽深 $h=10.05$ mm,用直径为 8 mm 的标准量棒间接测量,两量棒内侧距离 $M_1=20.75$ mm。求燕尾槽槽口宽度 A_1。
6. 什么是简单特形面?简单特形面中的曲线回转面与成形面如何区分?它们在铣削方法上有什么不同?
7. 在立式铣床上加工曲线回转面的方法有哪几种?
8. 用回转工作台铣削曲线回转面应注意哪些要点?
9. 铣曲线回转面,曲线外形连接不圆滑的原因是什么?
10. 造成简单特形面铣削表面质量差的原因有哪些?

课题六 利用分度头加工工件

> **教学要求**
> 1. 掌握万能分度头的规格、功用、结构和传动系统。
> 2. 了解万能分度头的附件及其功用。
> 3. 掌握角度分度法及回转工作台的分度方法。
> 4. 应用万能分度头进行简单分度。

分度头是铣床上重要的精密附件,其主要功用是将工件装夹为需要的角度(垂直、水平或倾斜);把工件作任意的圆周等分或直线移距分度;铣削螺旋线时,使工件连续转动。配合其使用的还有千斤顶、挂轮架、挂轮轴、配换齿轮以及尾座等。

6.1 万能分度头

技能目标
◆ 了解万能分度头的结构和各手柄作用。
◆ 了解万能分度头的附件及其作用。
◆ 了解万能分度头维护、保养知识。

铣床中分度头的种类较多,有直接分度头、简单分度头和万能分度头等。按是否具有差动挂轮装置,分度头可分为万能型(FW型)和半万能型(FB型)两种,其中,万能分度头使用最为广泛,本章将重点介绍。

6.1.1 万能分度头的结构和传动系统

1. 万能分度头的型号及功用

万能分度头的型号由大写汉语拼音字母和阿拉伯数字组成。常用的有FW125、FW200、FW250和FW320等,其中FW250型分度头是铣床上最常用的一种。代号中F代表分度头,W代表万能型,250代表分度头夹持工件的最大直径,单位为mm。

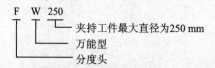

万能分度头一般安装在铣床的工作台上,其主要功用如下。
① 能够将工件作任意的圆周等分或直线移距分度。
② 可把工件的轴置放成水平、垂直或任意角度的倾斜位置。

③ 通过配换齿轮,可使分度头主轴随铣床工作台的纵向进给运动作连续旋转,以铣削螺旋面和等速凸轮的型面等。

2. 万能分度头的结构

FW250 型分度头的外形结构如图 6-1 所示。

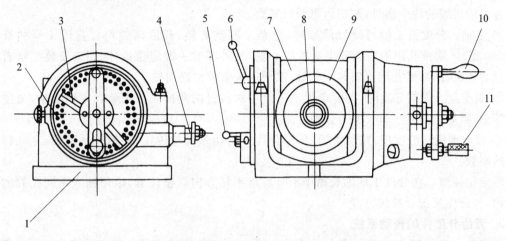

图 6-1 FW250 型分度头外形

1—基座;2—分度盘;3—分度叉;4—侧轴;5—蜗杆脱落手柄;6—主轴锁紧手柄
7—回转体;8—主轴;9—刻度盘;10—分度手柄;11—定位插销

① 基座。基座是分度头的本体,大部分零件都装在基座上。基座底面凹槽内装有定位键,用于安装时保证与铣床工作台的定位精度。

② 分度盘。分度盘是主要分度部件,安装在分度手柄的轴上。其上均匀分布有数个同心圆,各个同心圆上分布着不同数目的小孔,作为各种分度计算和实施分度的依据。分度盘配合手柄完成不是整转数的分度工作。由于型号不同,分度头配备的分度盘数量也不等,FW250 型分度头有 2 块分度盘。分度盘上孔圈的孔数见表 6-1 所列。

表 6-1 分度盘孔圈的孔数

分度头形式	分度盘孔圈的孔数	
带 1 块分度盘	正面:24,25,28,30,34,37,38,39,41,42,43	
	反面:46,47,49,51,53,54,57,58,59,62,66	
带 2 块分度盘	第一块	正面:24,25,28,30,34,37
		反面:38,39,41,42,43
	第二块	正面:46,47,49,51,53,54
		反面:57,58,59,62,66

③ 分度叉。分度叉的作用是方便分度和防止分度出错。它由两个叉脚构成,根据分度手柄所转过的孔距数来调整开合角度的大小,并加以固定。

④ 侧轴。用于与分度头主轴间或铣床工作台纵向丝杆间安装交换齿轮,进行差动分度或铣削螺旋面或直线移距分度。

⑤ 蜗杆脱落手柄。用来控制蜗杆和蜗轮间的啮合和脱开。

⑥ 主轴锁紧手柄。通常用于在分度后锁紧主轴位置,减少蜗杆和蜗轮承受的切削力,减小振动,以保证分度头的分度精度。

⑦ 回转体。回转体安放在底座中,是安装分度头主轴等的壳体零件,它可以绕主轴轴线回转,以实现其在水平线6°以下和95°以上的范围内调整角度的目的。调整时,应先松开基座上靠近主轴后端的两个螺母,调整后再予以紧固。

⑧ 主轴。分度头主轴可绕轴线旋转,它是一根空心轴,前后两端均有莫氏4号的锥孔(FW250型)。前锥孔用来安装顶尖或锥度心轴,其外部有一段定位锥体,用来安装三爪自定心卡盘的连接盘;后锥孔用来安装挂轮轴,以便用来安装交换齿轮。

⑨ 刻度盘。直接分度时,刻度盘用来确定主轴转过的角度。其安装在主轴前端,与主轴一同转动,圆周上有0°~360°的等分刻度线。

⑩ 分度手柄。分度用,摇动手柄,根据分度头传动系统的传比,手柄转一整圈,主轴转过相应的圈数。

⑪ 定位插销。在分度手柄的长槽中沿分度盘半径方向调整位置,以便插入不同孔数的分度盘内,与分度叉配合准确分度。

3. 万能分度头的传动系统

万能分度头虽有多种型号,但结构大体一样,其传动也基本相同。万能分度头的传动系统如图6-2所示。

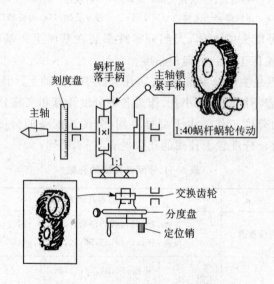

图6-2 万能分度头传动系统

分度时,从分度盘定位孔中拔出定位插销,转动分度手柄,手柄轴一起转动,通过一对齿数相同即传动比为1的直齿圆柱齿轮,以及传动比为40:1蜗杆蜗轮副,使分度头主轴带动工件转动实现分度。

此外,右侧的侧轴通过一对传动比为1:1的交错传动的斜齿轮与空套在手柄轴上的分度盘相连,当侧轴转动时,带动分度盘转动,用以进行差动分度或铣削螺旋面。

6.1.2 万能分度头的附件及其功用

1. 尾座

如图 6-3 所示,尾座又称尾架,配合分度头使用,装夹带中心孔的工件。传动手轮 1 可使顶尖进退,以便装卸工件;松开紧固螺钉 4、5,用调整螺钉 6 可调节顶尖升降或倾斜角度;定位键 7 使尾座顶尖轴线与分度头主轴轴线保持同轴。

2. 顶尖、拨叉和鸡心夹

如图 6-4 所示,顶尖、拨叉和鸡心夹用来装夹带中心孔的轴类零件。使用时,将顶尖装在分度头主轴前锥孔内,将拨叉(又称拨盘)装在分度头主轴前端端面上,然后用内六角圆柱头螺钉紧固。用鸡心夹将工件夹紧放在分度头与尾座两顶尖之间,同时将鸡心夹的弯头放入拨叉的开口内,工件顶紧后,拧紧拨叉开口上的紧固螺钉,使拨叉与鸡心夹连接。

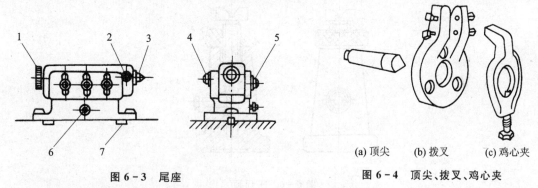

图 6-3 尾座
1—手轮;2—紧固螺钉;3—顶尖;
4、5—紧固螺钉;6—调整螺钉;7—定位键

图 6-4 顶尖、拨叉、鸡心夹

3. 挂轮轴、挂轮架

如图 6-5 所示,挂轮轴、挂轮架用来安装挂轮。挂轮架 1 安装在分度头的侧轴上,挂轮轴 3 用来安装挂轮,它的另一端安装在挂轮架的长槽内,调整好挂轮后紧固在挂轮架上。支撑板 4 通过螺钉轴 5 安装在分度头基座后方的螺孔上,用来支撑挂轮架。锥度挂轮轴 6 安装在分度头主轴后锥孔内,另一端安装挂轮。

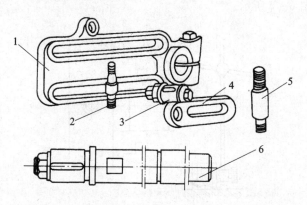

图 6-5 挂轮架和挂轮轴
1—挂轮架;2、5—螺钉轴;3—挂轮轴;4—支撑板;6—锥度挂轮轴

4. 交换齿轮

交换齿轮即挂轮,FW250型分度头配有交换齿轮13个,其齿数是5的整倍数,分别为:25(2个)、30、35、40、45、50、55、60、70、80、90、100。

5. 用三爪自定心卡盘装夹工件

加工轴类工件,可直接用三爪自定心卡盘装夹。用百分表校正工件外圆,使端面跳动符合规定要求。

6. 千斤顶

如图6-6所示,千斤顶用来支持刚性较差、易弯曲变形的工件,以增加工件的支持刚度,减少变形。使用时,松开紧固螺钉4,转动螺母2,使顶头1上下移动,当顶头的V形槽与工件接触稳固后,拧紧紧固螺钉。

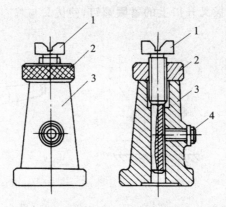

图6-6 千斤顶
1—顶头;2—螺母;3—千斤顶体;4—紧固螺钉

6.1.3 工件在分度头上的装夹和校正

1. 用三爪卡盘装夹工件

加工短轴或套类工件可直接用三爪卡盘夹持工件。用百分表校正工件外圆,在高点的卡爪内垫铜皮,使外圆跳动符合要求。用百分表校正工件端面时,将高点用铜棒轻轻敲击,使端面跳动符合要求,如图6-7所示。

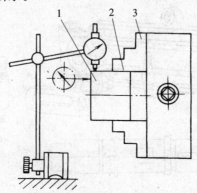

图6-7 用三爪卡盘装夹工件
1—工件;2—铜皮;3—卡爪

2. 用两顶尖装夹工件

在两端有顶尖孔的工件上铣齿或铣槽时,可用两顶尖夹持工件。装夹工件前,先校正分度头和尾座。校正时,取一锥度检验心轴放入分度头主轴锥孔内,用百分表校正心轴 a 点处跳动,如图 6-8 所示,符合要求后,再校正 a 和 a' 点处的高度误差。校正方法是:摇动纵向、横向工作台,使百分表通过心轴最大直径测出 a 和 a' 两点处的高度误差,并通过调整分度头主轴的角度,使 a 和 a' 两点高度一致,则分度头主轴的上母线就平行于工作台台面。然后校正分度头主轴侧母线与纵向工作台进给方向平行,如图 6-9 所示。校正的方法是将百分表触头置于心轴侧面,摇动纵向和垂直工作台,使百分表通过心轴最大直径,测出 b、b' 两点处的高度误差,并通过调整分度头的水平方向,使 b 和 b' 两点处的读数一致,则分度头主轴侧母线与纵向工作台进给方向平行。分度头校正完毕。

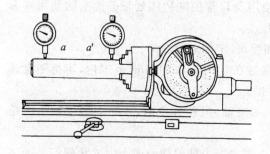

图 6-8 校正分度头主轴上母线

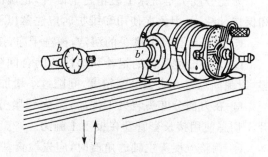

图 6-9 校正分度头主轴上侧母线

最后,安装尾座及分度头顶尖,用标准心轴夹持在两顶尖之间,测量母线是否符合要求,如不符合要求,则对尾座进行调整,使之符合要求,如图 6-10 和图 6-11 所示。

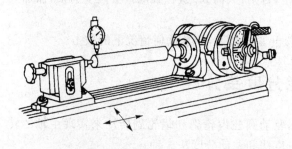

图 6-10 校正尾座上母线

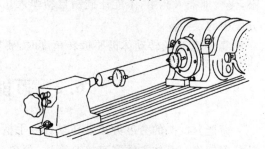

图 6-11 校正尾座上侧母线

3. 用一夹一顶装夹工件

在较长的轴类工件上铣齿或铣槽时,可一端用三爪卡盘夹持,另一端用尾座顶尖夹持,对于一端有顶尖孔而另一端没有顶尖孔的工件,用这种方法装夹更为适合。装夹工件前先校正分度头主轴的上母线、侧母线,然后校正尾座,如图 6-12 所示。

4. 用心轴装夹工件

此种方法用于装夹套类工件。心轴有锥度心轴和圆柱心轴两种。装夹前应先校正心轴轴线与分度头主轴轴线的同轴度,并校正心轴的上母线与侧母线。

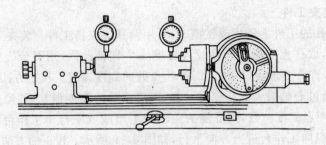

图 6-12　一夹一顶装夹工件校正

6.1.4　万能分度头的正确使用和维护

万能分度头是铣床上较精密的附件,正确的使用及日常的维护能延长分度头的使用寿命和保持其精度,因此在使用和维护时应注意以下几点。

① 要经常保持分度头的清洁,擦洗干净,按照要求,定期加油润滑。

② 万能分度头内的蜗轮和蜗杆的啮合间隙保持在 0.02～0.04 mm 范围内,不得随意调整,以免间隙过大影响分度精度,间隙过小增加磨损。

③ 在万能分度头装夹工件时,要先锁紧分度头主轴,但在分度前,要把刹紧主轴手柄松开。切忌使用接长套管套在扳手上施力。

④ 调整分度头主轴的角度时,应先检查基座上部靠近主轴前端的两个内六角螺钉是否坚固,不然会使主轴的"零位"位置变动。

⑤ 分度时,应顺时针转动分度手柄,当摇柄转过预定孔的位置时,必须把摇柄向回多摇些,消除蜗轮和蜗杆间的配合间隙后,再使插销准确地落入预定孔中。分度定位插销应对正孔眼,慢慢地插入孔中,不能让插销自动弹入孔中,否则,久而久之,孔眼周围会产生磨损,而加大分度中的误差。

⑥ 分度头的转动体需要扳转角度时,要松开紧固螺钉,严禁任何情况下的敲击。

6.2　万能分度头分度

万能分度头的分度方法是转动分度手柄,驱动圆柱齿轮副和蜗轮副转动来实现主轴的转动分度动作。具体方法有直接分度法、简单分度法和差动分度法 3 种。

6.2.1　直接分度法

分度时,先将蜗杆脱开蜗轮,用手直接转动分度头主轴进行分度。分度头主轴的转角由装在分度头主轴上的刻度盘和固定在壳体上的游标读出。分度完毕后,应用锁紧装置将分度主轴紧固,以免加工时转动。该方法往往适用于分度精度要求不高、分度数目较少(如等分数为 2、3、4、6)的场合。

6.2.2　简单分度法

简单分度法又称单式分度法,是最常用的分度方法。用该法分度时,应先将分度盘固定,摇动分度手柄,使蜗杆带动蜗轮旋转,从而带动主轴和工件转过一定的转数(度数)。

1. 分度原理

在万能分度头内部,蜗杆是单线,蜗轮为 40 齿。分度中,当摇柄转动时,蜗杆和蜗轮就旋转。当摇柄(蜗杆)转 40 周时,蜗轮(工件)转 1 周,即传动比为 40∶1,"40"称为分度头的定数。各种常用的分度头都采用这个定数,则摇柄转数与工件等分数的关系式为:

$$n = \frac{40}{z} \tag{6-1}$$

式中:n——分度摇柄转数,r;

　　　40——分度头的定数;

　　　z——工件等分数(齿数或边数)。

上式为简单分度的计算公式。当计算得到的转数不是整数而是分数时,可利用分度盘上相应孔圈进行分度。具体方法是选择分度盘上某孔圈,其孔数为分母的整倍数,然后将该真分数的分子、分母同时增大到整数倍,利用分度叉实现非整转数部分的分度。

【例 6-1】 在 FW250 型分度头上铣削多齿槽,工件齿的等分数 $z=23$,求每铣一齿分度中摇柄相应转过的圈数。

解:利用式(6-1)按分数法计算,把 $z = 23$ 代入,得:

$$n = \frac{40}{z} = \frac{40}{23} \text{r}$$

但分度盘上并没有一周为 23 的孔,这时需将分子、分母同时扩大相同倍数,即:

$$n = \frac{40}{z} = \frac{40}{23} = 1\frac{17}{23} = 1\frac{34}{46} \text{r}$$

所以,每铣一齿,分度摇柄在 46 孔圈的分度盘上转过一整周后再转过 34 个孔。

【例 6-2】 在 FW250 型分度头上铣削等分数 $z=70$ 齿工件,求每铣一齿分度中摇柄相应转过的转数。

解:第一种方法是利用式(6-1)按分数法计算,得:

$$n = \frac{40}{z} = \frac{40}{70} \text{r}$$

但分度盘上并没有一周为 70 的孔,这时,需将分子、分母同时化解,然后同时扩大相同倍数,即:

$$n = \frac{40}{z} = \frac{40}{70} = \frac{4}{7} = \frac{4 \times 7}{7 \times 7} = \frac{28}{49} \text{r}$$

或　　$$n = \frac{40}{z} = \frac{40}{70} = \frac{4}{7} = \frac{4 \times 4}{7 \times 4} = \frac{16}{28} \text{r}$$

或　　$$n = \frac{40}{z} = \frac{40}{70} = \frac{4}{7} = \frac{4 \times 6}{7 \times 6} = \frac{24}{42} \text{r}$$

每铣一齿分度时,摇柄可以在分度盘 49 孔圈上转过 28 个孔,或在 28 孔圈上转过 16 个孔,或在 42 孔圈上转过 24 个孔。

2. 分度时的操作

① 选择孔圈时,在满足孔数是分母的整倍数条件下,一般选择孔数较多的孔圈。例 6-1 中 $n = \frac{16}{28}\text{r} = \frac{24}{42}\text{r} = \frac{28}{49}\text{r} = \frac{12}{21}\text{r}$,可选择的孔圈孔数可以是 21、28、42、49,共 4 个,一般选择孔数为 42 或 49 的孔圈。因为一方面在分度盘上孔数多的孔圈离轴心较远,操作方便;另一方面

分度误差较小,准确度高。

② 分度叉两叉脚间的夹角可调,调整的方法是使两叉脚间的孔数比需摇的孔数应多1个。如图6-13所示,两叉脚间有7个孔,但只包含6个孔距。例如,$\frac{2}{3}=\frac{28}{42}=\frac{44}{66}$,选择孔数为42的孔圈时,分度叉两叉脚间应有28+1=29个孔;选择孔数为66的孔圈时,则应有45个孔(45个孔只包含44个孔距)。

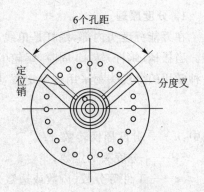

图6-13 简单分度

6.2.3 角度分度法

角度分度法是简单分度法的另一种形式,只是计算的依据不同,简单分度时是以工件的等分数 z 作为计算分度的依据,而角度分度法是以工件所需转过的角度 θ 作为计算的依据。由于分度手柄转过40 r,分度头主轴带动工件转过1 r,即360°,所以分度手柄每转1 r,工件转过9°或540′,因此,可得出角度分度法的计算公式:

$$\text{工件角度 } \theta \text{ 的单位为}(°)\text{ 时}:n=\frac{\theta}{9} \tag{6-2}$$

$$\text{工件角度 } \theta \text{ 的单位为}(′)\text{ 时}:n=\frac{\theta}{540} \tag{6-3}$$

式中:n——度手柄的转数,r;

θ——工件所需转的角度,单位(°)或(′)。

【例6-3】 在FW250型分度头上铣夹角为116°的两条槽,求分度手柄转数。

解:以 $\theta=116°$ 代入式6-2中得:

$$n=\frac{\theta}{9}=\frac{116}{9}=12\frac{8}{9}=12\frac{48}{54}\text{r}$$

答:分度手柄转12转又在分度盘孔数为54的孔圈上转过48个孔距。

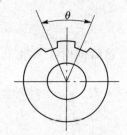

图6-14 带两槽的工件

【例6-4】 在图6-14所示的圆柱形工件上铣两条槽,其所夹圆心角为38°10′,求分度手柄应转的转数。

解:以 $\theta=38°10′=2290′$ 代入式6-3中得:

$$n=\frac{\theta}{540}=\frac{2290}{540}=4\frac{13}{54}\text{r}$$

答:分度手柄在孔数为54的孔圈上转4转又13个孔距。

6.2.4 差动分度法

当工件的等分数 z 和40不能相约或工件的等分数和40相约后,分度盘上没有所需的孔圈数时,如63、67、83、101、127……可采用差动分度法。差动分度法就是在分度中,分度手柄和分度盘同时顺时针或逆时针转动,通过它们之间的转数差来实现分度。

1. 差动分度原理

差动分度法就是在分度头主轴后锥孔中装上挂轮轴,用交换齿轮 z_1、z_2、z_3、z_4 把分度头的主轴与侧轴连接起来,使分度手柄和分度盘同时转动,如图6-15和图6-16所示。分度时松开分度盘的紧固螺钉,按预定的转数转动分度手柄进行分度,在分度头主轴转动的同时,分度盘相对于分度手柄以相同或相反的方向转动,因此分度手柄实际的转数 n 是分度度手柄相对于分度盘的转数 n_0 与分度盘自身转数 n_p 之和或差,即 $n = n_0 \pm n_p$。

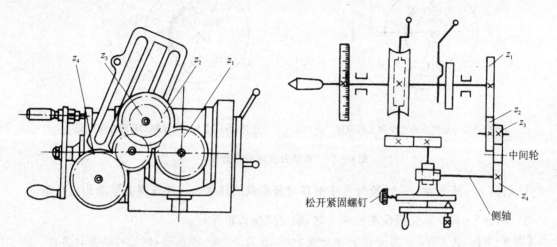

图 6-15 差动分度交换齿轮　　　　　图 6-16 差动分度结构

差动分度的原理如图 6-17 所示。分度时,先取一个与工件要求的等分数 z 相近且能进行简单分度的假定等分数 z_0,并按 z_0 计算每次分度时分度手柄的转数 n_0,并选择确定分度盘孔圈和调整分度叉夹角(包含的孔距数)。准确分度时分度手柄应转的转数 $n = \dfrac{40}{z}$,n 与 n_0 的差值由分度头主轴通过交换齿轮带动分度盘转动来补偿,由差动分度传动结构(图 6-16)可知,当分度头主轴转过 $\dfrac{1}{z}$ 时,分度盘转过 $np = \dfrac{1}{z} \times \dfrac{z_1 z_3}{z_2 z_4}$ 转。根据差动分度原理,$n = n_0 \pm n_p$ 得:

$$\frac{40}{z} = \frac{40}{z_0} + \frac{1}{z} \frac{z_1 z_3}{z_2 z_4}$$

交换齿轮的传动比:

$$\frac{z_1 z_3}{z_2 z_4} = \frac{40(z_0 - z)}{z_0} \tag{6-4}$$

式中:z_1、z_3——主动交换齿轮的齿数;

　　　z_2、z_4——从动交换齿轮的齿数;

　　　z——实际等分数;

　　　z_0——假定等分数。

由式(6-4)可知,当 $z_0 < z$ 时,交换齿轮的传动比为负值,说明分度盘与分度手柄的转向相反;当 $z_0 > z$ 时,交换齿轮的传动比为正值,分度盘与分度手柄的转向相同。分度盘的转向可通过在交换齿轮中加入或不加中间轮来调整。实践证明,当采用 $z_0 < z$ 时,分度盘与分度手柄的转向相反,可以避免分度头传动副间隙的影响,使分度均匀。因此,在差动分度时,选取的假定等分数通常都小于实际等分数。

2. 差动分度的计算

① 选取假定等分数 z_0,一般 $z_0 < z$。

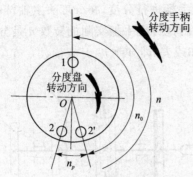
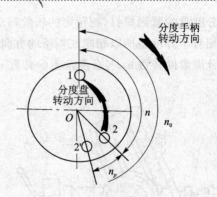

(a) 分度盘与分度手柄的转动方向相同　　　　(b) 分度盘与分度手柄的转动方向相反

图 6-17　差动分度原理示意图

② 根据 z_0，按 $n_0 = \dfrac{40}{z_0}$ 计算分度手柄相对分度盘的转数 n_0，并选择分度盘相应孔圈。

③ 按式(6-4)计算交换齿轮的传动比，确定交换齿轮齿数。

【例 6-5】 在 FW250 型分度头上分度，加工齿轮 $z=67$ 的链轮，试进行调整计算。

解：因 $z=67$ 不能与 40 化简，且选不到孔圈数，故确定用差动分度法进行分度。

① 选取 $z_0 = 70\,(z_0 > z)$。

◆ 计算分度盘孔圈数及插销应转过的孔数：

$$n = \frac{40}{z_0} = \frac{40}{70} = \frac{4}{7} = \frac{16}{28}$$

即选用第一块分度盘的 28 孔孔圈为依据进行分度，每次分度手柄应转过 16 个孔距。

◆ 计算交换齿轮数：

$$\frac{z_1}{z_2} \times \frac{z_3}{z_4} = \frac{40(z_0 - z)}{z_0} = \frac{40(70 - 67)}{70} = \frac{12}{7} = \frac{2 \times 6}{1 \times 7} = \frac{80}{40} \times \frac{48}{56}$$

即 $z_1 = 80$、$z_2 = 40$、$z_3 = 48$、$z_4 = 56$。因 $z_0 > z$，所以交换齿轮应加一个中间轮。

② 选取 $z_0 = 60\,(z_0 < z)$。

◆ 计算分度盘孔圈数及插销应转过的孔数：

$$n = \frac{40}{z_0} = \frac{40}{60} = \frac{2}{3} = \frac{16}{24}$$

即选用第一块分度盘的 24 孔孔圈为依据进行分度，每次分度手柄应转过 16 个孔距。

◆ 计算交换齿轮数：

$$\frac{z_1}{z_2} \times \frac{z_3}{z_4} = \frac{40(z_0 - z)}{z_0} = \frac{40(60 - 67)}{60} = \frac{14}{3} = \frac{7 \times 2}{3 \times 1} = \frac{56}{24} \times \frac{80}{40}$$

即 $z_1 = 56$、$z_2 = 24$、$z_3 = 80$、$z_4 = 40$。因 $z_0 < z$，所以交换齿轮不加中间轮。

在实际使用差动分度法时，为方便分度，可由表 6-2 直接查得各相关数据。表中数据均按 $z_0 < z$ 得出，适用于定数为 40 的各型万能分度头。在配置中间轮时，应使分度盘与分度手柄转向相反。

6.2.5　简单分度法铣削技能训练

如图 6-18 所示，材料 45 钢，直径 32 mm 棒料，用圆柱形铣刀在卧式铣床上铣削六方体。

加工步骤如下。

① 选择 63 mm×63 mm×27 mm 圆柱形铣刀,并安装在铣床刀杆上。

② 安装分度头和尾座,校正标准心轴上母线在 300 mm 长度上百分表读数差值在 0.05 mm 以内。

③ 计算分度手柄转数 $n = \dfrac{40}{z}$,选择孔圈,调整定位插销位置和分度叉之间的孔距数。

④ 用一夹一顶方法夹持工件。

⑤ 对刀,铣削至尺寸。

⑥ 工件调头装夹,接刀铣削完余部。

⑦ 检查工件质量,合格后卸下工件。

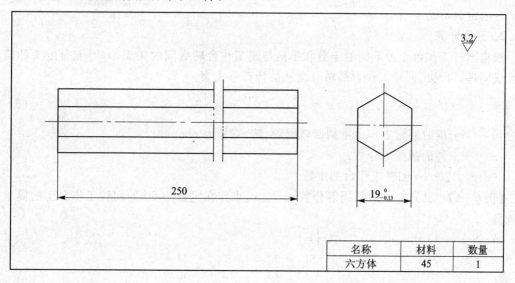

图 6-18 铣六方

注意事项

● 积分读盘的孔数时,定位插销插孔不计算在内。
● 分度手柄一般应顺时针转,如果转过了,应消除分度间隙后再插入孔内。
● 加工细长工件时,中间用千斤顶支撑的力量应适当,防止工件变形。
● 用尾座顶实夹持工件时,夹持的力量要适当,防止工件弯曲。
● 防止夹伤工件。

6.3　用回转工作台分度

为了扩大工艺范围,提高生产率,铣床除了有 X、Y、Z 这 3 个坐标轴的直线进给运动外,往往还带有绕 X、Y、Z 这 3 个坐标轴的圆周进给运动。铣床上的回转工作台除了用来进行各种圆弧加工或与直线进给联动进行曲面加工外,还可以实现精确的自动分度,即当工件的一个平面上各工序都加工完后,工件就回转一定角度,再进行另一个平面上各工序的加工。这种使工作台回转一定角度的运动称为分度运动,它是一种不进行切削的辅助运动。

1. 分度原理

回转工作台的蜗杆蜗轮副的传动比常用的有 1∶60、1∶90 和 1∶120。即回转工作台的手轮转 1 转(r),圆工作台相应地转过 $\frac{1}{60}$r、$\frac{1}{90}$r、$\frac{1}{120}$r,也就是回转工作台的定数是 60、90 和 120。

回转工作台主要用于中、小型工件的圆周分度和圆周进给铣削回转曲面,如铣削工件上圆弧形周边、圆弧形槽、多边形工件和有分度要求的槽或孔等。

分度原理与万能分度头相同。回转工作台可配带分度盘,在蜗杆轴(即手轮轴)上套装分度盘和分度叉,转动带有定位插销的分度手柄,则蜗杆轴转动,并带动蜗轮(即圆工作台)和工件回转,达到分度的目的。

与万能分度头不同的是:在回转工作台上只能作简单分度,不能进行差动分度;此外,回转工作台的定数不是 40。

2. 分度计算

根据回转工作台 3 种不同的定数和手柄与圆工作台转数间的关系,与万能分度头的简单分度法同理,可导出回转工作台简单分度法的计算分式为:

$$n = \frac{60}{z}, n = \frac{90}{z}, n = \frac{120}{z} \tag{6-5}$$

式中:n ——分度时回转工作台手柄回转周数(转,符号为 r);

z ——工件的圆周等分数;

60、90、120——回转工作台的定数。

【例 6-6】 已知工件的圆周等分数 $z = 13$,求作在定数为 60 的回转工作台上的简单分度计算。

解:将 $z = 13$ 代入式(6-5)中,得:

$$n = \frac{60}{z} = \frac{60}{13} = 4\frac{8}{13} = 4\frac{24}{39}$$

答:分度时,手柄在孔数为 39 孔孔圈上转 4 周再加 24 个孔距。

思考与练习

1. 万能分度头的主要功用有哪些?万能分度头与半万能分度头的差异在哪里?
2. 如何校正万能分度头的主轴?
3. 用万能分度头及附件装夹工件的方法有哪些?各适用于哪类工件的装夹?
4. 如何正确使用和维护万能分度头?
5. 在铣床上用万能分度头可进行哪几种分度方法?
6. 什么叫分度头的定数?常用分度头的定数是多少?
7. 试作下列等分数在 FW250 型分度头上的简单分度计算。

   $z = 18$; $z = 35$; $z = 64$。
8. 在 FW250 型分度头上,试作下列角度分度计算。

   $\theta = 20°$;$\theta = 42°50'$; $\theta = 85°20'$。
9. 差动分度时,如何选择假定等分数?为什么通常选择的假定等分数小于实际等分数?
10. 作 133 等分,求所选定的孔圈数、分度叉间的孔数及交换齿轮齿数,并画出简单的交换齿轮图。

课题七　在铣床上加工孔

> **教学要求**
> 1. 掌握钻孔的方法,理解钻孔的质量分析。
> 2. 掌握铰刀的基本知识,了解铰孔的方法。
> 3. 掌握镗孔刀具的相关知识。
> 4. 了解镗孔的方法和孔系的镗削。

在铣床上进行钻孔、铰孔和镗孔的加工特点是:主运动是通过刀具做旋转运动来完成的,而辅助运动由刀具的上下移动或工作台的上下移动来完成,并且可以通过工作台的3个方向移动,较方便地调整切削刀具与工件的相对位置。

孔的主要工艺要求包括孔的尺寸精度、孔的形状精度、孔的表面粗糙度和孔的位置精度。

7.1　在铣床上钻孔

技能目标
◆ 了解麻花钻的结构和刃磨方法。
◆ 在铣床上钻孔要符合图样技术要求。
◆ 正确选择钻孔的切削用量。
◆ 分析钻孔时的质量问题。

7.1.1　相关工艺知识

在实体材料上用钻头加工孔的方法称为钻孔。在铣床上,一般使用麻花钻来钻削中、小型工件上的孔和相互位置不太复杂的孔系。在铣床上进行钻孔时,钻头的回转运动是主运动,工件或钻头沿钻头轴向运动是进给运动。

1. 麻花钻的结构

麻花钻是一种形状复杂的孔加工刀具,如图 7-1 所示。它的应用十分广泛,常用来钻削精度较低和表面粗糙度要求不高的孔。用高速钢钻头加工的孔精度可达 IT13～IT11,表面粗糙度可达 $Ra2.5\sim6.3~\mu m$;用硬质合金钻头加工的孔精度可达 IT11～IT10,表面粗糙度可达 $Ra12.5\sim3.2~\mu m$。标准麻花钻主要由切削部分、导向部分和刀柄 3 部分组成。钻头切削部分由它的切削刃和横刃作为刀具在起切削作用。导向部分在切削过程中能保持钻头正直的钻削方向,同时具有修光孔壁的作用,并且是切削的后备部分。刀柄用来夹持和传递钻孔时所需的扭矩和轴向力。麻花钻上的沟槽起排屑的作用。

① 刀体。刀体包括切削部分与导向部分。麻花钻在其轴线两侧对称分布有两个切削部分。两螺旋槽面是前面,麻花钻顶端的两个曲面是后面,两后面的交线称为横刃,前面与后面的交线是主切削刃。导向部分是切削部分的后备部分,在钻削时沿进给方向起引导作用。导

向部分包括副切削刃、第一副后面(刃带)、第二副后面和螺旋槽等。

② 颈部。刀体与刀柄之间的过渡部分。在麻花钻制造的磨削过程中起退刀槽作用,通常麻花钻的直径、材料牌号标记在这个部分。

③ 刀柄。刀柄是麻花钻的夹持部分,切削时用来传递转距。刀柄有锥柄(莫氏标准锥度)和直柄两种。

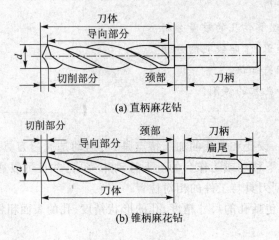

图 7-1 麻花钻

2. 麻花钻的主要角度

① 顶角 $2\kappa_r$。两主切削刃在与它们平行的轴平面上投影的夹角,如图 7-2 所示。顶角的大小影响钻头尖端强度、前角和轴向抗力。顶角大,钻头尖端强度大,并可加大前角,但钻削时轴向抗力大。标准麻花钻的顶角 $2\kappa_r = 180°±2°$。

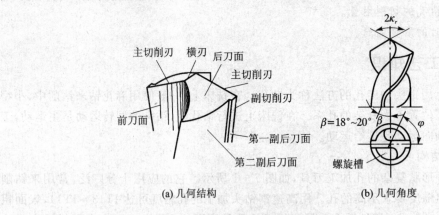

图 7-2 麻花钻头的结构

② 顶角 γ_0。在正交平面 P_0 内测量的前面与基面 P_r 的夹角。麻花钻的前面是螺旋槽面,因此,主切削刃上各点处的前角大小是不同的,钻头外缘处的前角最大,约为 30°,越近中心前角越小,靠近横刃处的前角约为 −30°,横刃上的前角则小至 −50°~−60°。前角的大小影响切屑的形状和主切削刃的强度,决定切削的难易程度。前角越大,切削越省力,但刃口强度降低。

③ 后角 α_0。在正交平面 P_0 内测量的后面与切削平面 P_s 的夹角。

④ 侧后角 α_f。在假定工作平面 P_0 内测量的后面与切削平面的夹角。钻削中实际起作用

的是侧后角 a_f。主切削刃上各点处的后角大小也不一样,钻头外缘处的侧后角最小,为 $8°\sim 14°$,越近中心越大,靠近钻心处为 $20°\sim 25°$。后角的大小影响后面的摩擦和主切削刃的强度,后角越大,麻花钻后面与工件已加工面的摩擦越小,但刃口强度则降低。

⑤ 横刃斜角 φ。横刃与主切削刃在端面上投影线之间的夹角,一般取 $50°\sim 55°$。横刃斜角的大小与后面的刃磨有关,它可用来判断钻处的后角是否刃磨正确。当钻心处后角较大时,横刃斜角就越小,横刃长度相应增长,钻头的定心作用因此变差,轴向抗力增大。

3. 麻花钻的刃磨

麻花钻用钝后或根据加工材料及要求需要进行刃磨。刃磨时,主要刃磨两个后面和修磨前面(横刃部分)。

① 麻花钻刃磨的基本要求。

◆ 顶角 $2\kappa_r$ 为 $118°\pm 2°$。

◆ 钻头外缘处的后角 α_0 为 $10°\sim 14°$。

◆ 横刃斜角 φ 为 $50°\sim 55°$。

◆ 两主切削刃长度要相等,同时两主切削刃与钻头轴心线组成的夹角也要相等。

◆ 两主后刀面要刃磨光滑、连续。

② 麻花钻的刃磨方法。

◆ 刃磨前,先检查砂轮表面是否平整,如砂轮表面不平或有跳动现象,须先进行修正。

◆ 将钻头的切削刃放平,并置于砂轮中心平面上,使钻头的轴线与砂轮圆周母线成顶角的 1/2 左右,即 $\kappa_r=59°$,见图 7-3(a)。

◆ 刃磨时,一手握钻头前端,以定位钻头,一手握钻柄,然后上下摆动,并略作转动,同时磨出主切削刃和后面,见图 7-3(b)。转动与摆动幅度都不应过大,以免磨出负后角和磨坏另一条切削刃。

◆ 将钻头转过 $180°$,用同样方法刃磨另一主切削刃和后面,两切削刃也可以交替地进行刃磨,保证钻头的顶角符合要求,并且两刃要对称、等长。

◆ 钻头刃磨后要检验,一般采用目测检验,观察两刃口的高低和刃口长度是否相等。

◆ 按需要修磨横刃,就是将横刃磨短,钻心处前角增大。通常 5 mm 以上的横刃需修磨,修磨后的横刃长度为原长的 1/3~1/5。

注意事项

麻花钻刃磨的注意事项如下。

● 刃磨时,用力要均匀,不能过猛,应经常目测刃磨情况,随时修正。

● 刃磨时,应注意磨削温度不应过高,要经常在水中冷却钻头,以防退火降低硬度。

● 刃磨时,钻头切削刃的位置应略高于砂轮中心平面,以免磨出负后角,致使钻头无法切削,见图 7-4。

● 刃磨时,不要由刃背磨向刃口,以免造成刃口退火。

4. 钻削用量

钻削用量与切削层各物理量的关系如图 7-5 所示。选择钻削用量的顺序依次为背吃刀量→进给量→钻削速度。

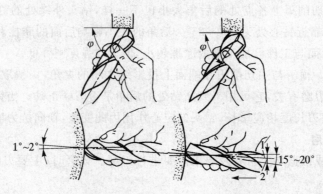

(a) 钻头轴线与砂轮圆周素线成顶角的1/2左右　(b) 刃磨主切削刃和后面

图7-3　麻花钻的刃磨方法

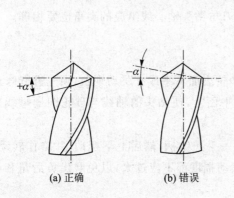

(a) 正确　(b) 错误

图7-4　钻头后角

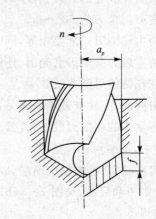

图7-5　钻销用量

① 钻削速度 v_c。

钻削速度是指钻头切削刃的线速度,表达式为:

$$v_c = \frac{\pi d n}{1\,000} \tag{7-1}$$

式中:v_c——切削速度,m/min;

d——麻花钻直径,mm;

n——麻花钻转速,r/min。

② 进给量 f。

麻花钻每回转一转,钻头与工件在进给运动方向上的相对位移为每转进给量 f,单位为 mm/r。麻花钻为多刃工具,有两条刀刃,其每齿进给量 f_z 等于每转进给量 f 的一半,即 $f_z = 0.5f$。当加工孔的直径在 5 mm 以下时,一般采用手动进给,选用直径 3~5 mm 的小钻头。普通麻花钻的进给量可按经验公式 $f=(0.01\sim0.02)d$ 计算获得。当加工铸铁和有色金属材料时,进给量 f 可取 0.15~0.50 mm/r;当加工钢件时,进给量 f 可取 0.10~0.35 mm/r。如采用先进钻型与修磨方法,则能有效降低轴向力,提高进给量。

③ 切削深度 a_p。

切削深度 a_p 一般指工件已加工表面与待加工表面间的垂直距离。钻孔时的切削深度为麻花钻直径的一半,即 $a_p=0.5d$。

切削深度 a_p 应根据加工孔直径 d 来选择:当 $d< 35$ mm 时,可以一次性完成钻削;当 $a_p>35$ mm 时,分两次钻削,第一次选择 $a_p=0.35d$,第二选择 $a_p=0.35d$,即需要进行扩孔时,钻头直径 d 取孔径的 0.3～0.7 倍。

钻孔时,切削速度的选择主要根据被钻孔工件的材料和所钻孔的表面粗糙度要求及麻花钻的耐用度来确定。一般在铣床上钻孔时,主轴(刀具)做进给运动,所以要选择尽量低的钻削速度。即使加工较大直径的孔,也要在规定范围内选择较低的钻削速度。钻削速度的选择见表 7-1。

表 7-1 钻削速度选用表

单位 m/min

加工材料	v_c	加工材料	v_c
低碳钢	25～30	铸铁	20～25
中、高碳钢	20～25	铝合金	40～70
合金钢、不锈钢	15～20	铜合金	20～40

7.1.2 钻孔的对刀方法

1. 按划线钻孔

按图样上孔的位置尺寸要求,在工件上划出孔的中心位置线和孔径尺寸线,并在孔的中心位置及孔的圆周上打上样冲眼。较小的工件可用平口钳装夹,见图 7-6;较大的工件可用压板、螺栓装夹,见图 7-7。

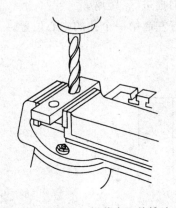

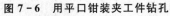

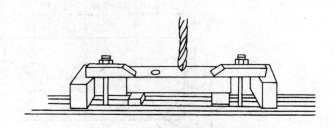

图 7-6 用平口钳装夹工件钻孔　　　　图 7-7 用压板、螺栓装夹工件钻孔

钻削时,根据加工孔的材料和刀具,合理选择主轴转速。然后移动工件,使钻头对准划线的圆心样冲眼,即试钻,如图 7-8(a)所示。如发现有偏心现象,则需重新进行校准。但由于钻头在工件上已定心,即使移动工件再钻,钻头还会落到原来位置上,所以,应在浅孔坑与划线距离较大处錾数条浅槽,如图 7-8(b)所示,使试钻孔底变平不再起导向作用,落钻再试,等对准后即可开始钻孔。当钻头快要钻通时应减小进给量,钻通后方可退刀。

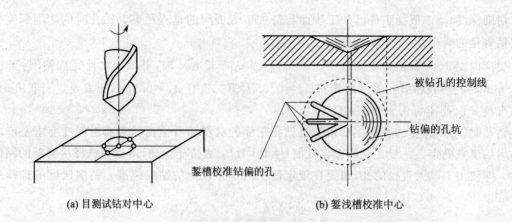

(a) 目测试钻对中心　　　　　(b) 錾浅槽校准中心

图 7-8　按划线法钻孔

 小心得　试钻后若发现孔有偏差,可更换比图样尺寸小的键槽铣刀,先铣一较小较浅的孔,检测后若合符图样要求,即可换钻头钻孔;若有偏差,则移动纵向或横向工作台,直至孔的中心位置合乎图样要求为止。

2. 按靠刀法钻孔

如图 7-9 所示,工件上的孔对基准的孔距尺寸精度要求较高时,如果还采用划线法钻孔就不容易控制了,这时应利用铣床纵、横手轮有刻度的特点,采用靠刀法来对刀实现孔的钻削加工。具体加工方法如下。

① 先将平口钳固定钳口(或工件的基准边)校正与纵向进给方向平行(或垂直)。

② 工件装夹好后用标准圆棒或中心钻装夹在钻夹头中,使标准圆棒与工件基准刚好靠到后,再向 X 轴负方向摇进,使中心钻离开工件,再向 Y 轴正方向摇进 S_1 距离。

③ 在此位置上,靠近另一基准后,就可摇过 S 距离,即对好左起第一个孔的中心位置。

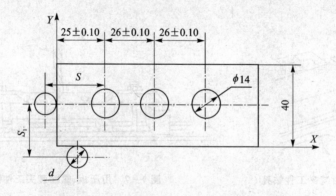

图 7-9　用靠刀法移动距离确定孔的中心位置

④ 如直接用麻花钻钻孔,会因钻头横刃较长或顶角对称性不好而产生定心不准造成钻偏,使孔距公差难以保证。为保证尺寸公差,可先用中心钻钻出锥孔作为导向定位,然后再用麻花钻钻孔就不会产生偏差。

⑤ 中心钻的切削速度不宜太低,否则容易损坏。一般情况下,用直径 4~12 mm 的中心

钻钻孔时,主轴速度可调到 950~1 000 r/min。

一个孔钻削完后,将工作台移动一个中心距,再用同样的方法钻另一个,依次完成各孔的加工,孔距公差则易得到保证。

3. 利用分度头装夹工件钻孔

在盘类工件上钻圆周等分孔时,可在分度头上装夹工件钻孔。先校正分度头主轴轴心线与立铣头主轴轴心线平行,并平行于工作台台面,两主轴轴心线要处于同一轴向平面内。校正工件的径向和端面圆跳动合乎要求。然后将升降台和横向进给固紧,以保证钻孔正确,按要求分度和纵向进给钻孔,如图 7-10 所示。

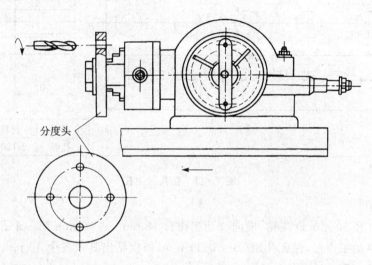

图 7-10 用分度头装夹工件钻孔

4. 在回转工作台上装夹工件钻孔

工件直径较大时,可将工件用压板装夹在回转工作台上钻孔。安装回转工作台并校正其主轴转线与立铣头主轴轴心线同轴,然后装夹工件、校正工件与回转工作台同轴,移动工作台等于圆半径的距离,使钻头轴线对准被钻孔中心,将工作台纵、横向固紧,用升降台进给钻孔。

7.1.3 钻孔技能训练

1. 钻孔板上孔

如图 7-11 所示,孔板外形符合规定尺寸要求,各面之间保证相互垂直、平行。钻孔时用按划线进行钻孔或用靠刀法钻孔。

加工步骤如下。

① 按图样要求,划出各孔的位置线与孔径线,并打样冲眼,且样冲眼要小,位置准确。

② 安装平口钳,校正固定钳口平行于工作台纵向进给方向,装夹工件。装夹时,应使工件底面与平口钳钳身导轨面离开一定的距离,以防钻孔完时,钻头钻坏平口钳钳身导轨面。

③ 按孔径选好麻花钻 $\phi 8.4$ mm,用钻夹头和锥套安装于立铣头主轴锥孔中。

④ 调整机床主轴转数为 600 r/min,移动工作台,使工件孔中心与钻头轴线重合,然后紧固纵向、横向工作台,即可启动机床,手动升降台进给钻第一个孔。

⑤ 纵向移动工作台一个中心距 20 mm(手轮刻度盘控制),钻第二孔。同样方法钻出其他

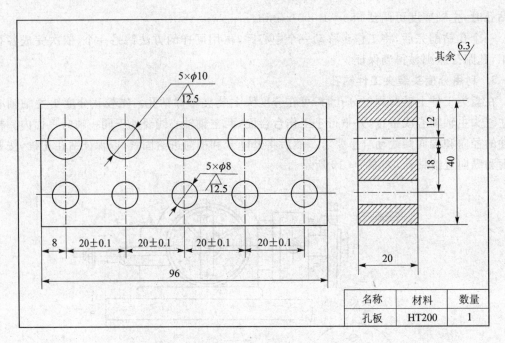

图 7-11 钻孔板上孔

8 mm 直径的孔。

⑥ 更换直径 10 mm 麻花钻,横向移动工作台 18 mm,钻 10 mm 第一个孔。

⑦ 纵向移动工作台,保证孔距(20±0.1) mm,依次钻出其余各个 10 mm 孔。

2. 钻圆盘上孔

钻圆盘上孔,如图 7-12 所示。

加工步骤如下。

① 按图样要求,划出各孔的位置线与孔径线,并打样冲眼,且样冲眼要小,位置准确。

② 选用麻花钻 ϕ10 mm,通过钻夹头和锥套安装在立铣头主轴锥孔中。调整机床主轴转数为 600 r/min。

③ 工件以内孔 $\phi 30_0^{+0.021}$ 定位,用心轴安装在分度头主轴锥孔中。

④ 开车,手动纵向进给,先分度钻 4 个直径 10 mm 的孔,用游标卡尺检测中心距,合格后,换上直径 14 mm 的麻花钻,转动分度头 45°,依次分度钻出 4 个直径 15 mm 的孔。

> **注意事项**

训练中的注意事项如下。

- 选择钻头直线性要好,切削刃要锋利、对称、无崩刃、裂纹、碰伤、退火等缺陷。
- 钻削时,应经常退出钻头,排除切屑,以防切屑堵塞而折断钻头。
- 划线、打样冲眼要准确,钻头横刃不能太长,防止钻孔位置发生偏移。
- 进给量不能太大,否则孔的表面粗糙度值会增大。
- 钻孔接近终了时,要将机动进给转为手动进给,减小进给量,防止钻头冒出孔端折断。
- 钻头用钝后应及时刃磨,不要用过钝的钻头钻孔。

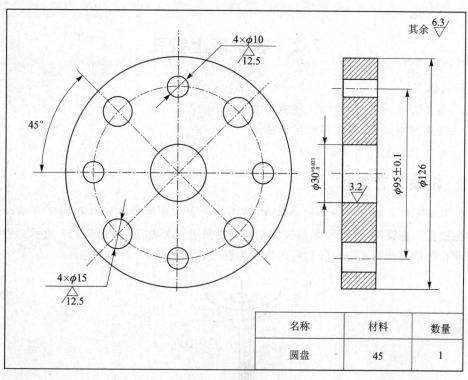

图 7-12 钻圆盘上孔

7.1.4 钻孔的质量分析

在铣床钻孔的质量分析见表 7-2。

表 7-2 在铣床钻孔的质量分析

质量问题	产生的原因	改进措施
孔位置不准	1. 划线不准或样冲眼未打准； 2. 钻头横刃太长使定心不稳； 3. 调整孔距时移动尺寸不准	1. 提高划线、打样冲眼和钻孔时的对中精度； 2. 合理修磨钻头横刃； 3. 正确调整铣床移距的坐标尺寸
孔偏斜	1. 钻头两主切削刃不对称； 2. 进给量太大而使钻头弯曲； 3. 工件端面与钻头轴线不垂直； 4. 在圆柱面上钻孔时，钻头中心未通过工件轴线	1. 正确修磨钻头； 2. 合理选择进给量； 3. 若工件端面不平整，应在钻孔前加工平整或在端面预钻一个引导凹坑； 4. 在圆柱面上钻孔时，应仔细调整，使钻头中心通过工件轴线，并用中心钻预钻引导凹坑
孔呈多角形	1. 钻头后角太大； 2. 钻头角度不对称，即两主切削刃长短不一致	1. 用砂轮打磨钻头，使其后角小一些； 2. 保证两主切削刃的长度一致
孔壁粗糙	1. 选用切削液不合理或进给量小； 2. 背吃刀量 a_p 过大； 3. 钻头被磨损，不够锋利； 4. 钻头过短，排屑槽堵塞	1. 合理选择切削液和切削用量； 2. 在加工前合理选择钻头，检查刀具磨损程度，正确修磨钻头； 3. 选择工作部分长度大于孔深的钻头或及时退刀排屑

7.2 在铣床上铰孔

技能目标
- ◆ 了解铰刀的种类、结构特点和使用方法。
- ◆ 正确选用铰刀,正确选择切削用量。
- ◆ 分析铰孔中出现的质量问题。

7.2.1 相关工艺知识

用铰刀从工件孔壁上切除少量金属,以减小孔的表面粗糙度和提高孔的尺寸精度的加工方法称为铰孔。在铣床上,通常采用铰刀来完成普通孔的精加工,如图 7-13 所示。用铰刀铰孔可以使孔的精度达到 IT9～IT7,孔的表面粗糙度值达到 $Ra6.3～1.6~\mu m$。

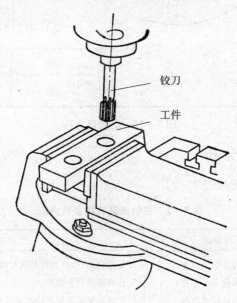

图 7-13 在铣床上铰孔

1. 铰刀的结构

铰刀由工作部分,颈部和柄部 3 部分组成,如图 7-14 所示。

① 工作部分。铰刀的工作部分由引导锥、切削部分和校准部分组成。引导锥是铰刀工作部分最前端的 45°倒角部分,便于铰削开始时将铰刀引导入孔中,并起保护切削刃的作用。紧接引导锥的是顶角(切削锥角)$2\kappa_r$ 的切削部分,切削部分是承担主要切削工作的一段椎体,其半锥角 κ_r 较小。再后面是校准部分,校准部分分圆柱部分与倒锥部分。圆柱部分起导向、校准和修光作用,也是铰刀的备磨部分;倒锥部分起减少摩擦和防止铰刀将孔径扩大的作用。

② 颈部。颈部在铰刀制造和刃磨时起空刀作用。

③ 柄部。柄部是铰刀的夹持部分,铰削时用来传递转矩,有直柄和锥柄(莫氏标准锥度)两种。

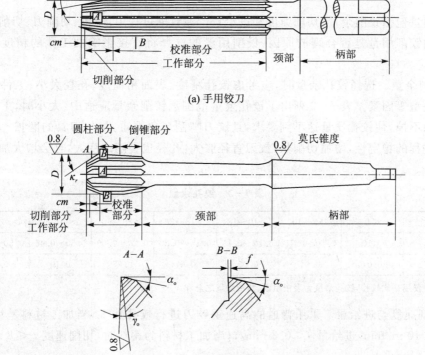

图 7-14 圆柱铰刀

2. 铰刀的种类

铰刀按其使用时动力来源不同分为手用铰刀和机用铰刀两大类;按铰刀刀具材料不同分为高速工具钢铰刀和硬质合金铰刀;按所铰削孔分成圆柱铰刀和圆锥铰刀;按结构则可分为整体式铰刀和套式铰刀等。

① 手用铰刀。如图 7-14(a)所示,切削部分比机用铰刀的切削部分要长,顶角 $2\kappa_r$ 很小,一般手用铰刀的 $\kappa_r=30'\sim1°30'$,定心作用好,铰削时轴向力小,工作时比较省力。手用铰刀的校正部分只有一段倒锥部分。为了获得较高的铰孔质量,手用铰刀各刀齿间的齿距在圆周上不是均匀分布的。

② 机用铰刀。如图 7-14(b)所示,切削部分较短,其半锥角 κ_r 在铰削钢及其他材料的通孔时为 15°,铰削铸铁及其他脆性材料时为 3°~5°。铰削不通孔时,为使铰出孔的圆柱部分尽量长,采用 $\kappa_r=45°$。机用铰刀的校正部分也较短,分圆柱、倒锥两段。机用铰刀工作时其柄部与机床连接在一起,铰削时连续稳定。为制造方便,各刀齿间的齿距在圆周上成等距分布。

标准手用铰刀,柄部为直柄,直径范围为 1~71 mm,主要用于单件、小批量生产或装配工作中。标准机用铰刀,直柄的直径范围为 1~20 mm,锥柄的直径范围为 5.5~50 mm,主要用于成批生产,装于钻床、车床、铣床、镗床等机床上进行铰孔。成批生产中铰削直径较大的孔时使用套式机用铰刀,铰刀套装在专用的 1:30 锥度心轴上铰削,其直径范围为 25~100 mm。

135

7.2.2 铰削用量

铰削用量包括铰削余量、切削速度和进给量。在铰削过程中,摩擦、切削力、切削热及积屑瘤都是影响铰削用量是否合理的原因,铰削用量的选择将直接影响加工孔的精度和表面粗糙度。

① 铰削余量。选择铰孔余量时,应考虑铰孔精度、表面粗糙度、孔径大小、工件材料的软硬和铰刀类型等因素。表 7-3 列出了铰孔余量范围。铰削余量应适中:太小时,上道工序残留余量去除不掉,使铰孔质量达不到要求,且铰刀啃刮现象严重,增加刀具的磨损;太大时,将破坏铰削过程的稳定性,增加切削热,铰刀直径胀大,孔径也会随之变大,且会增大加工表面粗糙度。

表 7-3 铰孔余量

孔的直径	≤6	>6~10	>10~18	>18~30	>30~50	>50~80	>80~120
粗铰	0.10	0.10~0.15	0.10~0.15	0.15~0.20	0.20~0.30	0.35~0.45	0.50~0.60
精铰	0.04	0.04	0.05	0.07	0.07	0.10	0.15

注:如仅用一次铰孔,铰孔余量为表中粗铰、精铰余量之总和。

② 切削速度与进给量。采用普通的高速钢铰刀进行铰孔加工,当加工材料是铸铁时,切削速度 v_c≤10 m/min,进给量 f≤0.8 mm/r;当加工材料为钢料时,切削速度 v_c≤8 m/min,进给量 f≤0.4 mm/r。

③ 切削液的选择。为了能提高铰孔的加工表面质量并延长刀具的耐用度,应选用有一定流动性的切削液,用来冲去切屑和降低温度,同时也要有良好的润滑性。当铰削韧性材料时,可采用润滑较好的植物油作为切削液;当铰削铸铁等脆性材料时,通常采用机油。

7.2.3 铰孔方法

铰孔是用铰刀对已粗加工或半精加工的孔进行精加工。铰孔之前,一般先经过钻孔或扩孔。要求较高的孔,需先扩孔或镗孔,对精度高的孔,还需要分粗铰和精铰。

① 试铰孔。铰孔前,应先在废件上试铰一孔,测量孔径尺寸,检查孔壁表面粗糙度等是否符合图样技术要求,合格后再加工工件。而一般新铰刀,其直径尺寸公差大都在上偏差,这样铰出的孔径尺寸就会超差。所以新铰刀需研磨铰刀直径,合格后,再投入使用。

研磨铰刀的方法是先将铰刀装于铣床主轴锥孔中,将铰刀刀刃及研磨套内涂上研磨剂。然后,将研磨套套装在铰刀上,反转铰刀,使铰刀的余量在研磨套内磨掉。研磨时间的长短应视研磨余量的大小而定。

经研磨后的铰刀仍要试铰,待孔径尺寸合格后,才可投入使用。

② 精铰孔。将已粗加工好的孔清除切屑后,可按选定的切削用量进行铰孔。铰孔时应使用切削液。铰孔前,孔的位置精度一定要准确,因铰孔不能改变孔的位置精度,只能改变孔径的尺寸大小和提高表面粗糙度。

7.2.4 铰孔时的铰削质量分析

铰孔时的铰削量一般均比较小,而铰刀装夹的刚性又较差,所以铰削时都以铰削前孔的位置为基准均匀地切去余量。因此,铰孔不能纠正孔的位置误差,对孔的形状误差(主要是圆度误差)纠正能力也不强。故在铰孔前,孔的位置精度和形状精度都必须达到一定的要求。

铰孔时,影响铰削质量的因素较多,常见的质量问题和产生的原因见表 7-4。

表 7-4　在铣床铰孔的质量分析

质量问题	产生的原因
表面粗糙度值太大	1. 铰刀刀口不锋利,切削和校准部分不光洁; 2. 铰刀切削刀上粘有积屑屑瘤,容屑槽内粘屑过多; 3. 铰削余量太大或太小; 4. 切削速度太高,以致产生积屑瘤; 5. 铰刀退出时反转; 6. 切削液选择不当或浇注不充分; 7. 铰刀偏摆过大
孔径扩大	1. 铰刀与孔的中心不重合,偏摆过大; 2. 铰削余量和进给量过大; 3. 切削速度太高,铰刀温度上升而直径增大; 4. 铰刀直径不对
孔径缩小	1. 铰刀超过磨损标准,尺寸变小仍在继续使用; 2. 铰刀磨钝后继续使用,造成孔径过度收缩; 3. 铰削钢件时加工余量太大,铰后内孔弹性变形恢复使孔径缩小; 4. 铰铸铁时加了煤油
孔轴线不直	1. 铰孔前的预加工孔不直,铰小孔时由于铰刀刚度小而未能纠正原有的弯曲; 2. 铰刀的切削锥角 $2\kappa_r$ 太大,导向不良,使铰削时发生偏歪
孔呈多棱形	1. 铰削余量太大和铰刀刀刃不锋利,使铰削时发生"啃切"现象,发生振动而出现多菱形; 2. 铰孔前预加工孔圆度误差太大,使铰孔时发生弹跳现象; 3. 机床主轴振摆过大

注意事项

铰孔时的注意事项如下。

- 铣床上装夹铰刀,有浮动连接与固定连接两种方式。固定连接时,必须防止铰刀偏摆,否则铰出的孔径会超差。
- 铰刀的轴线与钻、扩后孔的轴线应相同,因此,最好钻扩、扩孔、铰孔连续进行。
- 铰刀退出时不能反转、停车,铰刀反转会使切屑轧在孔壁和铰刀刀齿的后面之间,将孔壁刮毛,同时,铰刀也容易磨损,甚至崩刃。因此,必须在铰刀退离工件后再停车。
- 铰通孔时,铰刀的校准部分不能全部铰出孔外,否则会刮坏孔的出口端,退刀困难。
- 铰刀是精加工刀具,用毕应擦净加油,放置时要防止刀刃被碰坏。

7.3 在铣床上镗孔

技能目标

◆ 正确刃磨和装夹镗孔工具；正确装夹、校正、测量工件。
◆ 镗 2～3 个有中心距要求、精度 IT7～IT8、表面粗糙度 $Ra1.6$ 的孔。
◆ 能分析镗孔出现的问题。

镗削加工是利用镗刀对已有孔、孔系进行再加工的方法。镗孔可在车床、镗床、组合机床、数控机床及自动线机床上进行。

一般镗孔精度可达 IT7～IT8，精镗可达 IT6，表面粗糙度为 $Ra0.8～1.6~\mu m$。除浮动镗削外，镗孔能纠正孔的直线度误差，获得高的位置精度，特别适合于箱体、支架、杠杆等零件上的单个孔或孔系的加工。

7.3.1 相关工艺知识

1. 镗刀

镗孔用的刀具称为镗刀。常用的镗刀种类很多，一般可分为单刃镗刀和双刃镗刀两大类，如图 7-15 所示。在铣床上大多用单刃镗刀镗削，有时也使用双刃镗刀镗削。

① 单刃镗刀。常用的单刃镗刀有整体式（焊接式）镗刀、机夹式镗刀和可转位式镗刀。整体式镗刀的镗刀和刀杆是一体的，如图 7-16(a) 和图 7-16(b) 所示，一般装在可调镗刀盘上使用，借助镗刀盘的调节来控制孔径，大多用于镗削直径较小的孔。机夹式镗刀由镗刀头和镗刀杆组成，如图 7-16(c)、图 7-16(d) 所示，一般由镗刀杆上的紧固螺钉将镗刀头紧固在镗刀杆的方孔内，大多用于镗削直径比较大的孔。可转位式镗刀如图 7-16(e)、图 7-16(f) 所示。

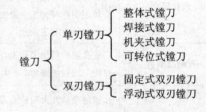

图 7-15 常用镗刀种类

单刃镗刀结构简单，制造方便，通用性大。

② 双刃镗刀。所谓双刃镗刀，是指两端都有切削刃的镗刀。图 7-17(a) 所示为固定式双刃镗刀，镗刀块两个切削刃切削时背向力互相抵消，不易引起振动。镗刀块的刚性好，容屑空间大，切削效率高。固定式镗刀用于粗镗、半精镗 $d>40~mm$ 的孔，对孔进行粗加工、半精加工、锪沉孔或端面等。

图 7-17(b) 所示为浮动式双刃镗刀，多用于孔的精加工。当精镗时，镗刀块通过作用在两端的切削刃上大小相等、方向相反的切削抗力，保持自身的平衡状态，实现自动定心。

其适用于单件、小批生产加工直径较大的孔，特别适用于精镗直径（$d>200~mm$ 以上）深的筒件和管件孔。

镗刀切削部分的几何角度与车刀、铣刀的切削部分基本相同。几何参数一般根据工件材料及加工性质选取，具体参考值见表 7-5。

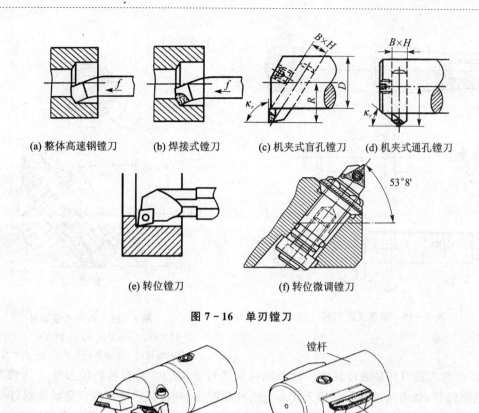

(a) 整体高速钢镗刀 (b) 焊接式镗刀 (c) 机夹式盲孔镗刀 (d) 机夹式通孔镗刀

(e) 转位镗刀 (f) 转位微调镗刀

图 7-16　单刃镗刀

(a) 固定式双刃镗刀　　　　(b) 浮动式双刃镗刀

图 7-17　双刃镗刀

表 7-5　镗刀几何角度选取参考数值

工件材料	前角 γ_0	后角 α_0	刃倾角 λ_0	主偏角 κ_r	副偏角 κ'_r	刀尖圆弧半径 r_ε
铸铁 40Cr 45 1Cr18Ni9Ti 铝合金	5°～10° 10° 10°～15° 15°～20° 25°～30°	6°～12° 粗镗时取小值 精镗时取大值 孔径大取小值 孔径小取大值	一般情况下 取 0°～5° 通孔精镗时 取 −(5°～15°)	镗通孔时 取 60°～75° 镗阶台孔 取 90°	一般取 15°左右	粗镗孔时 取 0.5～1 mm， 精镗孔时 取 0.3 mm 左右

2. 镗刀杆

镗刀杆是装在机床主轴锥孔之中，用以夹持镗刀头的杆状工具。根据结构不同可分为简易式镗刀柄、微调式镗刀柄等形式。

① 简易式镗刀杆如图 7-18 所示，图 7-18(a)所示镗刀杆用于通孔的镗削，图 7-18(b)所示镗刀杆可镗削通孔、阶台孔和不通孔，图 7-18(c)所示镗刀杆适宜镗削较深的孔。简易式镗刀杆结构简单，制造容易；其缺点是孔径尺寸的控制，一般采用敲刀法调整，调整较费时。为了提高孔径尺寸的调整精度，可采用图 7-19 所示的微调式镗刀杆。

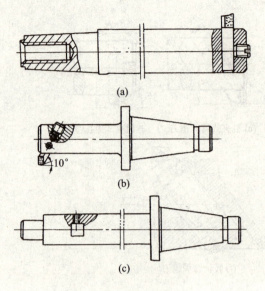

图 7-18 简易式镗刀杆

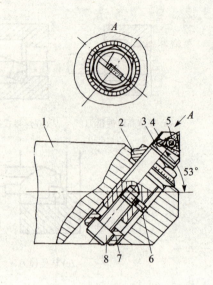

图 7-19 微调式镗刀杆

1—镗刀杆；2—调整螺母；3—镗刀头；4—刀片；
5—刀片螺钉；6—止动销；7—垫圈；8—内六角螺钉

② 微调式镗刀杆是通过刻度和精密螺纹来进行微调的。装有可转位刀片 4 的镗刀头 3 上有精密螺纹，镗刀头的外圆与镗刀杆 1 上的孔相配合，并在其后端用内六角紧固螺钉 8 及垫圈 7 拉紧。镗刀头的螺纹上旋有带刻度的调整螺母 2，调整螺母的背部是一个圆锥面，与镗刀杆孔口的内锥面紧贴。调整时，先松开内六角紧固螺钉，然后转动调整螺母，使镗刀头前伸或退缩，以获得所需尺寸。在转动调整螺母时，为了防止镗刀头在镗杆孔内转动，在镗刀头与孔之间装有只能沿孔壁上的直槽作轴向移动而不能转动的止动销 6。此微调式镗刀杆精密螺纹的螺距是 0.5 mm，调整螺母游标刻度为一周 40 格（等分），调整螺母每转一小格，镗刀头移动距离为 0.5/40＝0.012 5 mm。由于镗刀头与镗刀杆轴线倾斜 53°8′，因此镗刀头在径向实际调整距离为 $0.012\,5 \times \sin 53°8' = 0.01$ mm，实现了微调目的。

3. 镗刀盘

镗刀盘又称镗头或镗刀架。图 7-20 所示是一种结构简单的镗刀盘，它具有良好的刚性，而且能精确地控制镗孔的直径尺寸。镗刀盘的锥柄与铣床主轴锥孔配合，转动调节螺钉时，可精确地移动带刻度线的燕尾块，从而微量改变镗刀的位置，达到改变孔径尺寸的目的。燕尾块带有几个装刀孔，用内六角螺钉将各种规格的镗刀杆固定在装刀孔内，就可方便地镗削各种尺寸规格的孔。

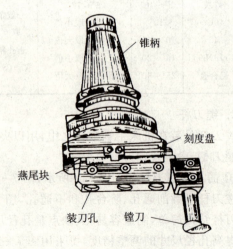

图 7-20 镗刀盘

7.3.2 镗孔方法

1. 单孔镗削

用简易式镗刀杆在铣床上镗削图 7-21 所示的单孔零件,其镗削方法和步骤如下。

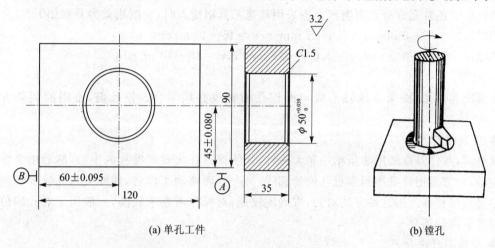

图 7-21 单孔工件的镗削

① 划线和钻孔。根据图样,划出孔的中心线和轮廓线,并在孔中心打样冲眼,然后把工件装夹在铣床工作台上,装夹时应将工件垫高、垫平。用钻头钻出直径 40~45 mm 的孔(应先用直径为 20~25 mm 的钻头先钻出小孔后,再扩钻到要求),也可在钻床上钻孔后再将工件装夹到铣床上。

② 选择镗刀杆和镗刀头尺寸。为了保证镗刀杆和镗刀头有足够的刚度,被加工孔的直径在 30~120 mm 范围时,镗刀杆直径一般为孔径的 0.7~0.8 倍;镗刀杆上方孔边长(或圆柱孔的直径)为镗刀杆直径的 0.2~0.4 倍。具体选择时可参考表 7-6。

表 7-6 镗刀杆直径及镗刀头截面尺寸

孔径	30~40	40~50	50~70	70~90	90~120
镗刀杆直径	20~30	30~40	40~50	50~65	65~90
镗刀头截面尺寸 $a \times a$	8×8	10×10	12×12	16×16	16×16 20×20

当孔径小于 30 mm 时,最好采用整体式镗刀,并用可调节镗刀盘装夹进行加工。对直径大于 120 mm 的孔,镗刀杆直径可不必很大,只要镗刀杆、镗刀头的刚性足够即可。此外,在选择镗刀杆直径时,还需考虑孔的深度和镗刀杆所需的长度。镗刀杆长度较短,直径可适当减小,镗刀杆长度越长,则直径应选得越大。

镗削图 7-21 所示工件时,因孔的深度尺寸不大,工件形状较简单,可采用较短的镗刀杆,镗刀杆直径采用 35 mm,镗刀头截面采用 8 mm×8 mm。

③ 检查机床主轴或立铣头主轴位置。

采用在立式铣床上镗孔,必须检查机床主轴轴心线与垂直进给方向是否平行(即是否与工作台台面垂直),若平行度(或垂直度)误差大,则镗出的孔圆度误差(呈椭圆孔)大。一般垂直度误差在 150 mm 范围内不应大于 0.02 mm。

④ 切削用量选择。

切削用量随刀具材料、工件材料以及粗、精镗的不同而有所区别。粗镗时的切削深度 a_p 主要根据加工余量和工艺系统的刚度来决定。镗孔的切削速度可比铣削略高。镗削钢等塑性较好的材料时还需充分浇注切削液。当采用高速工具钢镗刀时,切削用量为分别如下。

粗镗: $a_p = 0.5 \sim 2$ mm, $f = 0.1 \sim 1$ mm/r, $v_c = 15 \sim 40$ m/min

精镗: $a_p = 0.1 \sim 0.5$ mm, $f = 0.05 \sim 0.5$ mm/r, $v_c = 15 \sim 40$ m/min

⑤ 对刀。

在铣床上镗孔,铣床主轴轴心线与所镗孔的轴线必须重合。镗孔前,常用的调整方法如下。

◆ 按划线对刀。

调整时,在镗刀顶端用油脂粘一颗大头针,并使得刀杆大致对准孔的中心,然后用手慢慢转动主轴,一方面把针尖拨到靠近孔的轮廓线,另一方面移动工作台,使针尖与孔轮廓线间的间隙尽量均匀相等。用这种方法对刀,准确度较低,对操作者要求较高,一般用于对孔的位置精度要求不高的场合。

◆ 靠镗刀杆法对刀。

当镗刀杆圆柱部分的圆柱度误差很小,并与铣床主轴同轴时,可使镗刀杆先与基准面 A 刚好接触,再横向移动距离 S_1,然后使镗刀杆与基准面 B 接触,并纵向移动距离 S_2。为了控制镗刀杆与基准面之间接触的松紧程度,可在镗刀杆与基准面之间放一量块,如图 7-22 所示。接触的松紧程度以用手能轻轻推动量块,而将手松开量块又不落下为宜。此法也可用标准圆棒或心轴对刀。

◆ 测量法对刀。

如图 7-23 所示,用深度千分尺或深度游标卡尺测量镗刀杆(或心轴)圆柱面至基准面 A 和 B 的距离,应等于图样尺寸与镗刀杆(或心轴)半径之差。若测量值与计算值不符,则调整工作台位置直至相符为止。

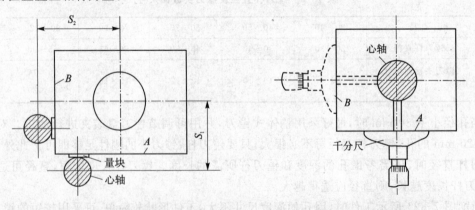

图 7-22 靠镗刀杆法对刀　　图 7-23 测量法对刀

⑥ 控制孔径尺寸。

用简易式镗刀杆镗孔时,孔径尺寸的控制一般都用敲刀法来调整。敲出的量大多凭手感经验,也可借助游标卡尺、百分表来控制敲出量,如图 7-24 所示。用敲刀法调整,需经过几次试镗才能获得准确的尺寸。试镗时，一般只在孔口镗深 1 mm 左右，经测量尺寸符合要求后再正式镗孔。

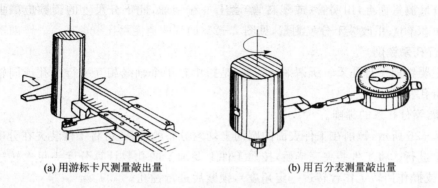

(a) 用游标卡尺测量敲出量　　(b) 用百分表测量敲出量

图 7-24　镗刀敲出量的控制

⑦ 镗孔。

在镗刀与工件相对位置调整好后，应把立式铣床的纵向与横向运动锁紧，然后开始镗孔，如图 7-25 所示。镗孔分粗镗与精镗。粗镗时，单边留 0.3 mm 左右的精镗余量，粗镗结束后，换上调整好的精镗刀杆，精镗至尺寸要求。

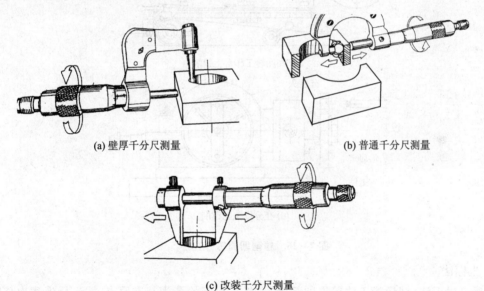

(a) 壁厚千分尺测量　　(b) 普通千分尺测量

(c) 改装千分尺测量

图 7-25　千分尺测量孔距

精镗后退刀时，应使镗刀刀尖指向操作者，即与床身相反，这样在退刀时，可利用工作台下降时的外倾，不致在孔壁上拉出刀痕，影响孔的表面粗糙度。

⑧ 预检。

粗镗孔后，对孔径应做一次检测。若孔距准确，则可调整孔径尺寸后加工至图样要求。

◆ 测量孔径。

◆ 用内经千分尺测量，测量时应多测量几个方向，看是否孔镗成椭圆形或所镗孔是否有锥度。

◆ 测量孔距。

测量孔壁侧面尺寸的测量方法有：用游标卡尺测量；用壁厚千分尺测量，见图 7-25(a)；在普通千分尺测量面上，用铜管（或塑料管）套上一粒钢球，此千分尺上的读数应减去钢球直径，见图 7-25(b)；用改装千分尺测量，见图 7-25(c)。

2. 平行孔系镗削

铣床主要镗削平行孔系。所谓平行孔系，是指由若干个轴线相互平行的孔或同轴孔系所组成的一组孔。

① 圆周等分孔系的镗削。

如图 7-26 所示，镗削在工件表面的圆周上均匀分布的孔系，可将工件装夹在分度头或回转工作台上进行。将工件装夹完毕后，按照工件上要加工的孔数计算分度头每次转过的角度进行分度（或操作回转工作台转过一定角度），锁紧后进行镗孔。

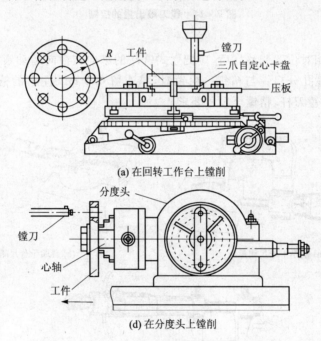

图 7-26 镗削圆周等分孔系

② 坐标法。

用擦边找正法、试切找正法等镗削起始孔，然后以起始孔为基准原点，按坐标值逐次移距，镗削加工平行孔系的各孔的方法称为坐标法。坐标法可加工精度较高的平行孔系，在铣床上镗削平行孔系大都采用坐标法。

③ 镗模法。

在成批大量生产中，一般采用专用镗床夹具（镗模）加工，其同轴度由镗模保证。工件装夹在镗模上，镗刀柄支撑在前后镗套的导向孔中，由镗套引导镗刀柄在工件的正确位置上镗孔。用镗模镗孔时，镗刀柄与机床主轴通过浮动夹头浮动连接，保证孔系的加工精度不受机床精度的影响。

7.3.3 镗刀的刃磨

镗刀切削部分的几何形状基本上和外圆车刀相似。刃磨时需要磨出前刀面、主后刀面、副后刀面，其主要参数视孔的精度、工件材料等具体条件而定。

镗刀各切削部分的刃磨如图 7-27 所示。

注意事项

镗刀刃磨时的注意事项如下。
- 刃磨时用力不应过猛。
- 刃磨高速钢时，应用白刚玉砂轮，并经常放入水中冷却，以防止切削刃退火。
- 刃磨硬质合金时，应在碳化硅砂轮上刃磨，刃磨时不可用水冷却。
- 各角度面应刃磨准确、平直，不允许有崩刃或退火现象。
- 刃磨钢件镗刀时，应刃磨出断削槽。

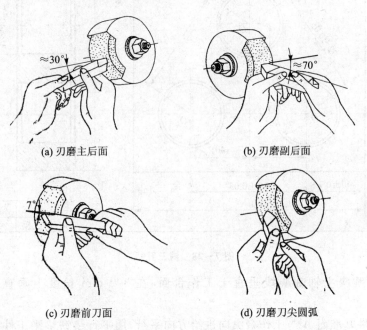

图 7-27 镗刀的刃磨

 小心得　镗刀各切削部分刃磨好后，可用油石对各切削部分进行修磨，这样可提高孔壁的表面粗糙度。效果真的很好喔！

7.3.4 镗孔技能训练

镗三孔板如图 7-28 所示。

训练步骤如下。

① 计算坐标尺寸，以孔 O_1 中心为坐标原点，以平行于两基准面 A 和 B 的直线为坐标轴

线,计算三孔中心的坐标尺寸,得 $O_1(0,0)$、$O_1(0,80)$、$O_1(40,59.87)$。

② 将工件涂色后,按照图样尺寸和坐标尺寸,划出三孔的中心位置,以及孔的轮廓线,并在孔的中心处打样冲眼。

③ 镗刀直径选择 30 mm,方孔 8×8 mm;根据工件材料为 45 钢,镗刀的几何参数,选择前角 $\gamma_0=10°$,后角 $\alpha_0=8°$,刃倾角 $\lambda_0=5°$(精镗时取 $\lambda_0=-5°$),主偏角 $\kappa_r=60°$,副偏角 $\kappa'_r=15°$,刀尖圆弧半径 $r_\varepsilon=0.5$ mm。

④ 切削用量选择:用调整工具钢镗刀,粗镗时切削深度 $a_p=2$ mm,进给量 $f=0.5$ mm/r,切削速度 $v_c=15$ m/min,实取 $n=118$ r/min;精镗时切削深度 $a_p=0.2$ mm。

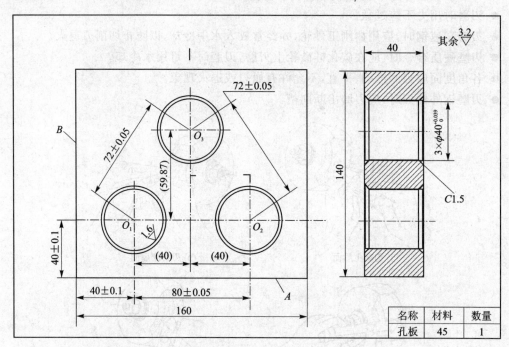

图 7-28 镗三孔板

⑤ 校正立铣头主轴轴心线垂直于工作台面,在 300 mm 长度上垂直度误差不大于 0.03 mm。

⑥ 校正工件基准面 A 与工作台纵向进给方向平行,用平行垫铁垫平工件,并用压板和螺栓将工件装夹在工作台台面上。

⑦ 用直径 35 mm 的麻花钻钻 3 个底孔。

⑧ 粗镗 3 孔,留精镗余量 0.5~0.8 mm。

⑨ 精镗 3 孔至规定要求。

⑩ 用主偏角 $\kappa_r=45°$ 的镗刀镗孔口倒角。

⑪ 检验。

7.3.5 孔的检测与镗削质量分析

1. 孔的尺寸精度检测

精度较低的孔径尺寸及孔的深度一般可用游标卡尺和深度游标卡尺测量;精度较高的孔

径尺寸可用内径千分尺测量,或用内径百分表和标准套规配合检测,也可用塞规检测。

2. 孔的形状精度检测

① 孔的圆度检测。

可用内径千分尺或内径百分表,在孔的圆周上测量不同点处的直径,其差值即为该圆周截面上孔的圆度误差。为了防止孔出现呈三角棱形,最好使用三爪内径千分尺检测。精度高的孔,可用圆度仪检测。

② 孔的圆柱度检测。

一般用检验心棒进行检测,也可以用内径百分表和心轴配合检测。

3. 孔的表面粗糙度检测

孔的表面粗糙度一般都用标准样块比较检测。

4. 孔的位置精度检测

下面介绍平行孔系的同轴度和平行度的检测。

① 同轴度检测。

可用同轴度量规、检验心棒或自制心轴,也可用与其配合的轴进行检验,以能自由推入同轴线的孔内为合适。图7-29所示为用同轴度量规检测孔的同轴度。使用同轴度量规时,所检测的孔径须经检验合格后方可使用。测量时,只要量规通过即为合格。

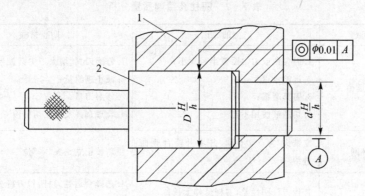

图7-29 用同轴度量规检测
1—工件;2—量规

② 两孔轴线和中心距的检测。

分别在两孔内装一配合精度较高的测量棒,如图7-30所示,然后在两端用外径千分尺测量两量棒外侧的距离L_1,或用内径千分尺测量两端两量棒内侧的距离L_2。两端中心距的差值即为平行度误差。两孔的中心距A为:

$$A = L_1 - \frac{1}{2}(d_1 + d_2) \quad 或 \quad A = L_2 + \frac{1}{2}(d_1 + d_2)$$

式中:d_1、d_2——两测量棒的直径,mm。

③ 孔的轴线与基准面垂直度的检测。

将工件的基准面紧贴并固定在检验角铁上,用百分表测量孔口或标准心棒两端至检验平台读数的差值,差值即为垂直度误差。检验时应将工件转90°后进行第二次测量。也可如图7-31所示用专用检验工具插入孔内,再用着色法或塞尺检测工具圆盘与工件基准面的接触情况,其最大的间隙值δ即为检验范围内的垂直度误差。

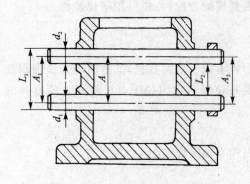

图 7-30 平行度和中心距的检测

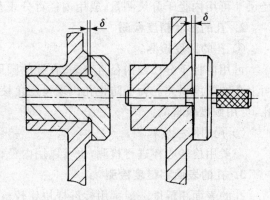

图 7-31 孔轴线与基准面垂直度的检测

5. 圆柱孔镗削的质量分析

镗孔时,镗刀的尺寸和镗刀杆的直径受孔径大小的限制,镗刀杆的长度又必须满足镗孔深度的要求,因此,镗刀与镗刀杆的刚性较差,在镗削过程中,容易产生振动和"让刀"等现象,影响镗孔的质量。镗孔时常见的质量问题、产生原因及防止措施见表 7-7。

表 7-7 圆柱孔镗削质量分析

质量问题	产生的原因	防止措施
表面粗糙度值大	1. 刀尖角或刀尖圆弧半径太小; 2. 进给量过大; 3. 刀具磨损; 4. 切削液使用不当	1. 修磨刀具,增大刀尖圆弧半径; 2. 减小进给量; 3. 修磨刀具; 4. 合理选择及使用切削液
孔呈椭圆	立铣头"零"位不准,并用升降台垂向进给	重新校正立铣头"零"位
孔壁产生振纹	1. 镗刀杆刚性差,刀杆悬伸太长; 2. 工作台进给爬行; 3. 工件夹持不当	1. 选择合适镗刀杆,镗刀杆另一端尽可能增加支撑或增加支撑面积; 2. 调整机床垫铁并润滑导轨; 3. 改进夹持方法
孔壁有划痕	1. 退刀时刀尖没有远离孔壁; 2. 主轴未停稳,快速退刀	1. 退刀时将刀尖拨转到朝向操作者; 2. 主轴停止转动后再退刀
孔径尺寸超差	1. 镗刀回转半径调整不准; 2. 测量不准; 3. 镗刀产生偏让; 4. 镗刀刀尖磨损	1. 重新调整镗刀回转半径; 2. 仔细测量; 3. 增加镗刀杆刚性; 4. 刃磨镗刀头,选择合适的切削液
孔呈锥形	1. 切削过程中刀具磨损; 2. 镗刀松动	1. 修磨刀具; 2. 安装刀头时要拧紧固螺钉
孔轴线与基准面的垂直度误差较大	1. 工件定位基准选择不当; 2. 装夹工件时,清洁工作未做好; 3. 采用主轴进时,"零"位未校正	1. 选择合适的定位基准; 2. 做好基准面与工作台面的清洁工作; 3. 重新校正主轴"零"位

续表 7-7

质量问题	产生的原因	防止措施
圆度误差大	1. 工件装夹变形； 2. 主轴回转精度差； 3. 立镗时，工作台纵、横向进给未紧固； 4. 镗刀杆、镗刀弹性变形	1. 薄壁工件装夹适当，精镗时应重新压紧，并适当减小压紧力； 2. 检查机床，调整主轴精度； 3. 工作台不进给的方向应紧固； 4. 增加镗刀杆、镗刀刚度；选择合理的切削用量；提高钻孔、粗镗的质量
平行度误差大	1. 不在一次装夹中镗几个平行孔； 2. 在钻孔和粗镗时，孔已不平行，精镗时镗刀杆产生弹性偏让； 3. 定位基准面与进给方向不平行，使镗出的孔与基准不平行	1. 采用同一个基准面； 2. 提高钻孔、粗镗的加工精度；增加镗刀杆的刚度； 3. 精确校正基准面

思考与练习

1. 麻花钻由哪几部分组成？各有何作用？
2. 麻花钻刃磨的基本要求是什么？刃磨时应注意什么？
3. 钻孔的方法有哪几种？
4. 按划线钻孔时，造成钻孔位置偏移的原因有哪些？如何防止位置偏移？
5. 整体式圆柱机用铰刀由哪几部分组成？其工作部分又由哪几部分组成？各组成部分的功用是什么？
6. 铰孔余量的大小对铰孔质量有何影响？怎样确定铰孔余量？
7. 铰孔时应注意哪些事项？
8. 铣床上常用的简易式镗刀杆有哪几种？各有何特点？
9. 镗单孔时，对刀的方法有哪几种？
10. 镗孔时，镗刀杆和镗刀头的尺寸怎样选择？
11. 镗平行孔系时，控制孔中心距的方法有哪几种？
12. 镗孔中常见的质量问题有哪些？产生的原因是什么？
13. 单孔与平行孔系应检测哪些内容？

课题八　组合件的铣削

> **教学要求**
>
> 掌握组合件加工工艺方案的编制要点。

与单一零件的铣削加工工艺比较,铣削组合件不仅要保证各组合件的加工质量,而且须保证各零件组合装配后的精度要求。组合装配精度与零件的精度关系密切,尤其是组合件中关键零件的加工精度,影响更为突出。为此,在编制组合件的加工工艺方案和进行各零件的加工时,要注意以下要点。

① 在编制组合件的加工工艺方案时,应分析组合件的装配关系,明确装配基准。

② 在确定各零件的加工工艺时,应正确选择定位基准和测量基准。

③ 根据各零件的技术要求和结构特点,以及组合件装配的技术要求,选择和确定加工方法、各主要表面的加工次数和加工顺序。在确定各主要表面的加工顺序时,通常为先加工基准面,后加工其他表面;先加工平面,后加工孔。

④ 组合件的加工过程中,为保证组合件中相关零件的相互位置精度,应合理采取找正、调整等校正工艺措施,以及配钻、配铰、配磨等配作手段。此外,还应加强加工中的尺寸精度和位置精度的检测。

8.1　燕尾销孔组合件

技能目标

◆ 掌握组合件加工工艺方案。

◆ 能正确选择定位基准和测量基准。

◆ 应合理采取找正,调整等校正工艺措施及位置精度的检测。

◆ 分析组合件时质量问题。

8.1.1　装配图工艺分析

1. 配合尺寸

图 8-1(a)所示为燕尾销组合件的装配图,其结构示意如图 8-1(b)所示。

本组合件为 5 件配合,左上体分别通过销孔 $\phi 36$ mm、$\phi 12$ mm、宽 38 mm×6 mm 的凸块和燕尾槽与台阶销、直销、右上体和底座配合;台阶销分别与左上体和底座配合;直销分别与左上体、右上体和底座配合;右上体分别通过宽 12 mm、长 22 mm 的键槽,燕尾槽和直角槽及 90°斜面连接台阶面,与直销、底座、左上体配合;底座分别通过左侧燕尾键块、$\phi 36$ mm 与 $\phi 16$ mm 台阶孔,中部 $\phi 12$ mm 直孔、右侧燕尾键块、直槽和台阶面,与左上体、台阶销、直销和右上体

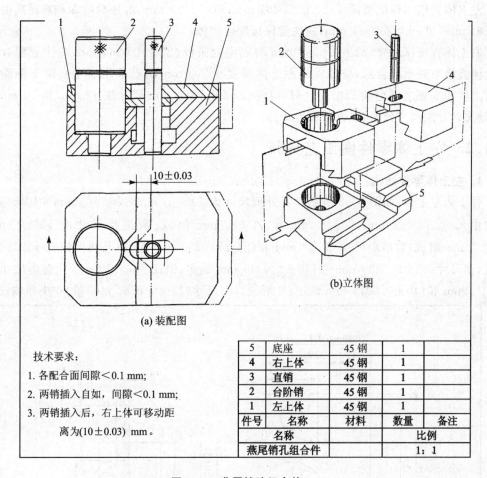

图 8-1 燕尾销孔组合件

配合。

2. 左上体、右上体和底座 3 件配合部位铣削工艺分析

① 长度方向配合部位。

左上体台阶尺寸 $51_{-0.046}^{0}$ mm 与右上体台阶尺寸 $59_{-0.046}^{0}$ mm 结合；左上体凸块顶面尺寸 $75_{-0.046}^{0}$ mm 与底座右侧尺寸（35±0.031）mm 结合；左上体宽（27±0.026）mm、90°V 形缺口与斜面的结合最难控制，并会影响其它部位的配合间隙。因此，加工时宜保证左、右上体台阶面结合，而斜面与 V 形缺口留有小于 0.1 mm 的间隙，左上体凸块顶面与底座中间直槽侧面留有小于 0.1 mm 的间隙。

② 宽度方向配合部位。

左上体燕尾槽和右上体半燕尾槽，应与底座燕尾块结合，不能因角度误差产生较大间隙，否则会影响配合。由于直槽、台阶面配合时结合面比较长，铣削后的平面度有一定误差，所以可将配合间隙留在平面配合之间。

左上体与底座的销孔、直槽与台阶面、燕尾配合部位，均应严格保证对称，否则会影响两销插入和产生配合后外形偏移。

③ 高度方向配合部位。

左上体直槽和燕尾槽深度(24±0.026) mm、($16^{+0.046}_{0}$) mm,底座台阶深和燕尾高度(24±0.026) mm、(16±0.021 5) mm,应注意保证配合间隙。

右上体直槽深尺寸(22±0.026) mm 与底座台阶深(22±0.026) mm 应注意配合间隙。右上体直槽与底座配合后,应能保证左上体厚度 $6^{+0}_{-0.048}$ mm 的凸块沿右上台阶下平面插入。在右上体和底座之间台阶凹槽配合时,应将(22±0.026) mm 尺寸按 12 mm 和 10 mm 两挡槽、键配合分配尺寸公差,以保证配合间隙。

8.1.2 左上体零件图工艺分析

1. 左上体零件结构

件 1 为左上体,如图 8-2 所示。其外形尺寸为 $75^{+0}_{-0.046}$ mm×$80^{+0}_{-0.046}$ mm×$40^{+0}_{-0.039}$ mm;凸块由尺寸 $38^{+0}_{-0.039}$ mm、$6^{+0}_{-0.048}$ mm 和 $51^{+0}_{-0.046}$ mm 组成;燕尾槽尺寸由 $56^{+0.046}_{0}$ mm 和 $16^{+0.043}_{0}$ mm 组成;直槽由尺寸 $48^{+0.1}_{0}$ mm 和(24±0.026) mm 组成;凸块上销孔 $\phi 12^{+0.027}_{0}$ mm 位置,由尺寸(63±0.023) mm 和(40±0.031) mm 确定;销孔 $\phi 36^{+0.039}_{0}$ mm 位置由尺寸(24±0.031) mm 和(40±0.031) mm 确定;V 形缺口由尺寸(27±0.026) mm 和 90°夹角构成。

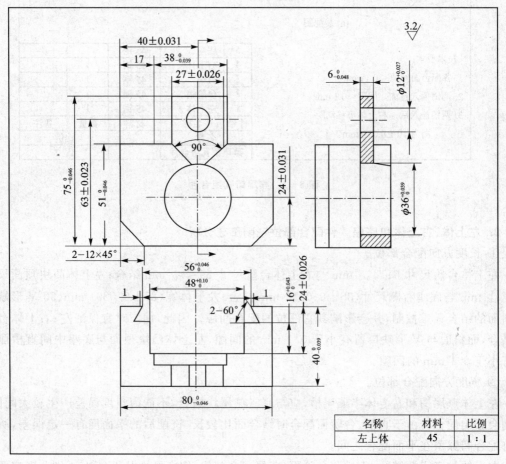

图 8-2 左上体零件图

2. 左上体加工工艺分析

① 宽 $48_0^{+0.1}$ mm、深 (24 ± 0.026) mm 直槽是与底座台阶面配合的部位,应严格保证两侧面与外形的对称度,且铣削余量较多,易使工件产生变形,因此,应安排在铣削外形后进行加工,以保证其他各部位的加工精度不受形变影响。

② 铣削 2—12×45° 倒角安排在铣削凸块之前,是为了便于装夹工件。

③ 尺寸 (40 ± 0.031) mm 同时确定了销孔 $\phi12$ mm、$\phi36$ mm 与宽 48 mm 直槽、宽 56 mm 燕尾槽及 90° V 形缺口的中心位置。实际上也是以上各部位对称于外形 80 mm 的中间平面的位置,加工时应严格保证,根据外形 80 mm 的实际加工尺寸确定。如实际尺寸为 $80_{-0.02}^{0}$ mm,则应以 $40_{-0.01}^{0}$ mm 作为中间平面位置。由于直槽首先铣成,因此,其他有对称要求的部位可以以直槽为测量基准,以保证配合精度。

④ 90° V 形缺口尺寸 (27 ± 0.026) mm 及燕尾槽尺寸 $56_0^{+0.046}$ mm 可用标准棒测量。V 形缺口和燕尾槽均应对称于 48 mm 直槽的中间平面。

⑤ 两孔加工时,应保证与基准面的垂直度,并保证与 48mm 直槽中间平面的对称度。

3. 左上体的加工工艺过程及铣削加工工序简图

左上体加工工艺过程见表 8-1,其铣削加工工序简图如图 8-3 所示。

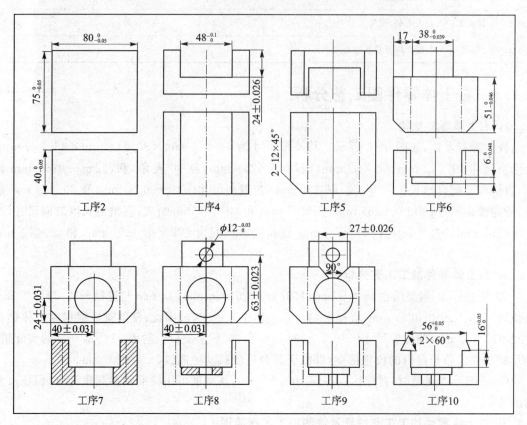

图 8-3　左上体铣削加工工序简图

表 8-1 左上体加工工艺过程

序号	工序名称	工序内容	设备
1	备料	六面体 82 mm×77 mm×42 mm	X5032
2	铣削	铣外形 $80_{-0.046}^{\ 0}$ mm×$75_{-0.046}^{\ 0}$ mm×$40_{-0.039}^{\ 0}$ mm	X5032
3	钳加工	去毛刺,划线	
4	铣削	铣削直槽宽 $48_{\ 0}^{+0.1}$ mm,深(24 ± 0.026) mm,保证槽中心位置尺寸(40 ± 0.031) mm	X6132
5	铣削	倒角 2—12×45°	X6132
6	铣削	铣削凸块 $38_{-0.039}^{\ 0}$ mm×$6_{-0.048}^{\ 0}$ mm,保证位置尺寸 $51_{-0.046}^{\ 0}$ mm 与 17 mm 尺寸	X5032
7	铣削	钻、镗、铰 $\phi 36_{\ 0}^{+0.039}$ mm 孔,保证位置尺寸(40 ± 0.031) mm 与(24 ± 0.031) mm	X5032
8	铣削	钻、扩、铰 $\phi 12_{\ 0}^{+0.027}$ mm 孔,也保证位置尺寸(63 ± 0.023) mm 与(40 ± 0.031) mm	X5032
9	铣削	铣削 90°V 形缺口,保证尺寸(27 ± 0.026) mm	X5032
10	铣削	铣削燕尾槽保证宽度 $56_{\ 0}^{+0.046}$ mm,深度 $16_{\ 0}^{+0.043}$ mm	X5032
11	钳加工	去毛刺,倒角	
12	检验	按图样要求检验各尺寸	

8.1.3 右上体零件图工艺分析

1. 右上体零件结构

件 4 为右上体,如图 8-4 所示。其外形尺寸为 $68_{-0.046}^{\ 0}$ mm×$80_{-0.046}^{\ 0}$ mm×$32_{-0.039}^{\ 0}$ mm;上沿由尺寸 $59_{-0.046}^{\ 0}$ mm、$68_{-0.046}^{\ 0}$ mm、(27 ± 0.026) mm(及 90°夹角)和(22 ± 0.026) mm 组成;直销滑动配合槽长 $22_{\ 0}^{+0.052}$,宽 $12_{\ 0}^{+0.043}$ mm,位置由尺寸(52 ± 0.023) mm 和 $80_{-0.046}^{\ 0}$ mm 确定;燕尾槽由尺寸(22 ± 0.026) mm、$40_{\ 0}^{+0.039}$ mm 和 $10_{\ 0}^{+0.036}$ mm 组成;直槽由长度方向尺寸(22 ± 0.026) mm、$5_{\ 0}^{+0.03}$ mm 和 $38_{\ 0}^{+0.039}$ mm 与高度方向尺寸(22 ± 0.026) mm 和 $10_{-0.036}^{\ 0}$ mm 构成。

2. 右上体零件加工工艺分析

① 90°斜面顶、肩部尺寸 $68_{-0.046}^{\ 0}$ mm 及(27 ± 0.026) mm,$59_{-0.046}^{\ 0}$ mm 与键槽长度 $22_{\ 0}^{+0.052}$ mm 及位置尺寸(52 ± 0.023) mm,直接影响与左上体销孔的配合,因此,铣削时应根据左上体销孔直径 $\phi 12_{\ 0}^{+0.027}$ mm 的位置尺寸(63 ± 0.023) mm 和 90°V 形缺口台阶面 $51_{-0.046}^{\ 0}$ mm 的实际值,确定键槽在公差范围内的位置精度,以保证配合后能移动距离(10 ± 0.03) mm。

② 铣削半燕尾槽时,首先达到深度 $10_{\ 0}^{+0.036}$ mm,其宽度可用标准圆棒测量计算,保证尺寸精度 $40_{\ 0}^{+0.039}$ mm。

3. 右上体零件加工工艺过程及铣削加工工序简图

右上体零件加工工艺过程见表 8-2,其铣削加工工序简图如图 8-5 所示。

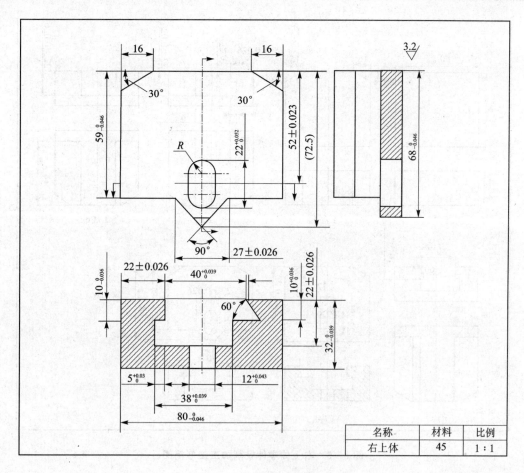

图 8-4 右上体零件图

表 8-2 右上体零件加工工艺过程

序号	工序名称	工序内容	设备
1	备料	六面体 82 mm×70 mm×34 mm	X5032
2	铣削	铣外形 $80_{-0.046}^{0}$ mm×69 mm×$32_{-0.039}^{0}$ mm	X5032
3	钳加工	去毛刺,划线	
4		铣削 30°倒角,保证尺寸 16 mm	X6132
5	铣削	铣削直槽、凹槽,保证深度尺寸(22±0.026) mm,$10_{-0.036}^{0}$ mm,宽度尺寸 $5_{0}^{+0.03}$ mm,(22±0.026) mm	X5032
6	铣削	铣削上沿台阶面,保证位置尺寸(22±0.026) mm 和 $59_{-0.046}^{0}$ mm	X5032
7	铣削	铣削半燕尾槽,保证尺寸 $40_{0}^{+0.039}$ mm,$10_{0}^{+0.036}$ mm	X5032
8	铣削	铣削键槽宽 $12_{0}^{+0.043}$ mm,长 $22_{0}^{+0.052}$ mm	X5032
9	铣削	铣削 90°斜面及连接面,保证尺寸 $59_{-0.046}^{0}$ mm 及(27±0.026) mm、$68_{-0.046}^{0}$ mm	X5032
10	钳加工	去毛刺,倒角	
11	检验	按图样要求检验各尺寸	

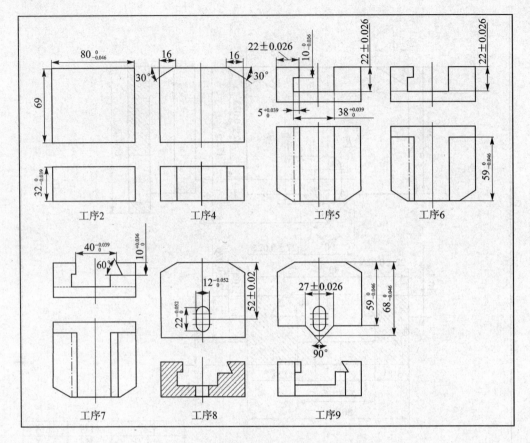

图 8-5 右上体零件铣削加工工序简图

8.1.4 底座零件图工艺分析

1. 底座零件结构分析

件 5 为底座,如图 8-6 所示。其外形尺寸为 $80_{-0.046}^{0}$ mm×$110_{-0.054}^{0}$ mm×$40_{-0.039}^{0}$ mm;左侧($A-A$ 剖面)燕尾键由尺寸 12、$56_{-0.046}^{0}$ mm 和(24 ± 0.026) mm 构成;台阶面由 16 mm、$48_{-0.1}^{0}$ mm 和(16 ± 0.0215) mm 确定;$\phi36_{0}^{+0.039}$ mm 和 $\phi16_{0}^{+0.027}$ mm 台阶孔位置,由尺寸(86 ± 0.03) mm 和(40 ± 0.031) mm 确定;中部直槽和 T 形槽,由尺寸 $24_{0}^{+0.033}$ mm、$32_{0}^{+0.039}$ mm、(4 ± 0.024) mm 及 $10_{-0.036}^{0}$ mm 和 $10_{0}^{+0.036}$ mm 尺寸组成;$\phi12_{0}^{+0.027}$ mm 销孔位置,由尺寸(47 ± 0.031) mm 和(40 ± 0.031) mm 尺寸确定;右侧($B-B$ 剖面)燕尾键,由尺寸 $40_{-0.039}^{0}$ mm、(22 ± 0.026) mm 和(12 ± 0.0215) mm 构成;直槽由尺寸 17 mm、$38_{-0.039}^{0}$ mm、$5_{-0.039}^{0}$ mm、$12_{-0.043}^{0}$ mm 和(22 ± 0.026) mm 组成。

2. 底座铣削加工工艺分析

① 销孔 $\phi12$ mm 与台阶孔 $\phi36$ mm、$\phi16$ mm 之间的距离,应在公差范围内按左上体的两孔中心距确定,同时应对称台阶宽度 $48_{-0.1}^{0}$ mm 两侧,否则会影响直销和台阶销的插入配合。

② 中间直槽和 T 形槽分粗、精铣,是为了保证工件各部分尺寸不受形变的影响。

③ 燕尾键槽铣削时,宜采用左上体和右上体铣削燕尾槽用的同一把铣刀,以提高燕尾配合精度。

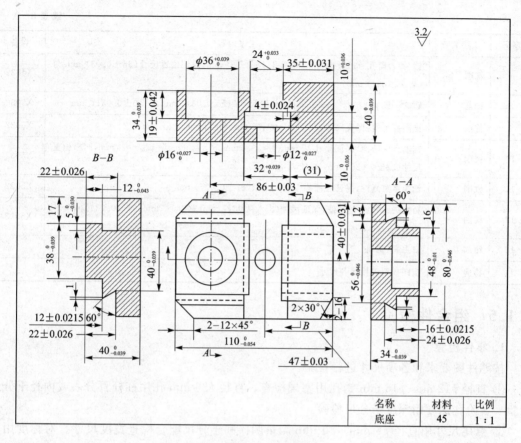

图 8-6 底座零件图

④ 镗台阶孔的台阶面时,镗刀切削刃应在工具磨床上修磨。装夹时,应采用百分表校正切削刃与工作台面平行,以保证尺寸深度 (19 ± 0.042) mm。

⑤ $B-B$ 剖面的台阶面 17 mm 尺寸,应按右上体的凹槽侧面与工件外形侧面的实际尺寸对应,否则会影响键槽与 $\phi12$ mm 销孔的配合,同时,右上体和底座外形宽度方向也会产生偏移。

3. 底座零件加工工艺过程

底座零件加工工艺过程如表 8-3。

表 8-3 底座零件加工工艺过程

序号	工序名称	工序内容	设备
1	备料	六面体 112 mm×82 mm×42 mm	X5032
2	铣削	铣外形 $110_{-0.054}^{0}$ mm×$80_{-0.046}^{0}$ mm×$40_{-0.039}^{0}$ mm	X5032
3	钳加工	去毛刺,划线	
4	铣削	铣削 2×30°倒角,保证尺寸 16 mm;铣削 2—12×45°倒角	X6132
5	铣削	粗铣中间直槽和 T 形槽,保证尺寸 35.5 mm、23 mm、35 mm、31 mm、10.5 mm 和 9 mm	X5032
6	铣削	铣削台阶面,保证位置尺寸 $34_{-0.039}^{0}$ mm、16 mm 及台阶宽 $48_{-0.1}^{0}$ mm、高 (16 ± 0.0215) mm	X5032

续表 8-3

序号	工序名称	工序内容	设备
7	铣削	钻、镗台阶孔 $\phi36_0^{+0.039}$ mm 和通孔 $\phi16_0^{+0.027}$ mm,保证位置尺寸 $(86±0.03)$ mm 与 $(40±0.031)$ mm	X5032
8	铣削	钻、扩、铰 $\phi12_0^{+0.027}$ mm 孔,保证位置尺寸 $(47±0.031)$ mm 与 $(40±0.031)$ mm	X5032
9	铣削	铣削燕尾槽,保证尺寸 $56_{-0.046}^{0}$ mm、12 mm 和 $(24±0.026)$ mm	X5032
10	铣削	铣削台阶凹槽,保证尺寸 17 mm、$38_{-0.039}^{0}$ mm、$5_{-0.03}^{0}$ mm,深 $12_0^{+0.0215}$ mm,凹槽位置尺寸 $(22±0.026)$ mm 和 $12_{-0.043}^{0}$ mm	X5032
11	铣削	铣削半燕尾键,保证尺寸 $40_{-0.039}^{0}$ mm、$(22±0.026)$ mm	X5032
12	铣削	精铣中间槽和 T 形槽,保证尺寸 $(35±0.031)$ mm、$24_0^{+0.033}$ mm、$(4±0.024)$ mm 和 $10_{-0.036}^{0}$ mm、$10_0^{+0.036}$ mm	X5032
13	钳加工	去毛刺,倒角	
14	检验	按图样要求检验各尺寸	

8.1.5 组合件检验

1. 零件检验

按零件图要求和各项尺寸进行检验。

① 直径 $\phi12$ mm、$\phi16$ mm 销孔用塞规检查。直径 $\phi36$ mm 孔用杠杆百分表或内径千分尺检验。台阶孔深度用深度千分尺检验。

② 燕尾尺寸用直径 $\phi6$ mm×40 mm 测量圆棒和千分尺配合检查宽度尺寸。对称度用百分表和测量圆棒配合检验。

③ 各平行面尺寸用千分尺、内径千分尺和深度千分尺测量。

④ 90°V 形缺口和斜面连接面用万能角度尺检验。

2. 配合检验

① 各配合面间隙用 0.1 mm 塞尺检验。

② 两销插入检验时,可先检验左上体与底座装配后两销是否能插入;拔去直销,装配右上体,检验各配合面间的间隙情况,然后再插入 $\phi12$ mm 直销。

③ 移动右上体,检验 V 形缺口和斜面配合间隙是否小于 0.1 mm,然后向外拉足,用内径千分尺检验左上体和右上体之间的距离是否在 $(10±0.03)$ mm 范围内。

8.2 五件组合体

技能目标

◆ 掌握组合斜面件加工工艺方案。

◆ 能正确选择定位基准和测量基准。

◆ 应合理采取找正、调整等校正工艺措施及组合斜面的检测。

◆ 能分析组合斜面的质量问题。

8.2.1 装配图工艺分析

图8-7所示为五件组合体的装配图,其结构示意图见图8-8。五件组合体由底座、下滑块、上滑块、侧滑块和定位销组成。

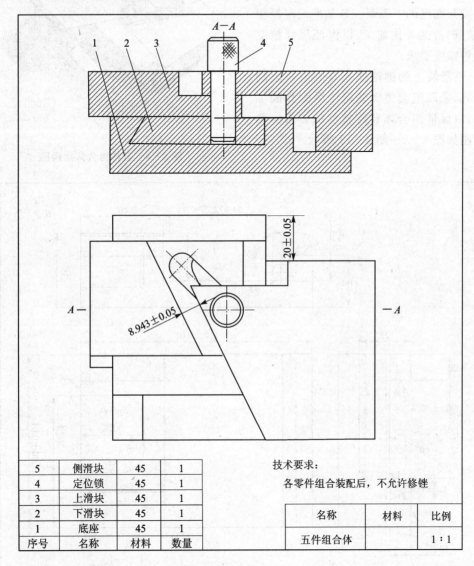

图8-7 五件组合体

五件组合体的装配精度较高。装配后,在收拢位置应成110 mm×80 mm×45 mm长方体,且定位销能顺利插入;在展开位置(见图8-7),下滑块自底座滑出的距离为(20±0.05) mm,上滑块与侧滑块的两斜面间的距离为(8.943±0.05) mm。为保证组合体获得规定的装配精度要求,组合体的各组成零件具有较高的加工精度要求,配合尺寸公差应小于0.03 mm。如零件底座,其基准表面和主要配合表面的尺寸为(110±0.01) mm、(80±0.01) mm、$30^{+0.04}_{+0.01}$ mm、$36^{+0.04}_{+0.01}$ mm、$51.027^{+0.03}_{+0.01}$ mm、$12^{+0.03}_{0}$ mm、$45.072^{+0.03}_{+0.01}$ mm 和 $10^{+0.03}_{0}$ mm,公差为0.02~0.03 mm。主要配合面的表面粗糙度为 $Ra1.6\ \mu m$。

五件组合体的主要装配基准是上滑块和侧滑块的斜度为1:2的斜面和下滑块与侧滑块的侧面(尺寸(20±0.05) mm的基准面)。组合体各滑块与底座间装配基准为各滑块的配合底面与底座的一表面。各基准面应经粗铣、半精铣、精铣3次加工,以保证尺寸精度和表面粗糙度要求。

上、下滑块上的键槽底孔与侧滑块上的定位销孔,采取组合体组装定位后配作的工艺方案,以保证组合体装配精度的要求。相关零件图如图8-9~图8-12所示。

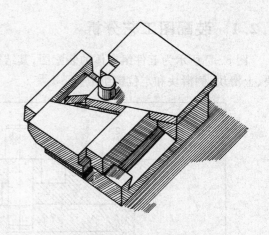

图8-8 五件组合体结构图

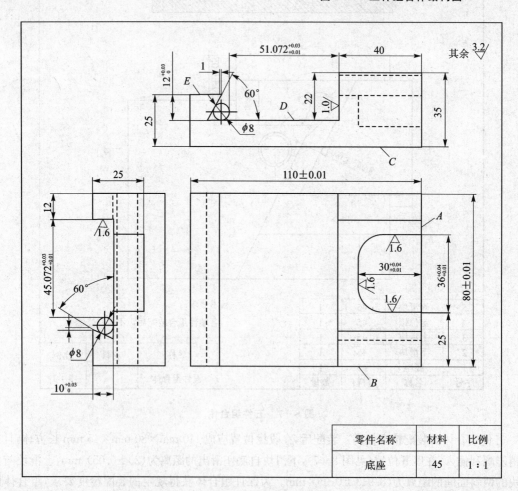

图8-9 底座零件图

8.2.2 零件加工工艺方案及作业要点

1. 底座加工

底座是安装下滑块和侧滑块的基础零件，应首先加工。加工底座时的定位基准（同时亦为测量基准）是右侧面 A、前侧面 B 和底面 C，如图 8-9 所示。在坯料加工时必须保证 A、B、C 三面互相垂直。

加工底座时，应先加工两处凹槽形，然后加工两处燕尾，再以燕尾底面为基准加工左、右两侧高、低顶面，最后加工 36 mm×30 mm 开口槽。各加工表面必须与 3 个基准面 A、B、C 保持平行或垂直。底座加工完成后须经检验，应符合图样规定全部技术要求，并对各项尺寸做好检测记录。

2. 下滑块加工

如图 8-10 所示，根据底座检测记录的实际尺寸，加工下滑块，除槽 12 mm×34.36 mm 暂不加工外，其余各部加工应符合图样要求。下滑块 D 面与底座 D 面间的间隙，应能保证燕尾的正常滑合。对下滑块各项尺寸做好检测记录。

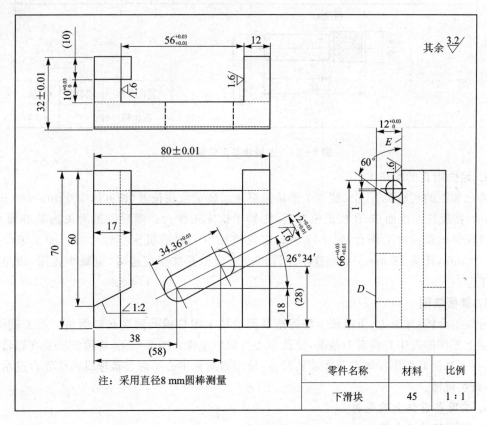

图 8-10 下滑块零件图

3. 上滑块与侧滑块的加工

如图 8-11 所示，按相同的步骤，根据已加工零件（底座、下滑块等）检测记录的实际尺寸，依次先后加工上滑块、侧滑块。上滑块的槽和侧滑块的定位销孔 ϕ12 mm 暂不加工，其余各部应符合图样技术要求，各滑块间相对滑动部位应保证正常滑合。

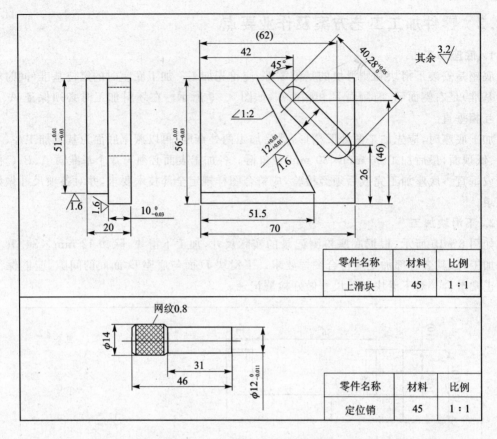

图 8-11 上滑块与定位销零件图

4. 定位销孔的配作

将已加工的底座及下、上、侧 3 个滑块按要求组装成收拢位置(长方体 110 mm×80 mm×45 mm),按底座基准面 A、B 校正位置后,压紧于铣床工作台。然后以侧滑块的基准面 G、H 调整铣床纵向及横向工作台,使 $\phi 12$ mm 定位销孔中心对准机床主轴中心。加工定位销孔 $\phi 12_{0}^{+0.018}$ mm,孔深 32 mm。如底座不允许出现定位销孔加工痕迹时,应减小孔深,避免下滑块加工穿。

5. 键槽铣削

分解组合体,加工上、下滑块上的键槽及侧滑块上定位销孔两端孔口倒角。加工键槽时,以滑块上配作的孔中心位置为基准,使孔中心与回声工作台中心对正,将滑块压紧在回转工作台上,找下基面后按图样要求角度旋转圆盘,使键槽对称中心平面与铣床纵向工作台进给方向平行,铣削键槽。

6. 去除各零件上的毛刺

7. 装配五件组合体

8. 检验

各滑块滑动应正常自如。在展开位置检验相对位置尺寸:(20 ± 0.05) mm 和 (8.943 ± 0.05) mm,应符合规定要求。

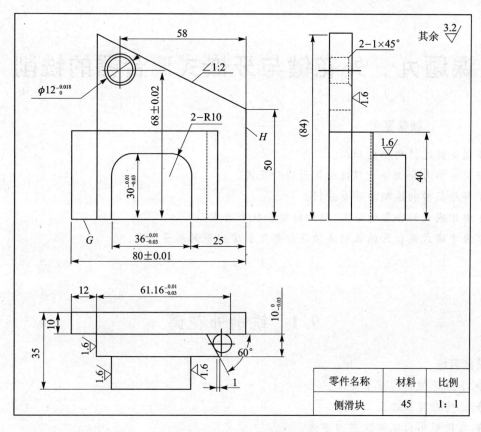

图 8-12 侧滑块零件图

思考与练习

1. 铣削组合件前关键工作是什么？
2. 试选择 3~5 件组合件编制其加工工艺和绘制其加工工序简图。
3. 怎样对组合件铣削工艺进行分析？
4. 组合件检验与一般工件检验有何区别？

课题九　外花键与牙嵌式离合器的铣削

> **教学要求**
> 1. 掌握花键连接的相关知识。
> 2. 理解用单刀和组合铣刀铣削矩形齿外花键。
> 3. 了解外花键的检测与质量分析。
> 4. 了解牙嵌式离合器的分类、结构特征和技术要求。
> 5. 掌握牙嵌式离合器的铣削方法及分析铣削中出现的质量问题。

9.1　铣削外花键

技能目标

◆ 了解花键轴的技术要求。
◆ 正确安装和校正工件。
◆ 掌握矩形齿花键铣削的方法。
◆ 了解花键轴的检验方法。
◆ 分析铣削中出现的问题。

成批、大量生产的外花键(花键轴),应在花键铣床上用花键滚刀按展成法加工,这种加方法具有较高的生产率和加工精度,但必须具备花键铣床与花键滚刀。单件、小批量生产时常在普通卧式(或立式)铣床上利用分度头进行加工。在铣床上铣削外花键的方法有单刀铣削、组合铣刀铣削、成形铣刀铣削3种。成形铣刀制造较困难,因此,只有在零件数量较多且具备成形铣刀的条件下才使用成形铣刀铣削,通常使用三面刃铣刀铣削。

9.1.1　花键简介

1. 花键连接简介

花键连接是两零件上等距分布且齿数相同的键齿相互连接,并传递转矩或运动的同轴偶件,即花键连接是由带齿的轴(外花键)和轮毂(内花键)所组成。花键连接是一种能传递较大转矩和定心精度较高的连接形式,在机械传动中应用广泛。机床、汽车、拖拉机、工程机械等的变速箱内,大都用花键齿轮套与花键轴配合的滑移实现变速传动,如图9-1所示。

2. 花键的种类

花键的种类较多,根据键齿的形状(齿廓)不同,可分为矩形齿花键、梯形齿花键、渐开线齿花键等,如图9-2所示。根据花键的定心方法不同,可分为外径定心花键、内径定心花键和齿侧定心花键。

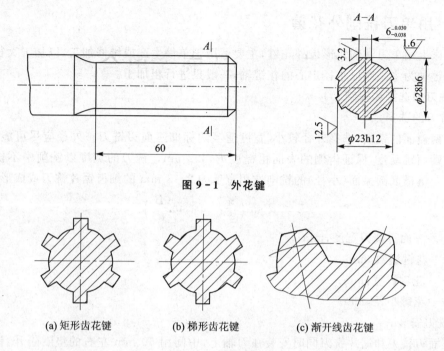

图 9-1 外花键

图 9-2 花键的种类
(a) 矩形齿花键　(b) 梯形齿花键　(c) 渐开线齿花键

3. 花键的工艺要求

铣床一般只能铣削以大径定心的矩形齿外径花键,这种花键一般有以下工艺要求。

① 尺寸精度。大径一般要求为 h6、g6、f7 或 f9,键宽一般要达到 e8、f9 或 d9。
② 表面粗糙度。大径一般要求达到 $Ra0.8\ \mu m$,小径为 $Ra6.3\ \mu m$,键侧为 $Ra3.2\ \mu m$。
③ 大径与基准轴线的同轴度。
④ 键的形状精度和等分精度。

4. 矩形齿花键

矩形齿花键的齿廓为矩形,加工容易,所以得到广泛的应用。矩形齿花键的定心方式有 3 种:小径定心、大径定心和齿侧(即键宽)定心,如图 9-3 所示。其中,因为内花键的小径可用内圆磨床加工、外花键的小径可由专用花键磨床加工,可以获得很高的加工精度,因此,小径定心的矩形齿花键连接的定心精度最高,这也是现行国家标准规定采用小径定心方式的原因。矩形齿花键的缺点是花键齿根部的应力集中较大。

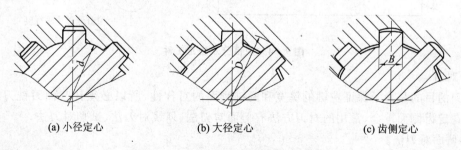

(a) 小径定心　(b) 大径定心　(c) 齿侧定心

图 9-3 矩形齿花键连接的定心方式

9.1.2 用单刀铣削外花键

在铣床上用单刀铣削矩形齿外花键,主要适用于单件生产或维修加工,以加工大径定心的矩形齿花键轴为主。对以小径定心的花键轴,一般只进行粗加工。

1. 铣刀的选择和安装

① 铣刀的选择。

花键两侧面的铣削,选择外径较小、宽度适当的标准三面刃铣刀。外径应尽可能小,以减小铣刀的端面跳动量,保证齿侧的表面粗糙度 $Ra3.2~\mu m$。铣刀的宽度以铣削中不伤及邻键齿为准。花键槽底圆弧面(小径)的铣削选用宽度为 2~3 mm 的细齿锯片铣刀或成形刀。

$$L \leqslant d \sin\left(\frac{\pi}{z} - \arcsin \frac{B}{d}\right) \tag{9-1}$$

式中:L——三面刃铣刀宽度,mm;
　　　z——花键键数,mm;
　　　B——花键键宽,mm;
　　　d——花键小径,mm。

② 铣刀安装。

将三面刃铣刀和锯片铣刀同时安装在刀轴上,中间用 60 mm 左右的垫圈隔开,铣刀的旋向为逆时针,并保证铣刀的径向圆跳动小于 0.05 mm,调整主轴转速 $n=75$ r/min,锯片铣刀铣削速度可适当高些。

2. 工件的装夹和找正

工件用分度头与尾座两顶尖或三爪自定心卡盘与尾座顶尖装夹。对于细长的外花键,可在工件中间位置下面用千斤顶支撑,以增加工件刚度。工件装夹后,用百分表校正,如图 9-4 所示。校正内容包括:

① 工件两端面的径向圆跳动。
② 工件的上母线与铣床工作台台面平行。
③ 工件的侧母线与工作台纵向进给方向平行。

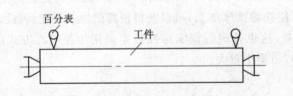 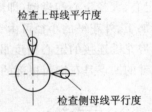

图 9-4　用百分表校正工件

3. 对刀

对刀的目的是为了保证花键的键宽和两键侧面的对称性,所以必须让三面刃铣刀的侧面刀刃与花键齿侧面重合,常用的对刀方法有侧面对刀法、划线对刀法、试切对刀法。

① 侧面对刀法。

如图 9-5 所示,先使三面刃铣刀侧面刀刃轻轻接触工件侧面的贴纸,然后垂直向下退出工件,再将工作台向铣刀方向横向移动距离 S:

$$S = \frac{1}{2}(D-B) + \delta \qquad (9-2)$$

式中：S——工作台横向移动距离，mm；
　　　B——花键键宽，mm；
　　　D——花键大径，mm；
　　　δ——贴纸厚度，mm。

侧面对刀法方法简单，但有一定的局限性，当工件的外径较大时，受三面刃铣刀直径的限制，铣刀杆可能会与工件相碰，因而不能用此法对刀。

② 划线对刀法。

第一步：安装、校正工件后，将游标高度尺（或划线盘划针）调至分度头主轴的中心高，在工件两侧母线处各划一条线，将工件转180°后，再在两侧母线处重划两

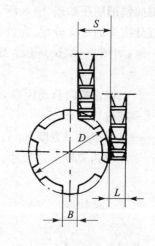

图 9-5　侧面对刀法

条线，如果两次所划的线重合即为工件中心线；如果不重合，将划针或高度尺高度调至两条线的中间重复再划，直到划的线重合为止，如图9-6所示。

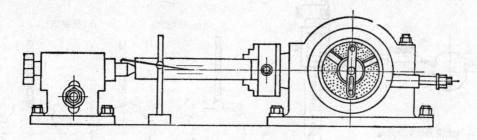

图 9-6　划线对刀法

第二步：再以中心线为准，将划针或游标高度尺的高度调高或调低到键宽尺寸的一半，在工件两侧各划一条线，然后将工件转过180°，在工件两侧各划出另一条线，两条线间的距离就是键宽的尺寸线。划完线后，将工件转过90°，使所划线部分外圆朝上与铣刀相对。试铣对中心，使三面刃铣刀侧刃离开键宽线0.3～0.5 mm对刀，根据切深 $H = \frac{D-d}{2} + 0.5$ 上升工作台，铣出键侧。

③ 试切对刀法。

如图9-7所示，在分度头的三爪自定心卡盘与尾座之间装夹一直径与工件直径大致相等的试件，先用侧面对刀法或划线对刀法初步对刀，并在试件上铣出适当长度的键侧面1，退出工件，经180°分度再铣出键侧面2；接着横向移动工作台，移动量等于键宽与铣刀宽之和，铣出另一键侧面3。退出工件，将铣出的键侧转至水平位置，即转过90°，用杠杆百分表或高度尺测量键侧面1与3的高度是否等高。若高度一致，说明花键的对称性很好；如高度不一致，则可按高度差的一半重新调整工作台的横向位置，并使工件转过一齿距，重复进行试切、测量，直至花键对称性达到要求，且键宽 b 合格为止。对刀完毕后可换上工件正式进行铣削。

4. 花键的铣削

① 铣键侧面。

花键的铣削顺序如图9-8所示。用一把三面刃铣刀铣削外花键时,应先确定切削位置,然后通过分度头的每次分度,先铣好一侧,如图9-8(a)所示。接着,将工件移动一个距离S,再铣另一侧,如图9-8(b)所示。距离S的计算公式为:

$$S = B + L + T \tag{9-3}$$

式中:S——工作台横向移动距离,mm;
　　　B——花键键宽,mm;
　　　L——三面刃铣刀宽度,mm;
　　　T——花键齿宽度公差尺寸,mm。

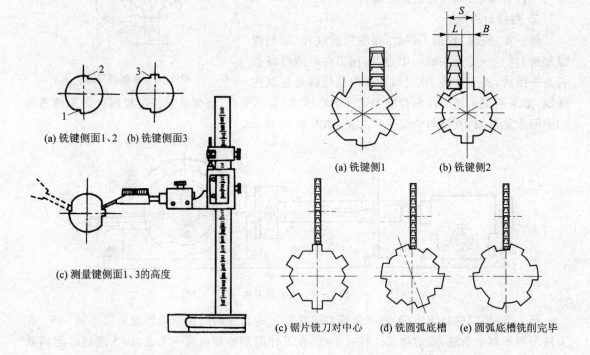

图9-7　试切对刀法步骤　　　　　　图9-8　外花键的铣削顺序

② 铣键槽底圆弧面。

◆ 用锯片铣刀铣槽底。

利用上述方法加工出来的花键,槽底会带有尖棱,所以需要使用锯片铣刀或小宽度的三面刃铣刀对好位置后,通过分度头摇柄使工件来回转动,将花键齿槽底的尖棱铣成圆弧状,分别如图9-8(c)~图9-8(e)所示。每次走刀后工件转过角度减小,铣槽底的次数越多,槽底就越接近圆弧面。

◆ 用成形刀头铣槽底。

槽底的圆弧面也可采用凹圆弧形的成形单刀头一次铣出,如图9-9所示。铣削前,应目测使外花键键宽中心与铣刀头中心对准,如图9-9所示,注意对刀不准会造成槽底圆弧中心与工件不同心。紧固横向工作台,然后将工件转过一个角度,缓慢垂向上升工作台,切到槽底小径,当粗铣出圆弧面后,退出工件,将分度头转过180°,粗铣另一圆弧面,然后用千分尺测量小径尺寸,达到要求后,依次铣削完槽底圆弧面。

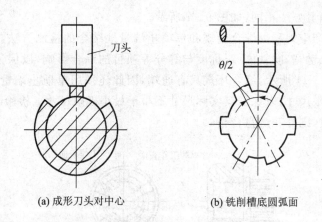

(a) 成形刀头对中心　　　　(b) 铣削槽底圆弧面

图 9-9　用成形刀头铣削槽底圆弧面

9.1.3　用组合铣刀铣削外花键

由于用单刀铣削外花键较麻烦，生产效率又较低，因此，当工件数量较多时，也可采用在一根刀杆上安装两把三面刃铣刀，组合铣削外花键，使花键的两个键侧同时铣出，这样不仅可提高加工的效率，而且还容易保证键宽尺寸并简化操作步骤，如图 9-10 所示。

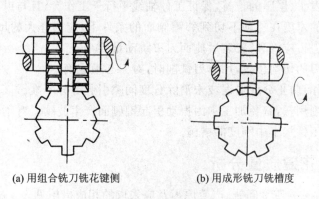

(a) 用组合铣刀铣花键侧　　　　(b) 用成形铣刀铣槽度

图 9-10　用组合铣刀铣削外花键

用组合铣刀铣削外花键时，工件的装夹及校正方法与单刀铣削时相同，但在选择和安装刀具时，应注意以下几点。

① 选用的两把三面刃铣刀必须规格相同、直径相等。

② 为保证铣出的键宽符合规定的尺寸要求，应使两铣刀内侧刀刃间的距离与花键键宽相等，以保证铣出的键宽符合规定要求。

③ 对刀调整铣刀的切削位置时，两铣刀内侧刀刃应对称于工件轴线。

9.1.4　外花键的检测

外花键的各要素偏差的检测，在单件、小批量生产中，一般用通用量具如游标卡尺、千分尺和百分表等进行测量。

① 用千分尺或游标卡尺测量外花键的键宽和小径尺寸。

② 用百分表测量外花键侧面对工件轴线的平行度和对称度。对称度的测量方法与试切

对刀法所用的比较测量方法相同,如图 9-7 所示。

在成批、大量生产中则采用综合量规和单项止端量规结合的检测方法。外花键综合量规同时检验小径、大径、键宽、同轴度、对称度与等分等项目的综合影响,以保证花键的配合要求和安装要求。如图 9-11 所示,综合环规只有通端,因此还须用单项止端量规分别检验小径、大径、键宽的最小极限尺寸,以保证其实际尺寸不小于最小极限尺寸。检验时,综合量规通过,单项止端卡板不通过,则外花键盘合格。

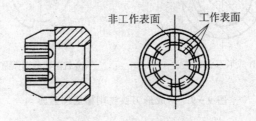

图 9-11 外花键综合量规

> **注意事项**

外花键铣削的注意事项如下。
- 准确校正分度头、尾座的位置,保证工件轴线平行于工作台,且与纵向进给方向一致。
- 三面刃铣刀的宽度在保证不切到邻键侧面的条件下,应选择大的尺寸,以增加铣刀的刚度。铣刀刀刃应锋利,安装后侧面刀刃跳动量要小。
- 仔细调整铣刀的切削位置,用单刀铣削时,对刀必须准确。
- 细心分度操作,防止分度错误或未消除分度间隙引起等分不准。
- 合理选择铣削用量,避免加工中因振动引起键侧面产生波纹。对刚性差的细长花键轴应采取提高工件加工中刚度的措施。

9.1.5 铣削外花键质量分析

外花键铣削中常见的质量问题、产生原因及应采取的相应措施见表 9-1。

表 9-1 外花键铣削质量分析

质量问题	主要原因
键宽尺寸超差	1.用单刀铣削时,切削位置调整不准; 2.刀杆垫圈端面不平行,致使刀具侧面圆跳动量过大; 3.横向移动工作台时,摇错刻度盘或未消除传动间隙; 4.分度差错或摇分度手柄时未消除传动间隙
小径尺寸超差	1.测量及调整铣削吃刀量有差错; 2.未找正工件上素线与工作台台面平行度,致使小径两端尺寸不一致
键侧平行度超差	工件侧素线与工作台纵向进给方向不平行
对称度超差	1.对刀不准; 2.横向移动工作台时,摇错刻度盘或未消除传动间隙

续表 9-1

质量问题	主要原因
等分误差较大	1. 摇错分度手柄,调整分度叉孔距错误或未消除传动间隙; 2. 未找正工件同轴度; 3. 铣削过程中工件松动
表面粗糙度差	1. 铣刀不锋利; 2. 铣削用量选择不恰当; 3. 安装铣刀时圆跳动量过大

9.1.6 花键轴铣削技能训练

在卧式铣床上采用单刀铣削法加工如图 9-12 所示的花键轴。

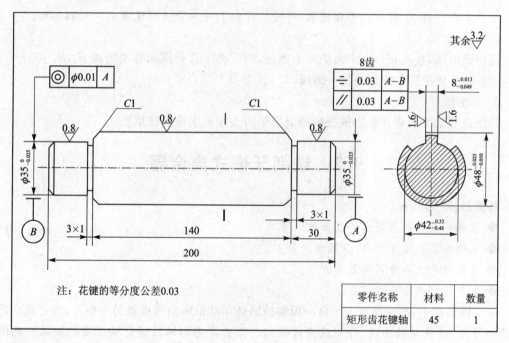

图 9-12 铣矩形齿花键轴

训练步骤如下。

① 铣刀选择。

选择三面刃铣刀,铣刀宽度按下式计算:

$$L \leqslant d \sin\left(\frac{\pi}{2} - \arcsin \frac{B}{d}\right) \leqslant 42 \sin\left(\frac{180°}{8} - \arcsin \frac{8}{42}\right) = 8.39 \text{ mm}$$

选用 80 mm×8 mm×27 mm 的三面刃铣刀。

② 工件的装夹与校正。

校正分度头主轴轴心线与工作台台面平行,并与纵向进给方向一致,然后校正尾座顶尖与分度头同轴,将工件装夹在分度头与尾座两顶尖之间。如果工件采取三爪自定心卡盘和尾座顶尖"一夹一顶"方式装夹,必须校正工件与分度头同轴。

③ 铣刀切削位置的调整（对刀）。

采用侧面对刀法时，工作台横向移动距离 S 为：

$$S = \frac{1}{2}(D-B) + \delta = \frac{1}{2}(48-8) + \delta = 20 + \delta$$

不使用贴纸时，纸厚 $\delta=0$，则 $S=20$ mm；采用试切对刀法时，先使铣刀对准工件中心，再将工作台横向移动距离 S' 为：

$$S' = \frac{1}{2}(B+L) + \delta = \frac{1}{2}(8+8) = 8 \text{ mm}$$

④ 调整铣削宽度 a_e（即切深）。

$$a_e = \frac{1}{2}(\sqrt{D^2-B^2} - \sqrt{d^2-B^2}) + 0.5$$

$$a_e = \frac{1}{2}(\sqrt{48^2-8^2} - \sqrt{42^2-8^2}) + 0.5 = 3.55 \text{ mm}$$

上升工作台，使工件与铣刀相接触，再使工作台上升一个铣削宽度 $a_e=3.55$ mm。

⑤ 铣键侧面。

利用分度头，铣削花键 8 个齿的一个侧面，然后将工作台横向移动距离 S_1，$S_1 = B+L = 8+8=16$ mm，依次铣各键齿的另一侧面。

⑥ 铣键槽槽底。

选用适当的细齿锯片铣刀或改制的成形单刀头按要求铣各键槽底。

9.2　铣削牙嵌式离合器

技能目标
- ◆ 了解牙嵌式离合器的特征及技术要求。
- ◆ 正确安装和校正工件，正确选择铣刀。
- ◆ 掌握牙嵌式离合器的铣削方法。
- ◆ 分析铣削中出现的问题。

在机械传动中，离合器被用于将一根轴的回转运动沿轴向传递给另一根轴，通过离合器的结合和分离，使从动轴回转、停止或变速换向。离合器为间歇传递运动或变换转动方向的零件，有齿式离合器和摩擦离合器两种。

9.2.1　牙嵌式离合器的分类和结构特征

1. 牙嵌式离合器的分类

离合器的种类很多，在机械机构直接作用下具有离合功能的离合器称为机械离合器。机械离合器有牙嵌式和摩擦式两种类型。牙嵌式离合器依靠端面上齿牙的嵌入和脱离业传递运动和转矩；摩擦式离合器依靠摩擦片之间的摩擦力来传递运动和转矩。牙嵌式离合器一般在铣床上加工。

牙嵌式离合器是用爪牙状零件组成嵌合副的离合器。按其齿形可分为矩形齿、梯形齿、尖齿形齿和锯齿形齿等几种；按轴向截面中齿高变化可分为等高齿离合器和收缩齿离合器两种。常见牙嵌式离合器的齿形见图 9-13。

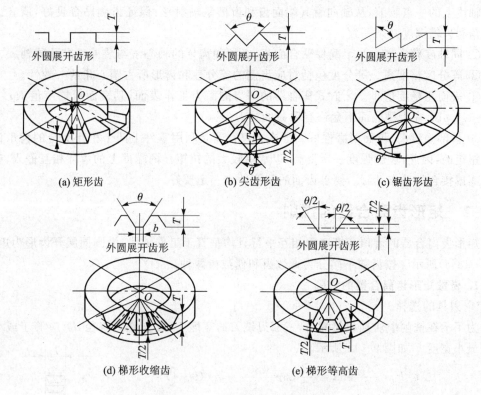

图 9-13 牙嵌式离合器的齿形

2. 牙嵌式离合器的结构特征

为了保证离合器能准确地啮合,无论是哪一种齿形的牙嵌式离合器,其结构上均具有共同的特征:各齿的侧面都必须通过离合器的轴线或向轴线上一点收缩,即齿侧必须是径向的,从轴向看端面上的齿,齿与齿槽呈辐射状。

对于等高齿离合器,其齿顶面与槽底平行;对于收缩齿离合器,在轴向截面中,齿顶和槽底平行而呈辐射状,即齿顶和槽底的延长线及它们的对称中心线都汇交于轴上的一点,见图 9-14。

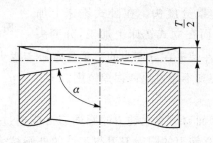

图 9-14 轴向截面内的收缩齿齿形

3. 牙嵌式离合器的主要技术要求

牙嵌式离合器一般都是成对使用的。为了保证准确啮合,获得一定的运动传递精度和可靠地传递转矩,两个相互配合的离合器必须同轴,齿形必须吻合,齿形角必须一致,因此主要技术要求如下:

① 齿形准确。为了保证齿牙在径向贴合,牙嵌式离合器的齿形中心线必须通过本身轴线

或向轴线上的一点收缩,从轴向看其端面齿和齿槽呈辐射形;保证齿侧贴合良好,所有齿牙的齿形角和齿槽深度必须一致。

② 同轴度精度高。为了确保贴合面积,必须使齿牙的轴心线与装配基准孔同轴。

③ 等分度精度高。等分度包括对应齿侧的等分性和齿形所占圆心角的一致性。

④ 表面粗糙度值小。牙嵌式离合器的两齿侧面为工作表面,其表面粗糙度值 Ra 一般为 $3.2\sim1.6~\mu m$,在齿槽底面不允许有明显的接刀痕。

⑤ 齿部强度高、齿面耐磨性好。牙嵌式离合器是利用零件上两个相互啮合的齿爪传递运动和扭矩的,因此,齿部强度一定要高,以承受较大的扭矩。两端面上的齿牙相互嵌入,频繁完成脱离或接合的动作,因此,要求齿面的耐磨性也一定要好。

9.2.2 矩形齿离合器的铣削

矩形齿离合器的齿顶和槽底面相互平行且均垂直于工件轴线,沿圆周展开齿形为矩形,如图 9-13(a)所示。按齿数不同分为奇数齿和偶数齿两种。

1. 奇数矩形齿离合器的铣削

① 刀具的选择。

为了不在铣削中切到相邻的齿,三面刃铣刀的宽度 L(或立铣刀直径 d)应等于或小于齿槽的最小宽度 b,如图 9-15 所示。

$$L \leqslant b = \frac{d_1}{2}\sin\beta = \frac{d_1}{2}\sin\frac{180°}{z} \qquad (9-4)$$

式中:L——三面刃铣刀宽度,mm;

d_1——离合器的孔径,mm;

β——齿槽角(°);

z——离合器齿数。

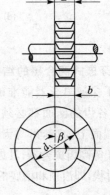

图 9-15 三面刃铣刀宽度计算

按式(9-4)计算出来的 L 值可能不是整数或不符合铣刀的尺寸规格,应就近选择略小于计算值的标准规格铣刀。

② 工件的装夹。

在加工前应先安装和调整分度头。在卧式铣床上加工,分度头主轴应垂直放置;而在立式铣床上加工,分度头主轴应水平放置。然后将工件装夹在分度头的三爪自定心卡盘上,并校正工件的径向圆跳动和端面圆跳动至符合要求,使其不超过允许误差范围。

③ 调整切削位置。

铣削时,三面刃铣刀的侧面刀刃或立铣刀的圆周刀刃应通过工件中心。调整的方法是使旋转的三面刃的侧面刀刃或立铣刀的圆周刀刃与工件的外圆柱表面刚刚接触上,然后下降工作台退出工件,再使工件向着铣刀横向移动工件半径的距离,切削位置调整(或对刀)结束。铣刀对中后,按齿槽深调整工作台的垂直距离,并将工作台横向进给和升降台垂直进给紧固,同时将对刀时工件上被切伤的部分转到齿槽位置,以便铣削时切去。

④ 铣削方法。

图 9-16 所示为用三面刃铣刀铣削奇数矩形齿离合器。铣削时,铣刀每次进给可以穿过离合器整个端面,一次铣出两个齿的各一个侧面。每次进给结束,退出工件后用分度头分度,

使工件转到新的切削位置,然后继续下一次进给,直至铣削结束,而铣削的总进给次数刚好等于离合器的齿数。

⑤ 获得齿侧间隙的方法。

为了使离合器工作能顺利地嵌合和脱开,矩形齿离合器的齿侧应有一定的间隙。获得齿侧间隙的方法有以下两种。

◆ 偏移中心法。对刀完成后,让三面刃铣刀的侧面刀刃或立铣刀的圆周刀刃向齿侧面方向偏过工件中心 0.2~0.3 mm,如图 9-17(a)所示。依次铣削各齿槽,这样铣后的离合器齿略为减小,嵌合时就会产生间隙。由于铣后齿侧面不通过工件轴线,离合器工件齿侧面贴合差,接触面减小,影响离合器的承载能力,因此,这种方法只用于精度要求不高的离合器的加工。

◆ 偏转角度法。铣刀对中后,依次将全部齿槽铣完,然后使离合器转过一个角度 Δθ(Δθ 或按图样规定要求),再对各齿一侧铣一次,将所有齿的左侧和右侧切去一部分,如图 9-17(b)所示。此时,所有齿侧面都通过轴心线的径向平面,齿侧面贴合较好。但偏转角度法增加了铣削次数,因此,它适用于精度要求较高的离合器的加工。

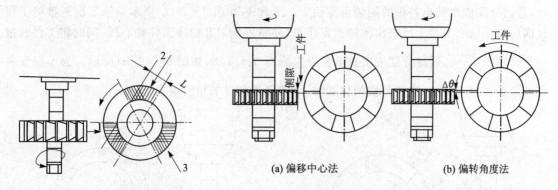

图 9-16 奇数矩形齿离合器的铣削顺序

图 9-17 铣齿侧间隙

2. 偶数矩形齿离合器的铣削

偶数矩形齿离合器铣削的工件装夹、对刀方法和奇数矩形齿离合器相同。但偶数矩形齿离合器铣削时,三面刃铣刀或立铣刀不能穿过离合器整个端面,避免切伤对面的齿,即每次进给只能加工一个齿侧面,进给次数是离合器齿数的 2 倍。为保证加工出的齿侧平面的完整性和槽底是平面,进给时,铣刀柄轴线应超过离合器齿圈的内圆。

① 刀具的选择。

三面刃铣刀宽度 L 的选择与奇数矩形齿离合器相同。但铣偶数矩形齿离合器时,为了铣刀不切伤对面的齿,三面刃铣直径 D(mm)必须满足下式计算,如图 9-18 所示。

$$D \leqslant \frac{T^2 + d_1^2 - 4L^2}{T} \tag{9-5}$$

式中:D——三面刃铣刀允许最大直径,mm;

L——三面刃铣刀宽度,mm;

d_1——离合器的孔径,mm;

T——离合器齿槽深,mm。

如果上述条件无法满足要求时,应改用立铣刀在立式铣床上加工,以免因三面刃铣刀直径

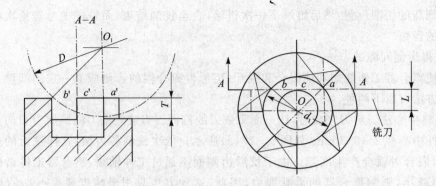

图 9-18 三面刃铣刀直径的计算

偏大而铣伤与齿槽相对的一个齿。立铣刀直径按三面刃铣刀宽度的选择方法选择。

② 铣削方法。

偶数矩形齿离合器的铣削要经过两次调整切削位置才能铣出准确的齿形。图 9-19 所示为齿数 $z=4$ 的矩形齿离合器的铣削顺序。第一次调整使三面刃铣刀侧面刀刃Ⅰ对准工件中心,通过分度依次铣出各齿的同侧齿侧面 1、2、3 和 4,如图 9-19(a)所示。第二次调整将工作台横向移动一个工件上已铣出槽的槽宽距离,使铣刀侧刃Ⅱ对准工件轴心线,同时将工件转过一个齿槽角 $\dfrac{180°}{z}$,通过分度依次铣出各齿左侧面 5、6、7、8,如图 9-19(b)所示。为了保证一定的齿侧间隙,在第二次调整切削位置时,可将工件转过的角度增大 2°～4°。

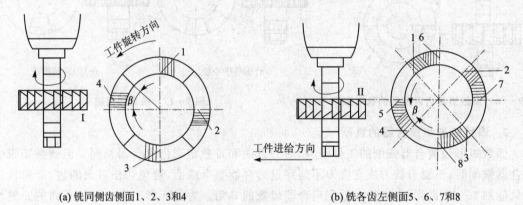

(a) 铣同侧齿侧面 1、2、3 和 4　　　　　　(b) 铣各齿左侧面 5、6、7 和 8

图 9-19 偶数离合器的铣削

1、2、3、4—同侧齿侧面;5、6、7、8—各齿左侧面

3. 两种矩形齿离合器的工艺比较

奇数矩形齿离合器铣削时,铣刀进给次数少;用三面刃铣刀铣削时,铣刀直径不受离合器尺寸大小的限制,生产效率高;此外铣削过程中铣床工作台不需偏移,分度头不需偏转,加工简便。偶数矩形齿离合器铣削时,在各齿一侧侧面铣削完成后,必须将工作台横向移动一个距离(三面刃铣刀宽度 L 或立铣刀直径),并须将分度头绕其主轴偏转一个角度后才能铣削各齿的另一侧侧面,铣刀进给次数多。因此奇数矩形齿离合器的工艺性比偶数矩形齿离合器好,应用也更为广泛。

9.2.3 尖齿形离合器的铣削

尖齿形离合器的特点是整个齿形向轴线上一点收缩,见图 9-13(b)。齿槽宽度由外圆向轴心逐渐变窄,所以在铣削时,分度头主轴必须仰起一个 α 角,使槽底处于水平位置,如图 9-20 所示。尖齿的两侧面对称于轴中心平面(指与齿形角平分线重合的那个轴心平面)。沿圆周展开的齿形角 θ 常用的有 60°和 90°两种。

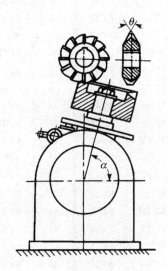

图 9-20 分度头主轴仰角

1. 刀具的选择

铣削尖齿形离合器一般都选用对称双角铣刀,其齿形角在满足切深要求的前提下,铣刀直径尽量选小一些。

2. 对刀

尖齿形离合器的齿形收缩点是否落在轴线上,是齿形能否良好贴合的极为重要的因素。所以,铣削时双角铣刀的刀尖必须通过工件轴线。采用试切法,先将刀尖大致通过试件轴线,在试件端面铣一条细线。将工件转过 180°后再铣一条细线,测量两细线间距离,然后向两线中间横向偏移所测距离的一半,再重新试切,直至两条细线重合,对刀完成。

3. 铣削方法

无论是铣奇数尖齿形离合器还是偶数尖齿形离合器,分度头每分度一次只能铣出一条齿槽。一般采用试切法调整切深,调整切深应在外径处按大端面齿槽深进行,使大端齿顶留有 0.2~0.3 mm 宽的平面,以保证嵌合时齿形的工作面相接触,避免齿顶与槽底接触。

4. 分度头主轴仰角的计算

铣削尖齿形离合器时,分度头主轴仰角 α 的计算公式为:

$$\cos\alpha = \tan\frac{90°}{z}\cot\frac{\theta}{2} \qquad (9-6)$$

式中:α——分度头仰角(°);

z——离合器齿数;

θ——双角铣刀的齿形角(°)。

α 值也可直接查表 9-2 确定。

表 9-2　铣尖齿形齿与梯形收缩齿离合器分度头仰角 α

齿数 z	齿形角 θ				齿数 z	齿形角 α			
	40°	45°	60°	90°′		40°	45°	60°	90°′
5	26°47′	38°20′	55°45′	71°02′	33	82°29′	83°24′	85°16′	87°16′
6	42°36′	49°42′	62°21′	74°27′	34	82°42′	83°35′	85°24′	87°21′
7	51°10′	56°34′	66°43′	76°48′	35	82°55′	83°47′	85°32′	87°26′
8	56°52′	61°18′	69°51′	78°32′	36	83°07′	83°57′	85°40′	87°30′
9	61°01′	64°48′	72°13′	79°51′	37	83°18′	84°07′	85°47′	87°34′
10	64°12′	67°31′	74°05′	80°53′	38	83°29′	84°16′	85°54′	87°38′
11	66°44′	69°41′	75°35′	81°44′	39	83°39′	84°25′	86°00′	87°41′
12	68°48′	71°28′	76°49′	82°26′	40	83°48′	84°33′	86°06′	87°45′
13	70°31′	72°57′	77°52′	83°02′	41	83°57′	84°41′	86°12′	87°48′
14	71°58′	74°13′	78°45′	83°32′	42	84°06′	84°49′	86°17′	87°51′
15	73°13′	75°18′	79°31′	83°58′	43	83°14′	84°56′	86°22′	87°54′
16	74°18′	76°15′	80°11′	84°21′	44	84°22′	85°03′	86°27′	87°57′
17	75°15′	77°04′	80°46′	84°41′	45	84°30′	85°10′	86°32′	88°00′
18	76°05′	77°48′	81°17′	84°59′	46	84°37′	85°16′	86°36″	88°03′
19	76°50′	78°28′	81°45′	85°15′	47	84°44′	85°22′	86°41′	88°05′
20	77°31′	79°03′	82°10′	85°29′	48	84°50′	85°28′	85°45′	88°07′
21	78°07′	79°35′	82°33′	85°42′	49	84°57′	85°34′	85°49′	88°10′
22	78°40′	80°03′	82°53′	85°54′	50	85°03′	85°39′	85°53′	88°12′
23	79°10′	80°30′	83°12′	86°05′	51	85°09′	85°44′	85°56′	88°14′
24	79°38′	80°54′	83°29′	86°15′	52	85°14′	85°49′	87°00′	88°16′
25	80°03′	81°16′	83°45′	86°24′	53	85°20′	85°54′	87°03′	88°18′
26	80°26′	81°36′	83°59′	86°32′	54	85°25′	85°59′	87°07′	88°20′
27	80°48′	81°55′	84°13′	86°40′	55	85°30′	86°03′	87°10′	88°22′
28	81°07′	82°12′	84°25′	86°47′	56	85°35′	86°07′	87°13′	88°24′
29	81°26′	82°29′	84°37′	86°54′	57	85°39′	86°11″	87°16′	88°25′
30	81°43′	82°44′	84°48′	87°00′	58	85°44′	86°15″	87°19′	88°27′
31	81°59′	82°58′	84°58′	87°06′	59	85°48′	86°19″	87°21′	88°28′
32	82°15′	83°11′	85°07′	87°11′	60	85°52′	86°23″	87°24′	88°30′

由仰角计算公式可知,当离合器的齿数确定以后,分度头主轴的仰角取决于齿形角。如果实际齿形角与计算分度头主轴仰角时用的齿形角有偏差,则应实测双角铣刀的齿形角 θ,然后代入式(9-6)计算分度头主轴仰角 α。

【例 9-1】 铣削齿数 $z=80$、廓形角 $\theta=60°$ 的尖齿形离合器,试确定分度头主轴仰角。

解：选用对称双角铣刀的齿形角 $\theta=60°$,代入式(9-6)可得：

$$\cos\alpha = \tan\frac{90°}{z}\cot\frac{\theta}{2} = \tan\frac{90°}{80}\cot\frac{60°}{2} = 0.0196 \times 1.732 = 0.0339$$

则　　　　$\alpha=88°3′$

所以,分度头主轴仰角 $\alpha=88°3′$。

9.2.4 锯齿形离合器的铣削

锯齿形离合器与尖齿形离合器都具有收缩齿的齿形特征,见图 9-13(c)。锯齿形相当于半只等腰三角形齿,其齿形角 θ 有 60°、70°、80° 和 85° 等几种。铣削方法和步骤与尖齿形离合器基本相同,只是使用的铣刀和分度头主轴仰角 α 的计算略有不同。

1. 刀具的选择

铣削锯齿形离合器一般采用单角铣刀,其齿形角与离合器的齿形角相等。

2. 对刀

对刀时应使单角铣刀的端面刃准确地通过工件轴心线。可采用试切法和侧面对刀法进行对刀,如图 9-21 所示。

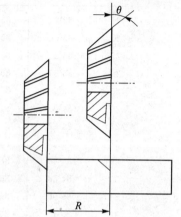

图 9-21 铣锯齿形离合器的侧面对刀法

3. 分度头主轴仰角的计算

分度头主轴仰角 α 的计算公式为:

$$\cos\alpha = \tan\frac{180°}{z}\cot\theta \tag{9-7}$$

式中:α——分度头仰角(°);

z——离合器齿数;

θ——单角铣刀的齿形角(°)。

α 值也可直接查表 9-3 确定。

表 9-3 铣削锯齿形离合器分度头仰角 α

齿数 z	齿形角 θ					
	50°	60°	70°	75°	80°	85°
5	56°26′	65°12′	74°40′	78°46′	82°38′	86°21′
6	61°01′	70°32′	77°52′	81°06′	84°09′	87°06′
7	66°10′	73°51′	79°54′	82°35′	85°08′	87°35′
8	69°40′	76°10′	81°20′	83°38′	85°49′	87°55′
9	72°13′	77°52′	82°23′	84°24′	86°19′	88°11′
10	74°11′	79°11′	83°12′	85°00′	86°43′	88°22′
11	75°44′	80°14′	83°52′	85°29′	87°02′	88°32′
12	77°00′	81°06′	84°24′	85°53′	87°18′	88°39′
13	78°04′	81°49′	84°51′	86°13′	87°31′	88°46′
14	78°58′	82°26′	85°14′	86°30′	87°42′	88°51′
15	79°44′	82°57′	85°34′	86°44′	87°51′	88°56′
16	80°24′	83°24′	85°51′	86°57′	87°59′	89°00′
17	80°59′	83°48′	86°06′	87°08′	88°07′	89°04′
18	81°29′	84°09′	86°19′	87°18′	88°13′	89°07′
19	81°57′	84°28′	86°31′	87°26′	88°19′	89°10′
20	82°22′	84°45′	86°42′	87°34′	88°24′	89°12′

续表 9-3

齿数 z	齿形角 θ					
	50°	60°	70°	75°	80°	85°
21	82°44′	85°00′	86°51′	87°41′	88°29′	89°15′
22	83°04′	85°14′	87°00′	87°48′	88°33′	89°17′
23	83°23′	85°27′	87°08′	87°53′	88°37′	89°19′
24	83°39′	85°38′	87°15′	87°59′	88°40′	89°20′
25	83°55′	85°49′	87°22′	88°04′	88°43′	89°22′
26	84°09′	85°59′	87°28′	88°08′	88°46′	89°23′
27	84°22′	86°08′	87°34′	88°12′	88°49′	89°25′
28	84°34′	86°16′	87°39′	88°16′	88°52′	89°26′
29	84°46′	86°24′	87°44′	88°20′	88°54′	89°27′
30	84°56′	86°31′	87°48′	88°23′	88°56′	89°28′
31	85°06′	86°38′	87°53′	88°26′	88°58′	89°29′
32	85°16′	86°44′	87°57′	88°29′	89°00′	89°30′
33	85°24′	86°50′	88°00′	88°32′	89°02′	89°31′
34	85°32′	86°56′	88°04′	88°35′	89°04′	89°32′
35	85°40′	87°01′	88°07′	88°37′	89°05′	89°33′

9.2.5 梯形齿离合器的铣削

梯形齿离合器可分为梯形收缩齿离合器和梯形等高齿离合器两种,见图 9-13(d)和图 9-13(e),其铣削方法是完全不同的。

梯形收缩齿离合器的齿形,实质上是将尖齿形离合器的齿顶和槽底分别用平行于齿顶线和槽底线的平面截去一部分,截后的齿顶及槽底在齿长方向上是等宽的,并且它们的中心通过轴心线。因此,其铣削方法和步骤及分度头主轴仰角计算与尖齿形离合器相同,只是铣刀的选用和对刀不同。

1. 梯形收缩齿离合器的铣削

梯形收缩齿离合器的齿形,实质上是将尖齿形离合器的齿顶和槽底分别用平行于齿顶线和槽底线的平面截去一部分,截后的齿顶及槽底在齿长方向上是等宽的,并且它们的中心通过轴心线。因此,其铣削方法和步骤及分度头主轴仰角计算与尖齿形离合器相同,只是铣刀的选用和对刀不同。

① 刀具的选择。

梯形收缩齿离合器采用梯形槽成形铣刀加工。梯形槽成形铣刀的齿形角 θ 等于离合器的廓形角 ε,铣刀的齿顶宽度 B 等于离合器的槽底宽度 b,铣刀齿形的有效工作高度 H 大于离合器外圆处齿槽深度 T,其外形如图 9-22 所示。

② 对刀。

当加工齿数较多的梯形收缩齿离合器时,可采用试切法对刀,以保证梯形槽成形铣刀廓形的对称线对准工件轴线。当加工齿数较少而齿距较大的梯形收缩齿离合器时,试切法对刀较困难,这时应采用如图 9-23 所示的方法对刀。使分度头主轴处于垂直位置,目测使铣刀廓形对称线大致对准工件中心线,并按齿高的 1/2 左右在工件径向试切一刀,同时记下升降台手轮刻度盘读数。然后降下升降台退出工件，将工件转过180°，再慢慢升高升降台，同时观察铣刀两侧刀刃与齿槽两侧的接触情况。如铣刀只有一侧和齿槽接触，则说明对刀不准。此时，可根据升降台手轮刻度盘读数的差值，确定铣刀齿顶离槽底的距离 x，再按式(9-8)计算出工件（或工作台）偏离铣刀廓形对称线的距离 e，并按值调整 e 对中。计算公式如下：

$$e = \frac{x}{2}\tan\frac{\theta}{2} \tag{9-8}$$

式中：e——为工件横向偏移量(mm)；

x——升降台两次读数差值(mm)；

θ——单角铣刀的齿形角(°)；

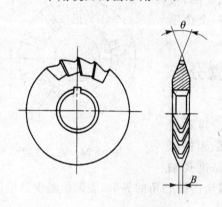

图 9-22 梯形槽成形铣刀

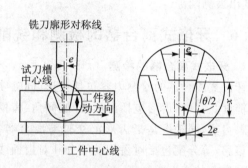

图 9-23 铣削梯形收缩齿离合器的对刀方法

③ 铣削要点

对刀结束后，将分度头主轴按起度角 α 扳转。铣削各种梯形收缩齿离合器时，由于分度头主轴是倾斜的，因此无论齿廓形状对称与否，无论齿数为奇数还是偶数，每次都只能铣削加工一个齿。

2. 梯形等高齿离合器的铣削

梯形等高齿离合器的齿形特点是齿顶面与槽底面平行，并垂直于离合器轴线。其齿侧高度不变，而齿侧的中心线必须汇交于离合器的轴线。

① 刀具的选择

当生产批量较大时，铣削梯形等高齿离合器可采用专用成形铣刀，也可将三面刃铣刀改磨而成。其刀具应满足铣刀的齿形角 θ 等于离合器的廓形角 ε；铣刀的齿形角有效工作高度 H 应大于离合器齿高 T；铣刀齿顶宽度 B 应小于齿槽的最小宽度，以免在铣削时碰伤齿槽的另一侧。

② 对刀

铣削梯形等高齿离合器可采用铣削梯形收缩齿离合器的方法完成对刀。先用划线对中心法使铣刀廓形对称线通过工件中心，然后移动横向工作台一个距离 e，使铣刀侧刃上的 k 点通过工件中心，如图 9-24 所示。但最后工作台移动的距离 e 值的计算方法不同，其计算公式为：

$$e = \frac{B}{2} + \frac{T}{2}\tan\frac{\theta}{2} \tag{9-9}$$

式中：e——工作台移动距离(mm)；
　　　B——铣刀齿顶宽度(mm)；
　　　T——离合器齿高(mm)；
　　　θ——单角铣刀的齿形角(°)。

③ 铣削要点

梯形等高齿离合器一般设计成奇数齿，其铣削方法和奇数矩形齿离合器相同。铣削时，分度头主轴垂直于工作台台面($\alpha=90°$)，铣刀穿过离合器整个端面，一次进给铣出不同侧的两个齿侧面。齿侧有嵌合间隙要求时，在齿槽铣削完后，可参照铣矩形齿离合器齿侧间隙的方法，将工件偏转一个角度后，铣出齿侧间隙。

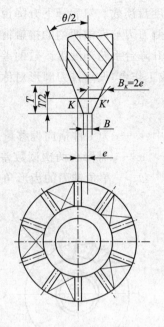

图 9-24　铣刀位置

9.2.6　牙嵌式离合器的检测和铣削质量分析

1. 牙嵌式离合器的检测

牙嵌式离合器的检测内容包括齿形、同轴度、等分度和表面粗糙度。其中，齿形包括齿形角、底倾角、齿槽底面、齿槽深及接触齿数，同轴度是指齿形汇交轴与离合器装配基准孔轴线的偏移，等分度包括对齿侧的等分和对齿面或齿槽所占圆心角的等分，表面粗糙度是指齿侧面和槽底面的表面粗糙度。

① 齿槽深度 T 的检测

对齿顶面与槽底面平行的等高齿离合器，可直接用深度游标卡尺等深度量具测量。对齿顶面与槽底面不平行的收缩齿离合，可用钢直尺平放在外圆处的齿顶面上，然后用游标卡尺的两内量爪测量槽底到钢直尺的距离（即外圆处的齿槽深度）。

② 齿形角的检测

用角度量具直接测量齿形角的数值或用角度样板透光检验齿形是否准确。

③ 齿形同轴度的检测

对直齿侧的离合器，可将离合器的装配基准孔套在水平的标准圆棒上，用杠杆百分表逐次校平各齿侧面，并记下每次百分表的读数，与基准孔中心位置比较。对斜齿侧面的离合器，则用杠杆百分表逐次找平齿侧面中线，并记下每次百分表的读数，与基准孔中心位置比较。

④ 离合器接触齿数和贴合面检测

将一对离合器同时以装配基准孔相对套在标准圆棒上，接合后用塞尺或涂色法检查其接触齿数和贴合面积。一般接触齿数不应小于整个齿数的一半，贴合面积不应少于 60%。这种检测方法效率高，但当出现不合格品时，还需要用上述方法逐项检测找出原因。

2. 牙嵌式离合器的质量分析

牙嵌式离合器的铣削，实质上是对位置精度要求较高的特形沟槽的铣削。在铣削过程中如果调整不当，铣出的离合器齿形将不能相互嵌合，或接触齿数不够，贴合面积太少等。牙嵌式离合器铣削中常见的质量问题、产生原因及防止措施见表 9-4。

表 9-4　牙嵌式离合器的质量分析

质量问题	产生原因	防止措施
矩形齿、梯形等高齿槽底面未接平,有较明显的凸台	1. 分度头主轴与工作台台面不垂直 2. 三面刃铣刀圆柱面齿刃口或立铣刀端刃缺陷 3. 升降工作台走动,铣刀杆松动 4. 立铣头主轴轴心线与工作台台面不垂直	1. 精确调整分度头主轴位置 2. 刃磨或更换刀具 3. 固紧工作台、铣刀杆 4. 精确调整立铣头主轴位置
齿侧工作面表面粗糙度值大	1. 铣刀不锋利,刀具跳动太大 2. 传动系统间隙过大 3. 工件装夹不稳固 4. 进给量太大 5. 切削液浇注不充分	1. 更换铣刀 2. 调整传动系统,使间隙合理 3. 重新装夹 4. 合理选择进给量 5. 充分润滑与冷却
各齿在外圆处的弦长不等	1. 工件装夹时不同轴 2. 分度不均匀 3. 分度装置精度太低	1. 精确校正工件装夹位置,使基准孔轴线与分度头主轴同轴 2. 准确分度 3. 更换分度装置
一对离合器嵌合时,接触齿数太少或无法嵌合	1. 分度错误 2. 工件装夹不同轴 3. 对刀不准 4. 齿槽(中心)角铣得较小	1. 准确分度 2. 准确找正、装夹工件 3. 准确对刀 4. 增大齿槽角,保证嵌合间隙
一对离合器嵌合时,贴合面积太少	1. 工件装夹不同轴 2. 对刀不准 3. 铣直齿面齿形时,分度头主轴与工作台面不垂直或平平行 4. 铣斜齿面齿形时,刀具廓形角不符,工分度头仰角计算、调整错误	1. 准确找正、装夹工件 2. 准确对刀 3. 精确调整分度头主轴位置 4. 更换刀具,正确计算和调整分度头仰角
一对尖齿形齿或锯齿形齿离合器嵌合时齿侧不贴合	1. 铣得太深,齿顶过尖,齿顶抵在槽底使齿侧不能贴合 2. 分度头仰角计算工调整错误	1. 准确调整切深 2. 正确计算和调整

9.2.7　牙嵌式离合器铣削技能训练

铣削如图 9-25 所示偶数矩形齿离合器。

① 零件分析

由图可知齿数 $z=6$,齿槽深度$=8$ mm,齿等分性允差为$\pm 10'$,齿槽中心角公差为$1°$,齿侧表面粗糙 $Ra3.2\ \mu m$。材料 45 钢,调质处理,硬度为 $220\sim 250\ HB$。坯件已加工完成。该离合器用三面刃铣刀在卧式铣床上铣削,由于是偶数矩形齿离合器,铣削时铣刀不能通过整个端面,而且还应防止铣伤对面的齿。

② 铣刀选择

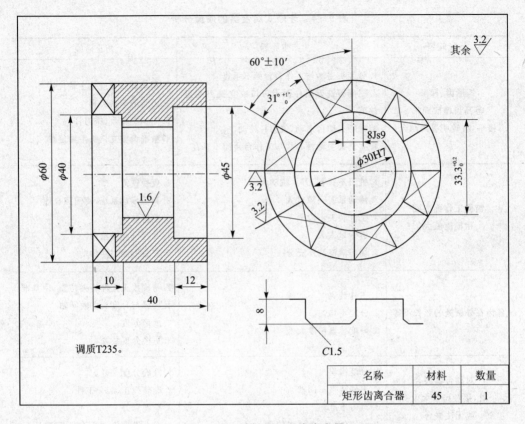

图 9-25 铣偶数矩形齿离合器

按式 9-1 和 9-2 计算并确定铣刀。

$$L \leqslant b = \frac{d_1}{2}\sin\frac{180°}{z} = \frac{40}{2}\sin\frac{180°}{6} = 10 \text{ mm}$$

$$D \leqslant \frac{T^2 + d_1^2 - 4L^2}{T} = \frac{8^2 + 40^2 - 4 \times 10^2}{8} = 158 \text{ mm}$$

确定选用 $\phi 80 \times 10 \times 27$ mm 的错齿三面刃铣刀。

③ 工件的装夹与校正

利用三爪自定心卡盘将工件装夹在分度头上,校正工件使定位孔 $\phi 30H7$ 与分度头主轴同轴。

④ 对刀 使铣刀侧面刀刃的回转平面通过工件轴线,采用侧面对刀法,使铣刀侧面刀刃擦到工件外圆 $\phi 60$ 后,工件向铣刀方向横向移动 30 mm。

⑤ 铣削用量选择 $a_p = L10$ mm, $a_e = T = 8$ mm, $v_f = 47.5$ mm/min, $n = 95$ r/min。

⑥ 铣削齿的一侧。

调整切深后,分度依次铣削各齿的同侧侧面,分度头调整手柄转数 $n = \frac{40}{z} = \frac{40}{6} = 6\frac{36}{54}$ r。铣削时,注意不能损伤对面的齿。

⑦ 铣削齿的另一侧 在铣齿的另一侧前,应进行调整,使分度头转一个齿槽中心角 $\beta = 30°$,分度手柄应转 $n' = \frac{\beta}{9°} = \frac{31}{9} = 3\frac{24}{54}$ r;工作台横向移动距离 $S = L = 10$ mm,使三面刃铣刀

另一侧刀刃回转平面通过工件轴线。然后,依次铣削各齿的另一侧面。

⑧ 铣齿端倒角　用45°单角铣刀加工1.5×45°倒角,铣削方法同铣齿侧面。在铣守齿的一侧面倒角后,工件(分度头)应转过一个齿槽中心角($\beta=31°$),并将单角铣刀翻转180°后,依次铣另一侧的倒角。

思考与练习

1. 什么是花键连接？花键连接与平键连接等单键连接相比有什么优点？
2. 矩形花键连接的定心方式有哪几种？哪一种定心精度最高？
3. 用单刀铣削矩形齿外花键,对刀方法有哪几种？如何对刀？
4. 外花键铣削完毕后,需检查哪些内容？
5. 简述外花键铣削中易产生的技师问题及产生的原因。
6. 什么是牙嵌式离合器？它如何传递运动和转矩？按齿形不同,可分成哪几种？
7. 牙嵌式离合器共同的结构特征是什么？主要技术要求有哪些？
8. 铣削矩形齿离合器的三面刃铣刀的宽度或立铣刀的直径应如何确定？
9. 铣削奇数矩形齿离合器与铣削偶数齿离合器的方法有何不同？
10. 要铣削一个尖齿形离合器,齿数为10,齿形角为60°。试计算分度头应扳转的角度。造成铣出的牙嵌式离合器在外圆处弦长不等的原因是什么？

课题十　铣削螺旋槽与凸轮

> **教学要求**
> 1. 掌握一级保养的操作步骤及安全操作知识。
> 2. 熟悉铣床几何精度对零件加工精度的影响。
> 3. 掌握常用铣床几何精度主要项目的检验方法。
> 4. 掌握常用铣床主要机构的调整方法。
> 5. 熟悉铣床一般故障的分析与排除。

10.1　螺旋槽的铣削

技能目标
◆ 了解在铣床上铣螺旋槽的一般知识。
◆ 能进行配换齿轮的计算和安装。
◆ 正确选择和安装铣刀。
◆ 分析铣削中易出现的质量问题。

机械传动的零部件中,有许多工作表面是由螺旋线形成的。动点做匀速圆周运动的同时,沿某一方向做匀速直线运动,其轨迹就是螺旋线。按直线运动方向与圆周运动所在平面的相对位置不同,螺旋线有 3 种类型,常见的螺旋线可分为圆柱螺旋线、圆锥螺旋线和平面螺旋线,本章将介绍圆柱螺旋线的铣削方法。

10.1.1　圆柱螺旋线的形成及铣削工艺特征

1. 螺旋线的基本概念

圆柱螺旋线:动点直线运动的方向垂直于圆周运动平面。具有圆柱螺旋线运动轨迹的螺旋槽零件常见的有斜齿圆柱齿轮、等速圆柱凸轮、圆柱螺旋齿刀具及蜗杆等。

圆锥螺旋线:动点直线运动的方向与圆周运动轴线相交于一点。具有圆锥螺旋线运动轨迹的螺旋槽零件有斜齿锥齿轮、锥形螺旋齿刀具等。

平面螺旋线:动点直线运动的方向为圆周运动的径向方向。具有平面螺旋线运动轨迹的螺旋槽零件常见的有等速盘形凸轮、三爪自定心卡盘中带平面螺旋槽的大锥齿轮等。

2. 螺旋线的形成和要素

如图 10-1(a)所示,直径 D 的圆柱绕自身轴线匀速转动一圈,铅笔沿一条素线由 A 点匀速移动到 B 点,铅笔在圆柱表面划出的空间曲线即为圆柱螺旋线。用一直角三角形纸片,两直角连长 $AC = \pi D$、$BC = P_h$,在直径为 D 的圆柱体绕一周,则斜边 AB 在圆柱面上形成的曲线与铅笔所划轨迹重合,可知圆柱螺旋线的平面展开图形是条与圆周展开线成交角 λ 的倾斜直线,见图 10-1(b)。

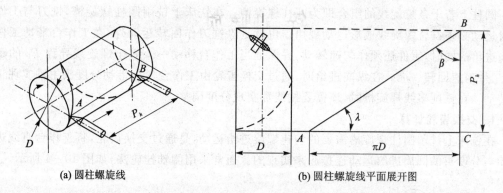

(a) 圆柱螺旋线

(b) 圆柱螺旋线平面展开图

图 10-1 圆柱螺旋线的形成

3. 螺旋线要素

螺旋角 β:圆柱螺旋线的切线与通过切点的圆柱面直素线之间所夹的锐角,单位(°)。

导程角 λ:圆柱螺旋线的切线与圆柱端平面之间所夹的锐角,单位(°)。

导程 P_h:圆柱面上的一条螺旋线与该圆柱面的一条直线的两个相邻交点之间的距离,单位 mm。

螺距 P:圆柱面上相邻两条螺纹线与该圆柱面的一条直素线的两个相邻交点之间的距离,单位 mm。

线数 n:螺旋线的条数(头数)。

旋向:分左、右旋。

要素之间的关系如下:

$$P_h = \frac{\pi D}{\tan\beta} = \pi D \cot\beta \tag{10-1}$$

$$\lambda = 90° - \beta \tag{10-2}$$

$$P_h = nP \tag{10-3}$$

圆柱体上的螺旋线有两条或两条以上,称为多头螺旋线。图 10-2 所示为双头螺旋线的展开图。螺旋线有左旋和右旋之分。将工件轴线垂直水平面,看螺旋线走向,若由左下方向右上方升起则为右旋,若由右下方向左上方升起则为左旋,见图 10-3。

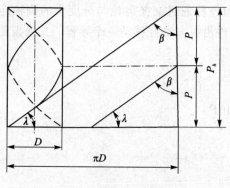

图 10-2 双头螺旋线展开图

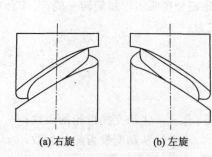

(a) 右旋   (b) 左旋

图 10-3 螺旋线的旋向

10.1.2 螺旋槽的铣削方法

圆柱上若干条螺旋线的组合即为圆柱螺旋槽。在铣床上铣削圆柱螺旋槽,铣刀与工件的相对运动必须符合螺旋线成形运动规律。也就是除铣刀作回转运动外,在工作台带动工件作纵向进给的同时,工件还须作匀速转动,并保证当工作台移动一个等于螺旋线导程 P_h 的距离时,工件匀速回转一周。在纵向进给时,通过交换齿轮由工作台丝杆带动分度头主轴实现工件的转动。在铣削多线螺旋槽时,还需要按线数实现分度调整。

1. 交换齿轮计算

在铣床上铣削圆柱螺旋槽需要的匀速螺旋进给运动,是通过交换齿轮,将工作台直线进给运动与分度头的圆周进给运动连接起来实现的。通常采用侧轴挂轮法,如图 10-4 所示。

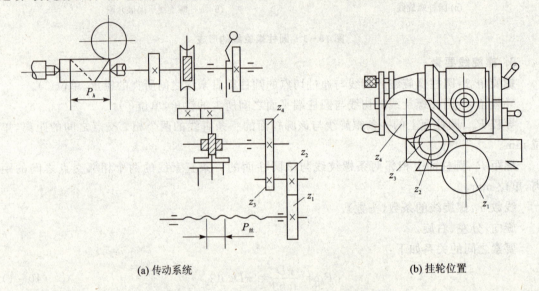

(a) 传动系统   (b) 挂轮位置

图 10-4 铣螺旋槽时交换齿轮的配置

由于交换齿轮能使分度头按一定的速比带动工件做匀速的螺旋运动,而切入工件的铣刀刀刃上各点,就相当于工件圆柱上的动点,这样通过几种运动合成的实现,在工件的圆柱面上就可以形成一条截形与铣刀廓形相似的螺旋槽。通过分度头的圆周分度,还可以加工多线的螺旋槽。因此,最重要的是如何正确地安装交换齿轮。

在铣床上铣螺旋槽,必须将铣床工作台的纵向丝杠通过交换齿轮与分度头的侧轴连接起来,以保证分度头主轴每旋转一周,工作台带动工件沿纵向恰好移动一个导程。交换齿轮的计算公式为:

$$\frac{P_h}{P_{丝}} = \frac{z_2 z_4}{z_1 z_3} \times \frac{1}{1} \times \frac{1}{1} \times 40$$

$$\frac{z_1}{z_2} \cdot \frac{z_3}{z_4} = \frac{40 P_{丝}}{P_h}$$

(10-4)

式中:z_1、z_3 ——主动交换齿轮的齿数;

z_2、z_4 ——从动交换齿轮的齿数;

40——分度头定数;

P_h ——工件螺旋槽导程,mm;

$P_{丝}$——铣床工作台纵向传动丝杆螺距,mm。

X6132 卧式铣床以及大多数国产铣床的纵向传动丝杆螺距为 6 mm,故式(10-4)可简化为:

$$\frac{z_1}{z_2}\frac{z_3}{z_4} = \frac{240}{P_h} \tag{10-5}$$

在实际工作中,为方便起见,可根据计算所得的工件导程 P_h 或 $\frac{z_1}{z_2}\frac{z_3}{z_4}$ 比值从有关手册中的速比、导程挂轮表中直接查得交换齿轮的齿数。

> 注意事项

安装交换齿轮时的注意事项如下。
- 主动轮与从动轮位置不可颠倒,但有时为了便于搭配,两主动轮的位置可以互换,同样,两从动轮的位置也可以互换。
- 交换齿轮之间应保持一定的啮合间隙,切勿过紧或过松。
- 工件螺旋槽有左、右旋之分,所以安装交换齿轮时要注意工件的回转方向,若转向不对,可增加或减少中间齿轮来纠正。
- 交换齿轮安装后,应检查交换齿轮的计算与搭配是否正确,检查方法可采用摇动纵向进给手轮,使工件回转一周,检查工作台是否移动了一个导程。

2. 铣刀的选择

因具有螺旋槽的工件的用途不同,螺旋槽的截面形状也就多种多样。如圆柱螺旋槽刀具齿槽的截面呈三角形或曲线形,等速圆柱凸轮的螺旋槽的法向截面形状为矩形,阿基米德蜗杆的轴向截面形状是梯形等。因此加工螺旋槽所用铣刀的廓形一般与螺旋槽的法向截面形状相符。正确选择铣刀是保证螺旋槽截面形状的关键。

常用的铣刀主要是立铣刀和三面刃铣刀。由于不同直径圆柱表面上的螺旋角不相等(直径大,螺旋角大;直径小,螺旋角小),造成加工中存在着干涉现象,引起螺旋槽侧面被过切而出现畸形。为减轻槽面的干涉程度,在加工法向截面形状为矩形的螺旋槽时,只能用较小直径的立铣刀进行精加工铣削;盘形铣刀只能用于粗加工。在加工其他截面形状的螺旋槽时,应尽可能选择直径较小的盘形铣刀。

3. 铣削位置的调整

铣刀采用画线与试切相结合的对中心的方法,即在调整工作台横向位置时,目测使铣刀切痕在画出的两条对称于中心的平行直线间居中即可,使工件的轴线与铣刀的廓形中心线重合,然后紧固工作台横向进给才能对工件进行铣削。

若采用盘形铣刀在卧式铣床上铣削螺旋槽,为使加工后的螺旋槽其法向截面形状尽可能地接近铣刀的廓形,必须将铣床工作台在水平面内扳转一个角度,使盘形铣刀的回转平面与螺旋线的切向一致。扳转的角度 β 大小等于螺旋角,扳转的方向是:操作者站立在铣床正面前,松开回转台紧固螺母。铣右旋螺旋槽时,逆时针方向(向右)偏转工作台 β 角;铣左旋螺旋槽时,顺时针方向(向左)偏转工作台 β 角,即"左旋左推,右旋右推",如图 10-5 所示。工作台的偏转通常在铣刀对中以后进行,而采用立铣刀则不需做任何调整。

4. 铣削矩形截面螺旋槽时的干涉现象

在铣床上铣削螺旋槽时,当工件回转一周时,铣刀相对于工件在轴线方向移动的距离等于

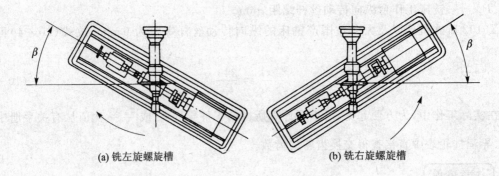

(a) 铣左旋螺旋槽　　　　　　(b) 铣右旋螺旋槽

图 10-5　工作台偏转方向及大小

导程。在一条螺旋槽上,不论是槽口还是槽底的螺旋线,其导程是相等的。

由螺旋角 β 的计算公式 $\tan\beta = \dfrac{\pi D}{P_h}$ 可知,在导程 P_h 不变时,直径 D 越大,螺旋角 β 越大;D 减小则 β 也减小。因此,在一条螺旋槽上,自槽口到槽底,不同直径处的螺旋角是不相等的。由于螺旋角 β 大小不同,在同一截面上切线的方向也不同,在切削过程中会出现不应切去的部分被切去,使槽的截面形状发生偏差的干涉现象。图 10-6 所示圆柱直角螺旋槽,其法向截面形状是一个矩形,当用立铣刀铣削时,只有外圆柱面(槽口)上的螺旋线与立铣刀外圆在法向截面 $n-n$ 上相切,而内圆柱面(槽底)上的螺旋线,由于其螺旋角比槽口处螺旋角小而不可能与立铣刀外圆在法向截面中相切,因此铣刀必然将外圆柱面以内的螺旋面多切去一些,使螺旋槽法向截面形状变成内凹。

> 注意事项

铣削螺旋槽时的注意事项如下。

- 铣削螺旋槽时,由于分度头主轴随工作台移动而转动,因此需松开分度头主轴紧固手柄,松开分度孔盘紧固螺钉,并按分度手柄的插销插入分度孔盘孔中,切削时不得拔出,以免铣坏螺旋槽。
- 在圆柱体上铣直角螺旋槽时,应尽量采用比槽宽较小的直径立铣刀,不能采用三面刃盘铣刀,因盘铣刀两端面侧刃转动的轨迹是一个平面,无法与螺旋槽侧面贴合,所以过切、干涉现象严重,如图 10-7 所示。
- 安装配换齿轮使用挂轮轴时,注意螺母不要把过渡套或齿轮紧固,而要紧固在挂轮轴的端面上,以免配换齿轮不能正常运转。
- 由于工件螺旋方向不同,在铣削时,为保证逆铣,在安装配换齿轮时,可在主动和被动齿轮之间安装中间轮。
- 当铣削导程小于 60 mm 螺旋槽时,由于速比>4:1,纵向工作台移动时,会使分度头主轴旋转太快,容易造成铣削时打刀,或造成槽侧不光洁,所以应将工作台机动进给改为手摇分度头手动进刀,这样可使进给量变小,切削平稳,以利铣削。
- 铣削多头螺旋槽时,当铣完一槽后须分度时,分度手柄拨出孔盘后,不能移动工作台,否则会造成圆周等分不均匀,出现废品。
- 一条螺旋槽铣削完后,应落下升降台,然后退刀再进行分度,否则由于分度头和铣床工作台之间传动间隙,会造成把已铣好的螺旋槽再铣坏。

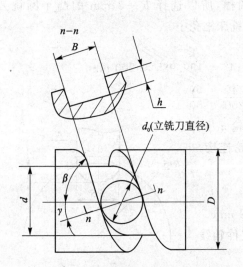

图 10-6 法向截面为矩形的直角螺旋槽

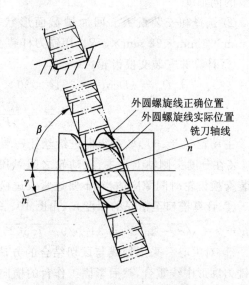

图 10-7 三面刃铣刀过切现象

10.1.3 圆柱螺旋槽铣削技能训练

如图 10-8 所示,在卧式铣床上用分度头装夹加工油槽。

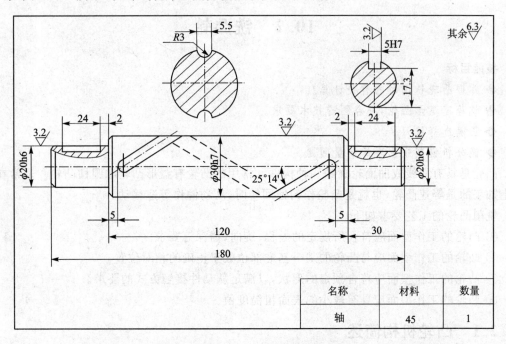

图 10-8 铣油槽

训练步骤如下。

① 工件的安装和校正。首先校正分度头和尾座两顶尖的公共轴线与纵向进给方向一致,

并平行于工作台台面。然后用鸡心夹将工件装夹于两顶尖之间,校正工件外圆与分度头主轴轴线的同轴度。

② 选择和安装铣刀。回油槽截面形状是半圆槽,所以选择 $R=3$ mm 的凸半圆铣刀 63 mm×6 mm×22 mm×3 R。用铣刀杆装在卧式铣床锥孔中。

③ 计算并安装交换齿轮:

$$P_h = \pi D \cot\beta = 3.14 \times 30 \times \cot 25°14' = 199.985 \approx 200 \text{ mm}$$

$$\frac{z_1}{z_2}\frac{z_3}{z_4} = \frac{40 P_{\text{丝}}}{P_h} = \frac{240}{200} = \frac{60}{50}$$

主动轮 $z_1 = 60$,装在纵向进给丝杆一端,从动轮 $z_1 = 50$,装在分度头侧轴上。主、从动轮之间可用中间轮连接。安装交换齿轮时间隙应适当,不要过紧或过松。

④ 计算槽口至槽底的深度 h,由图 10-9 可得:

$$h = r - \sqrt{r^2 - 2.75^2} = 3 - \sqrt{9 - 7.5625} = 1.8 \text{ mm}$$

⑤ 对中心。采用划线与试切结合的方法,使工件轴线与铣刀廓形中线重合,然后紧固工作台的横向进给。

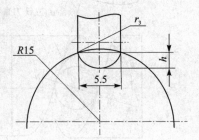

图 10-9 槽深的计算

⑥ 调转工作台。工件螺旋油槽为左旋,根据"左旋左推",顺时针扳转工作台 $25°14'$。

⑦ 铣削油槽。调整切削深度,吃刀后,开车铣第一条油槽,然后落下升降台,退出工件,将分度头主轴转动 $180°$,再铣第二条油槽。

10.2 铣凸轮

技能目标

◆ 掌握凸轮铣削时的有关计算。

◆ 铣等速盘形凸轮,符合图样技术要求。

◆ 正确选择铣刀。

◆ 能分析铣削中出现的质量问题。

凸轮是具有曲线或曲面轮廓的一种构件。常用的凸轮有盘形凸轮和圆柱凸轮。通常在铣床上加工的是等速凸轮,也就是凸轮作匀速回转时,从动件作等速移动。

铣削凸轮的工艺要求如下。

① 凸轮的工作型面应符合所规定的导程、旋向、槽深等要求。

② 凸轮的工作型面应与凸轮的某一基准部位处于正确的相对位置。

③ 凸轮的工作型面应符合预定的形状,以满足从动件接触方式的要求。

④ 凸轮的工作型面应具有较小的表面粗糙度值。

10.2.1 凸轮机构简述

凸轮机构基本上由凸轮、从动件和机架 3 个构件组成。凸轮是凸轮机构中的主要零件,而凸轮的曲线轮廓是其主要的结构要素。凸轮曲线有阿基米德线、抛物线、摆线、圆弧曲线等。常用的凸轮有盘形凸轮和圆柱凸轮两类。前者与从动件的相对运动是平面运动,所以盘形凸轮又称为平面凸轮;后者因与从动件的相对运动是空间运动,因此圆柱凸轮属空间凸轮。

盘形凸轮的曲线轮廓到回转轴线具有不同的半径。盘形凸轮有外轮廓凸轮和槽凸轮两种形式,外轮廓凸轮应用得最普遍,如图 10-10 所示。圆柱凸轮有圆柱槽凸轮和圆柱端面凸轮两种形式,如图 10-11 所示。

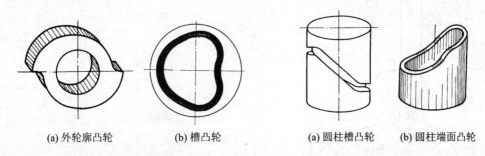

(a) 外轮廓凸轮　　(b) 槽凸轮　　　　　(a) 圆柱槽凸轮　　(b) 圆柱端面凸轮

图 10-10　盘形凸轮　　　　　　　　图 10-11　圆柱凸轮

凸轮机构最普遍采用的运动形式是凸轮做匀速回转运动,从动件做直线往复运动。凸轮曲线轮廓取决于从动件的运动规律。如图 10-12(a)所示的凸轮机构,当盘形凸轮做匀速回转运动时,从动件由图示最低位置 A 起,按照升—停—降—停的过程运动。当凸轮逆时针转过角度 θ_0 时,凸轮的曲线轮廓 AB 段将从动件推动升高,从动件尖端位置由 A 升到 B',这一过程称为升程,AB' 间的距离(即从动件的最大位移)H 称为凸轮工作曲线的升高值(或升程),H 等于凸轮工作曲线最大半径与最小半径之差。当凸轮继续回转时,以 O 为圆心的圆弧工作曲线 BC 段与从动件接触,从动件在最高位置停止不动;继后在工作曲线 CD 段与从动件接触时,从动件按一定运动规律返回(下降)到初始位置,这一过程称为回程;当以 O 为圆心的圆弧工作曲线 DA 段与从动件接触时,从动件将重复升—停—降—停的运动循环。升程时对应的凸轮转角 θ_0 称为升程角。回程时对应的凸轮转角 θ_1 称为回程角。以凸轮工作曲线最小半径 r_0 所作的圆称为凸轮的基圆。从动件的位移量 S 随凸轮转角 θ 变化规律常用从动件位移曲线表示,如图 10-12(b)所示。

10.2.2　等速圆柱凸轮的铣削

等速圆柱凸轮一般在立式铣床上用立铣刀或键槽铣刀加工,其铣削方法与圆柱螺旋槽的铣削基本相同。由于凸轮的螺旋槽有右旋与左旋两部分,螺旋角的大小一般也不同,所以必须分两次铣削,并在第 2 次铣削时,应重新调整交换齿轮(包括更换齿轮齿数和增加或减少中间轮),以改变分度头的旋转方向(纵向工作台进给方向不变)。

1. 等速圆柱凸轮的导程计算

等速圆柱凸轮的导程计算方法与圆柱螺旋槽的导程计算相同。在实际工作中,图样给定的条件各有差异,使具体计算时分为以下几种方式。

① 图样给定螺旋角 β 和圆柱直径 D,计算导程 P_h:

$$P_h = \pi D \cot \beta \tag{10-6}$$

② 图样给定螺旋槽所占的圆周角 θ 及升高量 H,计算导程 P_h:

$$P_h = \frac{360}{\theta} H \tag{10-7}$$

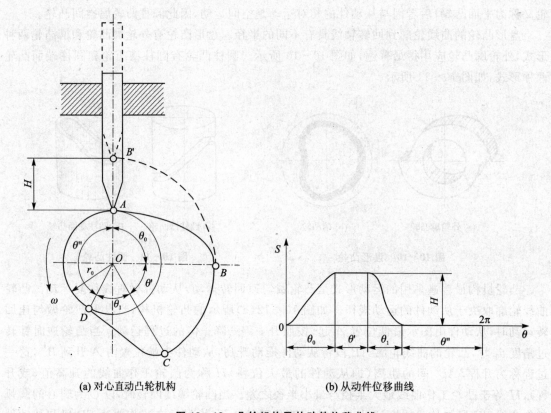

(a) 对心直动凸轮机构　　　　　(b) 从动件位移曲线

图 10-12　凸轮机构及从动件位移曲线

2. 等速圆柱凸轮的铣削

等速圆柱凸轮多采用分度头装夹,配置一组交换齿轮进行加工。通过各种不同的交换齿轮速比来达到不同的导程要求。交换齿轮的配置有以下两种方法。

① 侧轴挂轮法。

如图 10-4 所示,采用侧轴挂轮法铣削等速圆柱凸轮时,其交换齿轮的计算方法与铣削圆柱螺旋槽工件相同。

$$\frac{z_1}{z_2}\frac{z_3}{z_4}=\frac{40P_{丝}}{P_h}$$

② 主轴挂轮法。

由于圆柱凸轮的导程 P_h 一般比较小,当导程 $P_h<16.67$ mm 时,采用侧轴挂轮法会出现无法配置交换齿轮的问题。这时应采用主轴挂轮法来缩小交换齿轮的速比。如图 10-13 所示,主轴挂轮法是将交换齿轮配置在工作台纵向丝杠与分度头主轴后端的挂轮轴之间。由于传动链不再经过分度头的蜗杆蜗轮副,此时交换齿轮按下式进行计算:

$$\frac{z_1}{z_2}\frac{z_3}{z_4}=\frac{P_{丝}}{P_h} \tag{10-8}$$

采用主轴挂轮法加工小导程圆柱凸轮时,只能直接用手摇动分度手柄实现进给,分度头上蜗杆蜗轮未脱开之前,绝不能采用机动进给,否则将会损坏机床的进给传动部分。另外,采用主轴挂轮加工圆柱凸轮时,由于分度头已失去分度的功能,因此当凸轮型面为多线而需要分度时,只能在分度头主轴上加设分度装置来进行分度,或者在分度时将交换齿轮脱下,把分度头

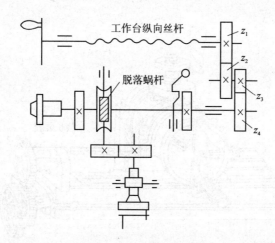

图 10-13 主轴挂轮法齿轮的配置与传动关系

主轴后端的从动交换齿轮 z_4 作为分度依据,因此在确定交换齿轮的齿数时,应使 z_4 为工件线数的整数倍。

10.2.3 等速盘形凸轮的铣削

等速盘形凸轮的工作曲线是平面等速螺旋线,即阿基米德螺线,凸轮周边上的一动点在凸轮转过相等转角时,沿凸轮半径方向上的位移相等。等速盘形凸轮在立式铣床上用立铣刀加工。常用的铣削方法有垂直铣削法和倾斜铣削法两种。

1. 垂直铣削法

垂直铣削法是立铣刀轴线与工件轴线互相平行,并均垂直于工作台台面的铣削凸轮的工艺方法。这种方法适用于加工只有一条工作曲线(即单导程),或虽有几条工作曲线,但它们的导程都相等的等速盘形凸轮,如图 10-14 所示。导程与配换齿轮的计算与加工圆柱凸轮计算相同。

为避免铣削力拉动工作台和分度头主轴,造成立铣刀损坏和工件被深啃,出现报废,在铣削等速盘形凸轮时,工件的旋转方向应与铣刀的旋转方向相同,并且应从最小的半径开始铣削,逐渐铣向最大半径处。

采用垂直铣削法加工盘形凸轮时,铣床调整、计算简单,操作方便,铣刀伸出长度较短,但存在下列不足之处。

① 由于配换齿轮是直接按凸轮的平面螺旋线的导程计算的,在多数情况下配换齿轮所保证的导程为一个近似值,因此会影响凸轮的加工精度。

② 当凸轮具有几段导程不同的工作曲线时,加工时需要更换几次配换齿轮。

③ 工件直径较小时,为保证铣刀能正常铣切工件,需要在分度头侧轴与挂轮架之间安装接长装置。

④ 当工件安装高度较大时,有可能出现机床升降台下降到最低位置时也无法铣削情况。

在遇到上述情况时,可改用倾斜铣削法。

2. 倾斜铣削法

倾斜铣削法是立铣刀轴线与工件轴线互相平行,并在相对于工作台台面倾斜一定角度的

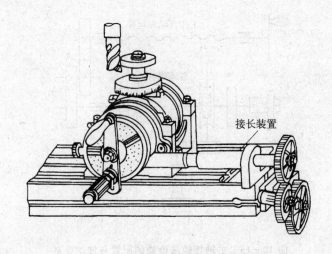

图 10-14 垂直铣削法铣等速盘形凸轮

状况下铣削凸轮的工艺方法,如图 10-15 所示。

倾斜铣削法原理如图 10-16 所示,当分度头主轴仰起角度 α 后,立铣刀也必须相应回转一个角度 β,以使分度头主轴与立铣头主轴相互平行,$\beta = 90° - \alpha$。选择一个便于计算配换齿轮的假设导程 P_{h1},并以此导程计算确定并安装交换齿轮。当工件回转一周,工作台则带着工件水平移动距离 P_{h1}。由于立铣刀与工件轴线位置是倾斜的,立铣刀切入工件径向的距离小于 P_{h1},且应等于凸轮的导程 P_h。由图 10-16 可得到 P_h 与 P_{h1} 之间的关系:

$$P_h = P_{h1} \sin\alpha \tag{10-9}$$

由于立铣刀与凸轮轴线位置倾斜,随着铣刀切入工件进行加工,工件相对铣刀沿铣刀轴线向上移动,因此,采用倾斜铣削法加工时应预算立铣刀刀刃长度 l,l 按下式计算:

$$l = B + H\cot\alpha + (5 \sim 10) \tag{10-10}$$

式中:B——工件(凸轮)的厚度,mm;
H——凸轮曲线的升高量,mm;
α——分度头起度角(°)。

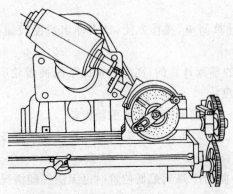

图 10-15 倾斜铣削法铣等速盘形凸轮

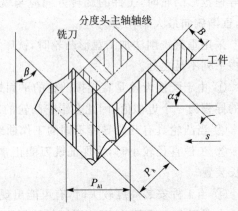

图 10-16 倾斜铣削法原理

采用倾斜铣削法加工凸轮时,具体操作方法与垂直铣削法基本相同。与垂直铣削法相比,倾斜铣削法具有下列优点。

① 铣削具有几条不同导程的曲线的凸轮时,只需选择一个适当的假设导程 P_{h1},用一组交换齿轮即可。当曲线导程不同时,只要改变立铣头和分度头的倾斜角就可进行加工。

② 对于一些导程是大质数或带小数的凸轮,可以避免垂直铣削法加工时交换齿轮不易搭配的困难,只需根据假设导程 P_{h1} 计算所得的倾斜角 α 和 β,分别调整分度头和立铣头,即可准确地加工凸轮曲线。

③ 可弥补垂直铣削法因行程不够限制加工或需要接长装置等的缺陷。

④ 垂直铣削法加工凸轮,进刀和退刀较麻烦。倾斜铣削法加工凸轮,只需操纵升降台即可方便地实现进刀和退刀。

由于倾斜铣削法具有诸多优点,因此在铣削等速盘形凸轮时最为常用。倾斜铣削法的缺点是铣刀刀刃较长,铣刀伸出长度较长,影响立铣刀的刚性。

10.2.4 凸轮铣削技能训练

1. 等速盘形凸轮铣削技能训练

如图 10-17 所示,等速盘形凸轮具有两条导程不等的平面等速螺旋线,其中工作曲线 AB 段升高量 $H_{AB} = 45 - 30 = 15$ mm,升程角 $\theta_{AB} = 90°$;工作曲线 BC 段升高量 $H_{BC} = 66 - 45 = 21$ mm,升程角 $\theta_{BC} = 240°$。凸轮厚度 $B = 20$ mm,基准内孔精度等级 IT7。从动件滚子直径为 18 mm,图样上未注明偏心,按对心凸轮(从动件位移方向通过凸轮中心)处理。材料

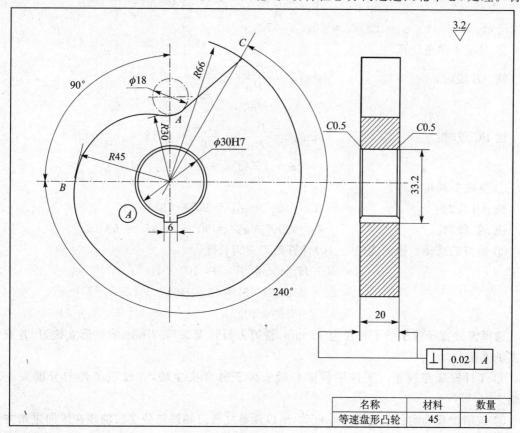

图 10-17 铣等速盘形凸轮

为45钢。

工件在立式铣床上用分度头装夹,采用立铣刀倾斜铣削法加工。

训练步骤如下。

① 工件坯料检查与划线。检查坯件尺寸及垂直度;按图样尺寸划出各段工作曲线,并打样冲眼。

② 交换齿轮计算。

◆ 导程计算。

$$P_{hAB} = \frac{360}{\theta_{AB}} H_{AB} = \frac{360}{90} \times 15 = 60 \text{ mm}$$

$$P_{hBC} = \frac{360}{\theta_{BC}} H_{BC} = \frac{360}{240} \times 21 = 31.5 \text{ mm}$$

两条工作曲线的导程都易于交换齿轮计算,因此,在铣削 AB 段时可采用简单的垂直铣削法,铣削 BC 段时则采用倾斜铣削法,选择假设导程只要等于 60 mm 则交换齿轮不变。本例中由于凸轮直径较小,为避免使用接长装置,两条曲线均采用倾斜铣削法。设定假设导程 P_{h1} = 70 mm。

◆ 交换齿轮计算。

$$\frac{z_1}{z_2} \frac{z_3}{z_4} = \frac{40 P_{丝}}{P_h} = \frac{240}{70} = \frac{24}{7} = \frac{100 \times 60}{25 \times 70}$$

所示,$z_1 = 100, z_2 = 25, z_3 = 60, z_4 = 70$。

③ 分度头仰角计算。

铣 AB 段时:
$$\sin\alpha_{AB} = \frac{P_{hAB}}{P_{h1}} = \frac{60}{70} = 0.857\ 14$$
$$\alpha = 59°$$

铣 BC 段时:
$$\sin\alpha_{BC} = \frac{P_{hBC}}{P_{h1}} = \frac{31.5}{70} = 0.45$$
$$\alpha = 26°45'$$

④ 立铣头转角计算。

铣 AB 段时: $\beta_{AB} = 90° - \alpha_{AB} = 90° - 59° = 31°$

铣 BC 段时: $\beta_{BC} = 90° - \alpha_{BC} = 90° - 26°45' = 63°15'$

⑤ 铣刀的选择。根据式(10-10)计算铣刀刀刃长度:
$$l = B + H_{BC} \cot\alpha_{BC} + (5 \sim 10)$$
$$= 20 + 21\cot 26°45' + (5 \sim 10)$$
$$= 61.7 + (5 \sim 10)$$

选择铣刀直径等于滚子直径为 18 mm,铣刀刀刃长度>71.7 mm 的长形立铣刀,并安装在主轴锥孔中。

⑥ 工件安装与校正。工件用带键心轴安装于分度头主轴,并校正工件与分度头主轴同轴。

⑦ 铣削位置确定。凸轮为对心直动,所以调整立铣刀轴线与分度头轴线在纵向进给方向的同一平面内。调转分度头仰角 $\alpha_{AB} = 59°$,立铣头转角 $\beta_{AB} = 31°$。然后分别移动和转动工件,使铣刀在工件 0°位置相接触,记录升降台刻度读数,将分度手柄插销插入分度盘孔中。

⑧ 铣削 AB 段曲线型面。开车后，上升升降台进刀铣削 AB 段（0°～90°）凸轮工作型面至要求。

⑨ 铣完 AB 段后，分别调整分度头仰角 $\alpha_{BC} = 26°45'$ 和立铣头转角 $\beta_{BC} = 63°15'$。同上述方法对刀并铣 BC 段凸轮型面至要求。

> **注意事项**

采用倾斜铣削法的注意事项如下。

- 假设的导程 P_{h1} 必须大于或等于凸轮上各段工作曲线中的最大导程，并且能方便地计算交换齿轮。
- 假设的导程 P_{h1} 与凸轮上各段工作曲线中最大导程之差应尽量小，否则会使分度头仰角 α 减小，α 的减小又会使选择立铣刀的刀刃长度 l 增长，使立铣刀刚性减弱和选择困难。
- 铣削时，立铣头和分度头主轴扳转的角度 β 和 α 调整应尽量准确，因为它们的误差将直接影响凸轮导程的精度。

2. 等速圆柱凸轮铣削技能训练

如图 10-18 所示的等速圆柱凸轮，该凸轮由 4 段工作曲线组成，槽宽为 16 mm，与凸轮相触的从动件滚子直径 $d = 16$ mm。工作曲线 AB 段升高量 $H_{AB} = 60$ mm，升程角 $\theta_{AB} = 150°$，用于实现工作进给；BC 段为环形槽，升高量 $H_{BC} = 0$，升程角 $\theta_{BC} = 60°$，用于工作停止（不进

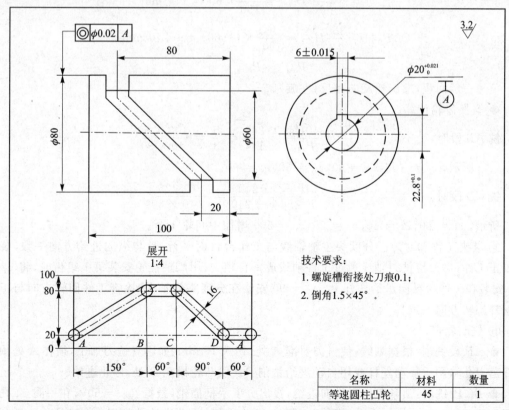

图 10-18 铣削等速圆柱凸轮

给);CD 段为回程段,使从动件回到初始位置,升高量 $H_{CD}=-60mm$,升程角 $\theta_{CD}=90°$,用于实现快速退出;DA 段也为环形槽,$H_{DA}=0,\theta_{DA}=60°$,为停止段。4 段槽形曲线的衔接处要求接刀痕不大于 0.1 mm。凸轮基准内孔精度等级 IT7,凸轮外圆柱面轴线对基准孔轴线的同轴度公差为 $\phi 0.02$ mm。凸轮材料为 45 钢。

工件在立式铣床上用分度头装夹加工。

训练步骤如下。

① 工件坯料检查与划线。检查坯件尺寸及同轴度,检查带键心轴与工件内孔配合是否良好。如无合适心轴而需用外圆定位装夹时,坯件应增加长度为 30 mm 左右的工艺留量,以便于装夹。为了保证加工时位置正确和曲线间衔接处不致铣过头,一般应在坯件上按图样尺寸先划好线。

② 铣刀选择。在铣削圆柱矩形螺旋槽时,选用的立铣刀直径越小,产生的干涉(槽底尺寸变大)也越小,但当矩形螺旋槽是用作凸轮槽时,立铣刀或键槽铣刀的直径应该按凸轮从动件滚子直径大小选取,与选取小于滚子直径的铣刀铣削相比,虽然矩形槽干涉要大些,法向截面上矩形两侧直线度要差些,但槽形与从动件滚子贴合接触良好。因此选用直径为 16 mm 的立铣刀或键槽铣刀。

③ 交换齿轮计算。

◆ 各段导程计算

$$P_{hAB}=\frac{360}{\theta_{AB}}H_{AB}=\frac{360}{150}\times 60=144 \text{ mm}$$

$$P_{hCD}=\frac{360}{\theta_{CD}}H_{CD}=\frac{360}{90}\times(-60)=-240 \text{ mm}$$

$$P_{hBC}=P_{hDA}=0$$

负号表示回程,螺旋槽旋向相反(左旋)。

◆ 交换齿轮计算。

铣 AB 段时: $\frac{z_1}{z_2}\frac{z_3}{z_4}=\frac{40P_{\text{丝}}}{P_{hAB}}=\frac{240}{144}=\frac{5}{3}=\frac{100\times 60}{40\times 90}$

所示,$z_1=100,z_2=40,z_3=60,z_4=90$。

铣 CD 段时: $\frac{z_1}{z_2}\frac{z_3}{z_4}=\frac{40P_{\text{丝}}}{P_{hCD}}=\frac{240}{-240}=\frac{80\times 25}{-40\times 50}$

所示,$z_1=80,z_2=40,z_3=25,z_4=50$,增加中间轮 1 个。

④ 装夹工件和对刀。分度头主轴轴线与工作台台面平行,且与纵向进给方向一致,装夹并校正工件;对刀使铣刀轴线通过工件轴线成垂直相交;用侧轴挂轮安装第 1 组齿轮,将 $z_1=100$ 安装在工作台纵向进给丝杆上,$z_4=90$ 安装在分度头侧轴上,检查工件回转方向与工作台丝杆旋转方向一致。

⑤ 铣凸轮槽。

◆ AB 段铣削:根据划线,使铣刀对准 A 处,切入 10 mm(如用立铣刀加工,须在 A 处预先钻好落刀孔),用手摇动丝杆或用自动进给铣削 AB 段凸轮槽至 B 处,停止进给。

◆ BC 段铣削:锁紧工作台纵向进给,拔出分度手柄插销,根据 $\theta_{BC}=60°$,在一圈 54 孔的孔圈位置,缓慢、均匀地摇动分度手柄 6 圈又 36 个孔距,手动进给铣削 BC 段至 C 处。松开纵向进给紧固螺钉,并使铣床停机。

◆ CD 段铣削:更换安装第 2 组交换齿轮,并增加 1 个中间轮,使工件回转方向与工作台丝杆旋转方向相反。启动铣床,加工 CD 段至 D 处。因 CD 段为左旋,工作台向相反方向移动,故最好将分度手柄插销拔出,反摇丝杆手柄,以消除间隙。

◆ DA 段铣削:锁紧工作台纵向进给,拔出分度手柄插销,根据 $\theta_{DA} = 60°$,在一圈 54 孔的孔圈位置,缓慢、均匀地摇动分度手柄 6 圈又 36 个孔距,加工 DA 段至 A 处。松开纵向进给紧固螺钉,并使铣床停机。

> **注意事项**

铣削等速圆柱凸轮的注意事项如下。
- 凸轮工件用心轴定位装夹时,最好用键连接,且轴向用螺母紧固。
- 须松开分度头锁紧手柄,以免损坏分度头。
- 应采用逆铣方式铣削。
- 铣削导程 P_h < 60 mm 的凸轮螺旋槽时,应采用手摇分度手柄带动分度盘转动实现手动进给,不允许采用机动进给,以免发生事故。

10.2.5 等速凸轮铣削的检测与质量分析

1. 凸轮检测的主要项目

① 凸轮工作曲线的主要参数:导程、升高量、工作曲线所占圆心角等。

② 凸轮工作型面的形状精度和位置精度:主要是螺旋型面素线的直线度和工作型面的起始位置。

2. 检测方法

① 用分度头和百分表(或杠杆百分表)检测等速盘形凸轮的升高量。将工件安装在分度头上,按从动件工作位置安装百分表(检测对心直动的盘形凸轮,百分表测量头对准工件中心;检测偏置直动凸轮,百分表应在偏离中心距为规定值的位置上测量)。摇动分度头,测量并记录工作曲线的圆心角和升高量。由于凸轮工作曲线是从动件运动时滚子的包络线,因此必须将测量记录的数值,考虑滚子的半径大小进行换算,求得从动件的导程。检测等速圆柱凸轮的升高量可利用塞规,将塞规塞入凸轮螺旋槽的拐点处,用百分表分段测量。

② 工作型面的形状精度检测。盘形凸轮工作型面的素线为直线,且平行于工件轴线,检测时可用 90°角尺测量型面上各处素线对垂直于工件轴线的基准平面的垂直度。槽形凸轮可用塞规和塞尺检查槽形截面是否正确。

③ 工作型面起始位置的检测。对于盘形凸轮通常采用测量基圆半径的方法检查,用游标卡尺直接量得型面曲线上最低点到凸轮中心的距离即为基圆半径,最低点位置也就是工作型面的起始位置。对于圆柱凸轮则可用游标卡尺测量或将凸轮基准端面放在平台上用百分表测量,型面到基准面距离最小的临界位置为工作型面的起始位置。

3. 等速凸轮铣削的质量分析

凸轮铣削中的质量问题及产生原因见表 10 - 1。

表 10-1 凸轮铣削的质量分析

质量问题	产生原因
凸轮导程或升高量不正确	1. 导程、交换齿轮、分度头起度角(仰角)计算误差； 2. 交换齿轮配置错误，如齿数错误，主、从运轮颠倒； 3. 铣刀直径选择不正确； 4. 调整精度差，如分度头、立铣头轴线的位置及铣刀切削位置
凸轮工作型面形状误差大	1. 未区别不同类型的螺旋面，铣刀切削位置不准确； 2. 铣刀几何形状误差大，如有锥度、素线不直等； 3. 分度头与立铣头相对位置不正确； 4. 铣削非对心凸轮时，铣刀对凸轮中心的偏移量计算错误
表面粗糙度值大	1. 铣刀不锋利，立铣刀过长，刚性差； 2. 进给量过大，铣削方向选择不当； 3. 工件装夹刚性差，切削时振动大； 4. 传动系统间隙过大，纵向工作台镶条调整过松，进给时工作台晃动； 5. 手动操纵，两手操作不协调，进给不均匀或中途停顿

思考与练习

1. 圆柱螺旋线是怎样形成的？
2. 圆柱螺旋线的主要要素有哪些？导程和螺距两者有何区别？
3. 在铣床上铣削圆柱螺旋槽时需要具备哪些运动？
4. 在铣床上铣削圆柱螺旋槽时，如何确定交换齿轮？
5. 为什么铣削圆柱矩形螺旋槽要采用立铣刀而不采用三面刃铣刀？
6. 铣削凸轮的工艺要求有哪些？
7. 确定圆柱凸轮时，交换齿轮有哪两种配置方法？交换齿轮如何计算？
8. 铣削一般圆柱矩形螺旋槽和铣削等速圆柱凸轮螺旋槽时，立铣刀的选择有什么不同？
9. 在立铣床上铣削等速盘形凸轮有哪两种方法？
10. 在 X6132 型卧式铣床上利用分度头铣削一右旋的螺旋槽，已知螺旋角 20°，圆柱工件外径为 100 mm。计算交换齿轮齿数、工作台旋转方向和大小。
11. 凸轮铣削中，造成导程和升高量不正确的原因是什么？

课题十一　铣床的保养、调整及精度检查

教学要求

1. 掌握一级保养的操作步骤及安全操作知识。
2. 熟悉铣床几何精度对零件加工精度的影响。
3. 掌握常用铣床几何精度主要项目的检验方法。
4. 掌握常用铣床主要机构的调整方法。
5. 熟悉铣床一般故障的分析与排除。

11.1　铣床的保养

技能目标

◆ 了解一级保养的内容和要求。
◆ 掌握一级保养的操作步骤。
◆ 了解一级保养时的安全操作知识。

11.1.1　日常保养

1. 班前保养

① 对重要部位进行检查。
② 擦净外露导轨面并按规定润滑各部。
③ 空运转并查看润滑系统是否正常。检查各油平面,不得低于油标以下,加注各部位润滑油。

2. 班后保养

① 做好床身及部件的清洁工作,清扫铁屑及周边环境卫生。
② 擦拭机床。
③ 清洁工、夹、量具。
④ 各部归位。

11.1.2　一级保养

1. 铣床一级保养的内容和要求

一级保养是指以机床操作者为主,维修人员配合,对设备进行地较全面的维护和保养。铣床一般运转 500 h 左右应进行一次一级保养。一级保养的内容和要求见表 11-1。

2. 铣床一级保养的方法与步骤

① 首先要切断铣床外接电源,以防触电或造成人身及设备事故。
② 用棉纱或软布擦洗床身各部,包括横梁、挂架、导轨、主轴锥孔、主轴端面、拨块、后尾

等,并修光毛刺。

表 11-1 铣床一级保养的内容和要求

保养内容	要求
机床外观	擦洗铣床各表面、防护罩及死角等,应清洁无油垢;并检查外部有无缺件,如各手柄胶木球、紧固手轮螺钉等
进给系统	清洗纵横向工作台、升降台丝杆和螺母,调整楔铁,保证工作台各滑滑表面无毛刺、无划伤,且表面清洁。铣床导轨与楔铁及丝杆和螺母之间的间隙应适当;丝杆与工作台两端轴承松紧程度要适当
专用附件	清洗横梁、挂架、立铣头等,使其表面清洁无油垢;并对立铣头内部清洁,更换润滑脂
润滑系统	清洗并检查各油孔、油杯、油线、油毡、油路等,均应齐全、清洁,油路畅通,油标醒目,油质、油量均符合要求
冷却系统	清洗检查冷却泵、过滤网、切削液槽等,要清洁,无铁屑及沉淀的杂物。冷却管路畅通,牢固整洁
电器系统	断电清扫,使电机、电器箱内外无积尘、油垢。检查蛇皮管无脱落。接地线牢固可靠。照明设备齐全清洁
其他	清洗平口钳、分度头等附件,并进行润滑、涂防锈油。清洁整理工具箱内外及机床周围环境,做到合理、整洁、有序

③ 拆卸铣床工作台部分。

◆ 拆卸左撞块,并向右摇动工作台至极限位置。

◆ 拆卸工作台左端,先将手轮 1 拆下,然后将紧固螺母 2 和刻度盘 3 拆下,再将离合器 4、螺母 5、止退垫圈 6 和推力轴承 7 拆下,见图 11-1。

◆ 拆卸导轨楔铁。

◆ 拆卸工作台右端支架。首先拆下端盖 1,然后拆下锥销 3(或螺钉)。再取下螺母 2 和推刀球轴承 4,最后拆下右端轴承支架 5,见图 11-2。

◆ 拆卸有撞块。

◆ 转动丝杆至最右端,取下丝杆。注意:取下丝杆时应使其键槽向下,以防止平键脱落。

◆ 将工作台推至左端,取下工作台。注意:不要碰伤,要放在专用的木制垫板上。

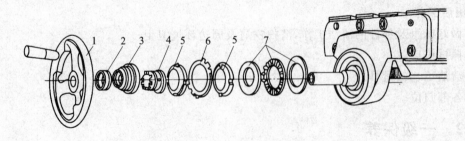

图 11-1 纵向工作台左端拆装图

1—手轮;2—紧固螺母;3—刻度盘;4—离合器;5—螺母;6—止退垫圈;7—推力轴承

④ 清洗卸下的各个零件,并修光毛刺。

⑤ 清洗工作台鞍座内部零件、油槽、油路、油管,并检查手拉油泵、油管等是否畅通。

⑥ 检查工作台各部无误后,按与拆卸时相反的步骤进行安装。

⑦ 调整镶条与导轨、推力球轴承与丝杠之间的间隙,以及丝杠与螺母之间的间隙,使其运

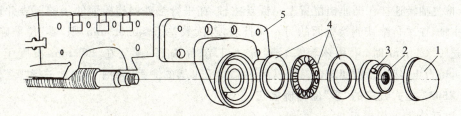

图 11-2 纵向工作台右端拆装图
1—端盖;2—螺母;3—锥销;4—推力球轴承;5—轴承支架

转正常。

⑧ 拆卸清洗横向工作台的油毡、导轨上的镶条、丝杠,并修光毛刺后涂油复位安装。调整镶条松紧使工作台横向移动时松紧适当、灵活正常。

⑨ 上、下移动升降台,清洗垂直进给丝杠、导轨和镶条,并修光毛刺,涂油调整,使其移动正常。

⑩ 拆擦电动机和防护罩,清扫电器箱、蛇皮管,并检查是否安全可靠。

⑪ 擦洗附件及整机外观,检查各传动部分、润滑系统、冷却系统。确实无误后,先手动后机动试车,使机床正常运转。

11.2 铣床的一般调整

技能目标

◆ 纵向工作台丝杆、螺母间隙的调整。
◆ 纵向工作台丝杆轴向窜动的调整。
◆ 各个进给系统楔铁的调整。

铣床的各传动部分如果调整不好,或在使用过程中,各传动部分的部件或零件出现松动或产生位移及磨损后,铣床则不能正常工作,无法满足各种铣削方式的需要。为了保证加工出符合精度要求的高质量工件,必要时应对铣床进行调整,用以清除故障。

常用铣床的调整主要有:主轴轴承间隙的调整;工作台传动丝杆间隙的调整;工作台导轨间隙的调整等。

11.2.1 常用铣床的"零"位调整

卧式铣床(如 X6132)的回转台和立式铣床(如 X5032)的万能铣头在扳角度加工后复位时,需要"零"位调整,即回转台和回转立铣头上的"0"刻线与基准定位线对准。"零"位调整不准,卧式铣床的纵向工作台进给方向与主轴轴心线不垂直,立式铣床立铣头主轴轴心线与纵向工作台不垂直,会影响加工零件的质量。

"零"位调整的方法有目测调整和精确校正两种。目测调整精度较低,加工精度较高的工件时,需进行"零"位的精确校正。

1. X6132 卧式铣床的"零"位精确校正

① 将长度为 500 mm 的检验平行垫铁的侧检验面校正到与工作台纵向进给方向平行后紧固,见图 11-3。

② 将装有杠杆式百分表、回转半径为 250 mm 的角形表杆装在主轴上。

③ 将主轴转速挂在高速档位置上。扳转主轴,在平行垫铁侧检验面的一端压表并调"零"。再扳转主轴,在平行垫铁侧检验面的另一端打表,若读数差值≤0.02 mm,则"零"位准确。读数差值超过 0.02 mm 时,可用木锤头轻轻敲击工作台端部,直至在 300 mm 长度上表值差≤0.02 mm 为止,然后紧固回转台。可以利用中央 T 形槽的侧面代替平行垫铁进行"零"位调整。

2. X5032 立式铣床的"零"位精确校正

① 用百分表进行校正。

◆ 将长度为 500 mm 的检验平行垫铁安装在工作台台面上。

◆ 将装有百分表或杠杆式百分表的角形表杆装在立铣头主轴上,见图 11-4。

◆ 在平行垫铁一端压表并调"零",扳转主轴 180°,在垫铁另一端打表,调整立铣头位置,保证在 300 mm 长度上两端读数差值≤0.02 mm,然后紧固立铣头。检测时,应断开主轴电源开关,主轴转速挂在高速档位置上。

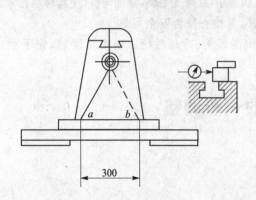 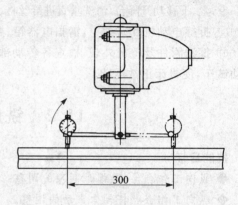

图 11-3　X6132 卧式铣床工作台"零"位的校正　　　图 11-4　回转立铣头"零"位的校正

② 用角尺和锥度心轴进行校正。

校正时,取一锥度与立铣头主轴锥孔锥度相同的心轴,擦净立铣头主轴锥孔和心轴锥柄,轻轻将心轴锥柄插入立铣头主轴锥孔,将角尺座底面贴在工作台台面上,用尺苗外侧测量面靠向心轴圆柱表面,观察其是否密合或间隙上下均匀,确定立铣头主轴轴心线与工作台台面是否垂直,如图 11-5 所示。检测时,应在工作台进给方向的平行和垂直两个方向上进行。

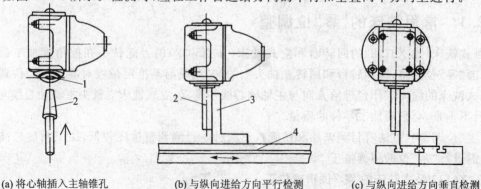

(a) 将心轴插入主轴锥孔　　(b) 与纵向进给方向平行检测　　(c) 与纵向进给方向垂直检测

图 11-5　角尺校正立铣头主轴轴线与工作台台面垂直

1—立铣头主轴;2—锥度心轴;3—角尺;4—工作台

11.2.2 主轴轴承间隙的调整

铣床主轴轴承径向和轴向的间隙不合适,对零件的加工精度有很大的影响。如果主轴轴承过松,就会产生轴向窜动和径向跳动。轴向窜动将会造成铣削振动加大,加工尺寸控制不准,平行度、线轮廓度超差。径向跳动会造成刀柄和铣刀的径向跳动和振摆,铣刀让刀,从而使尺寸控制困难。如果主轴轴承过紧,则会使主轴发热咬死。

1. 卧式铣床主轴轴承间隙的调整

X6132型卧式铣床主轴轴承间隙的调整如图11-6所示。调整主轴轴承间隙时先将悬梁移开,并拆下床身盖板1,露出主轴部件,然后松开锁紧螺钉2,就可以拧动调节螺母3,改变轴承内圈4与轴承外圈5之间的距离,也就改变了轴承内圈与滚柱和外圈之间的间隙。主轴轴承间隙的大小取决于铣床的工作性质。检验时,以200 N的力来推或拉主轴,顶在主轴端面的千分表的读数在0~0.015 mm范围内变动,再使铣床在1 500 r/min的转速下运转60 min,轴承温度不超过60 ℃,则说明轴承间隙合适。

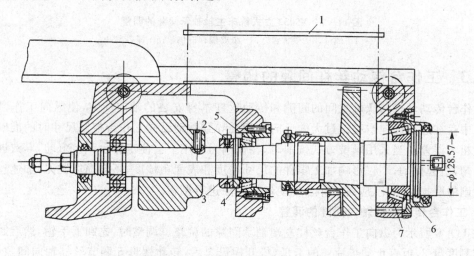

图11-6 X6132型卧式铣床主轴轴承间隙的调整
1—盖板;2—锁紧螺钉;3—调节螺母;4,6—轴承内圈;5,7—轴承外圈

2. 立式铣床主轴轴承间隙的调整

X5032立式铣床主轴轴承间隙包括径向间隙和轴向间隙的调整,如图11-7所示。拆下铣头前面的盖板,松开主轴上的锁紧螺钉1,拧松螺母2,再拆下主轴头部的端盖5,取下由两个半圆环构成的垫片4,根据需要消除间隙的大小配磨垫片。由于轴颈和轴承内孔的锥度为1:12,若要消除的径向间隙为0.02 mm,则只须将垫片厚度磨去0.24 mm,再装好。然后用较大的力拧紧螺母2,使轴承内圈张开,直到把垫片4压紧为止。拧紧锁紧螺钉1,以防螺母松开,并装上端盖5。

主轴的轴向间隙是靠调整两个角接触球轴承间的垫圈尺寸来调节的。在两轴承内圈的距离不变时,只要减薄外垫圈3,就能减小主轴的轴向间隙。

轴承松紧(即间隙大小)的测定方法与X6132型卧式铣床的测定方法相同。

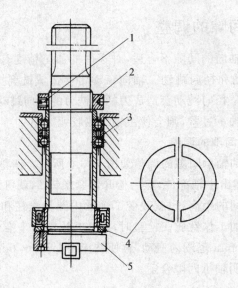

图 11-7 X5032 立式铣床主轴轴承间隙的调整
1—螺母;2—锁紧螺钉;3—外垫圈;4—垫片;5—端盖

11.2.3 工作台传动丝杠间隙的调整

工作台传动丝杠与螺母之间的间隙和传动丝杠本身安装的轴向间隙,使纵向工作台在铣削加工中存在进给反向空程。过大的反向空程会导致移动纵向工作台控制尺寸时的准确性差或产生粗大误差。当采用顺铣方式铣削时,在铣削力作用下会使工作台产生窜动,导致进给移动不均匀,引起振动,不仅影响加工零件的尺寸精度和表面粗糙度,还会损坏铣刀,加速丝杠螺母运动副的磨损。因此,应对工作台传动丝杠间隙进行调整。

1. 工作台传动丝杠轴向间隙的调整

图 11-8 所示为纵向工作台丝杠左端轴承间隙的调整。调整时,先卸下手轮,然后卸下螺母 1 和刻度盘 2,扳直止动垫片 4 的卡爪,松开螺母 3 后,转动螺母 5 调节丝杠轴向间隙(即调节角接触球轴承的间隙),间隙量以 0.01~0.03 mm 为宜,调整好后,拧紧螺母 3,扣好止动垫片 4,再依次将刻度盘 2、螺母 1 和手轮装好。

2. 工作台丝杠与螺母之间间隙的调整

常用铣床 X6132、X5032 都设有专门的丝杠、螺母间隙调整机构,其结构如图 11-9 所示。主螺母 1 固定在工作台的导轨座上,紧靠主螺母的可调螺母 2 的外圆部为一蜗轮,并与蜗杆 3 啮合。调整时,先卸下工作台底座前面的盖板 6,松开法兰盘 5 上的 3 个紧固螺钉 4,但不要过松,更不要取下。顺时针转动蜗杆 3,带动可调螺母 2 旋转。当可调螺母 2 和主螺母 1 的齿侧面分别与纵向工作台丝杠的两个不同侧面靠近时,丝杠与螺母之间的间隙即可消除。然后拧紧法兰盘 5 上的紧固螺钉 4,通过环 7 将蜗杆 3 和可调螺母 2 固定在调整好的位置上,最后装好盖板 6。

调整好的丝杠、螺母间隙应满足下列要求。

① 用手摇动手轮时,丝杠全长上阻力均匀,不能出现卡住现象。

② 反向转动手轮时,空转量应小于刻度盘上的 3 小格,即 0.15 mm。当用于顺铣加工时,空转量应小于 2 小格,即 0.1 mm。

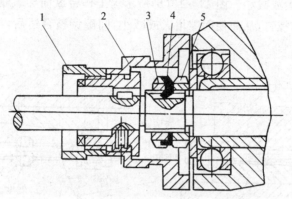

图 11-8　纵向工作台丝杆左端轴承间隙调整
1、3、5—螺母；2—刻度盘；3—止动垫片

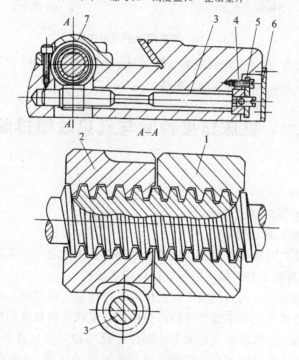

图 11-9　纵向丝杆、螺母间隙调整机构
1—主螺母；2—可调螺母；3—蜗杆；4—紧固螺钉；5—法兰盘；6—盖板；7—环

11.2.4　工作台导轨间隙的调整

工作台纵向、横向、垂直 3 个方向的运动部件与导轨之间应有合适的间隙，一般以不大于 0.04 mm 为宜。若间隙太小，则使工作台运动时的阻力加大，费力而不灵敏，也加重了摩擦和磨损；若间隙太大，则会造成铣床工艺系统的刚度下降，导致铣削过程不稳定，甚至会损坏刀具，而且间隙太大还直接影响零件的加工精度和表面粗糙度。

工作台导轨的配合间隙一般用镶条来调整，图 11-10 所示为导轨间隙调整机构的两种形式。图 11-10(a)为工作台横向导轨镶条调整机构，调整时，拧转螺钉，带动镶条移动，使导轨与镶条之间的间隙增大或减小。图11-10(b)所示为工作台纵向导轨镶条调整机构,调整时,先松开两个螺母,拧转螺钉,从而使间隙增大或减小,间隙调整合适后,再拧紧两个螺母,防止使用中出现松动。

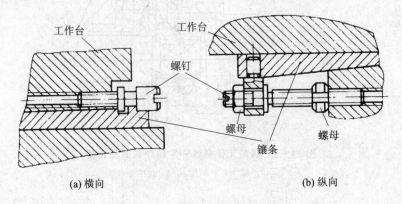

图11-10 导轨间隙的调整装置

导轨间隙大小的检查,对于工作台纵向、横向导轨,以进给手轮用147 N力能动为宜;对于升降台导轨,以用196~235 N力能摇动上升为宜。

11.3 铣床精度检验与常见故障排除

技能目标
- ◆ 熟悉常用铣床的几何精度检验。
- ◆ 熟悉常用铣床的工作精度检验。
- ◆ 熟悉常用铣床的故障及排除。

影响零件加工精度的因素很多,其中,机床精度是主要因素之一。机床在经较长时间使用后或经大修理后,应对各项重要的精度指标进行检查和检验。

机床的精度检查包括机床的几何精度和机床的工作精度。机床的几何精度是指机床在运转时各部件间的相互位置精度和主要零件的形位精度。机床几何精度的检验是在非工作状态下的静态检验。机床的工作精度是指机床工作部件运动的均匀性与协调性,以及机床部件相互位置的正确性。机床工作精度的检验是通过对标准试件的切削,对机床在工作状态下的综合性的动态检验。

11.3.1 铣床工作台精度检验

1. 工作台台面的平面度的检验

使工作台处于纵向和横向行程的中间位置,在工作台台面上,按图11-11所示各方位放置两高度相等的量块,在两量块上放一检验平尺,然后用塞尺和量块检验工作台台面和平尺之间的距离。也可以用标准平板通过点法进行检验。

工作台台面在纵向只允许下凹,在每1 000 mm长度上公差为0.03 mm。若超过允差,则会影响夹具或工件底面的安装精度,从而影响加工面对基准面的平行度或垂直度。工作台台面平面度超差或出现台面上凸现象时,可通过刮削工作台台面来达到规定要求。

2. 工作台纵向移动对横向的垂直度

如图 11-12 所示,将 90°角尺放在工作台台面中间位置,并使 90°角尺的一个检验面与横向(或纵向)平行,纵向(或横向)移动工作台,用百分表在 90°角尺的另一个检验面进行检验。百分表读数的最大差值即为垂直度误差。检验时,应锁紧升降台。

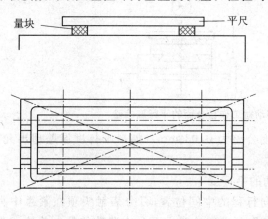

图 11-11 工作台台面平面度的检验

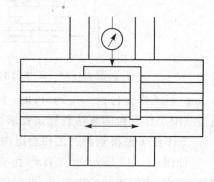

图 11-12 工作台纵向、横向移动的垂直度检验

3. 工作台纵向移动对工作台台面的平行度检验

如图 11-13 所示,使工作台处于横向行程的中间位置,在工作台台面上,跨中央 T 形槽放置两高度相等的量块,上置检验平尺,将百分表触头顶在平尺的检验面上,纵向移动工作台进行检验。百分表读数的最大差值即为平行度误差。检验时,应锁紧横向进给和升降台。

平行度误差应在工作台全行程上检测。当工作台行程≤500 mm,平行度公差为 0.02 mm;当 500 mm<工作台行程≤1 000 mm 时,平行度公差为 0.03 mm;当工作台行程>1 000 mm 时,平行度公差为 0.04 mm。如果平行度误差超出允差,应通过刮削工作台台面来达到规定要求。

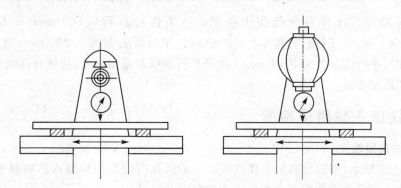

图 11-13 工作台纵向移动对工作台台面的平行度检验

4. 工作台横向移动对工作台台面的平行度检验

如图 11-14 所示,在工作台台面中间位置且和工作台横向移动方向平行放置两高度相等的量块,上置检验平尺,百分表触头位于主轴中央处,并使其顶在平尺检验面上,横向移动工作台进行检验。百分表读数的最大差值即为平行度误差。检验时,应锁紧升降台。

平行度误差应在工作台全行程上检测。当工作台行程≤300 mm,平行度公差为

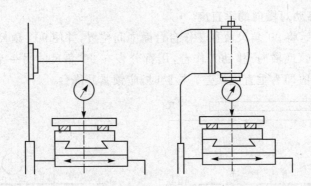

图 11-14 工作台横向移动对工作台台面的平行度检验

0.02 mm；当工作台行程＞300 mm 时，平行度公差为 0.03 mm。如果平行度误差超出允差，应通过刮削工作台台面来达到规定要求。

5. 工作台T形槽侧面对工作台纵向移动的平行度

如图 11-15 所示，使工作台处于横向行程的中间位置，百分表触头顶在紧靠中央T形槽侧面的专用滑块的检验面上，纵向移动工作台进行检验。百分表读数的最大差值即为平行度误差。中央T形槽的两侧面均需检验。检验时，应锁紧横向进给和升降台。

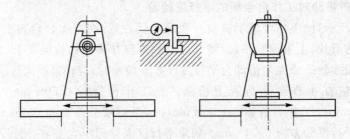

图 11-15 工作台T形槽侧面对工作台纵向移动的平行度检验

平行度误差应在工作台全行程上检测。当工作台行程≤500 mm，平行度公差为 0.03 mm；当 500 mm＜工作台行程≤1 000 mm 时，平行度公差为 0.035 mm；当工作台行程＞1 000 mm 时，平行度公差为 0.04 mm。如果平行度误差超出允差，应通过刮削中央T形槽两侧壁来达到规定要求。

11.3.2 铣床主轴精度检验

1. 主轴轴向窜动

如图 11-16 所示，将百分表触头顶在插入主轴锥孔内的专用检验棒的端面中心处，旋转主轴进行检验。百分表读数的最大差值即为轴向窜动的误差。

常用铣床主轴的蹿动公差为 0.01 mm。轴向蹿动误差过大，加工时会产生较大的振动和尺寸控制不准，以及出现拖刀现象。

2. 主轴轴肩支撑面的端面圆跳动

如图 11-17 所示，将百分表触头顶在主轴前端面靠近边缘的位置，转动主轴，分别在相隔 180°的 a、b 两处检验，a、b 两处误差分别计值，百分表读数的最大差值即为支撑面的端面圆跳动误差。

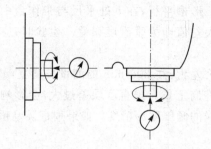
图 11-16 主轴的轴向窜动检验

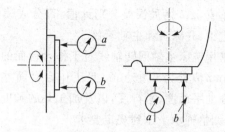
图 11-17 主轴轴肩支撑面的端面圆跳动检验

常用铣床主轴轴肩支撑面的端面圆跳动公差为 0.02 mm。轴肩支撑面的端面圆跳动误差过大,会引起以主轴轴肩定位安装的铣刀产生端面圆跳动,影响零件加工尺寸精度和表面粗糙度,并会使铣刀因刀齿磨损不均匀而加快磨损,降低铣刀的使用寿命。轴肩支撑面跳动误差过大的解决措施与主轴轴向蹿动误差过大的解决措施相同。

3. 主轴锥孔轴线的径向圆跳动

如图 11-18 所示,将百分表触头顶在插入主轴锥孔内的检验棒的表面上,旋转主轴,分别在 a、b 两处检验,百分表读数的最大差值即为径向圆跳动误差。

常用铣床主轴锥孔轴线圆跳动公差在主轴轴端 a 处为 0.01 mm。在离轴端 a 处距离 300 mm 的 b 处,公差为 0.02 mm。主轴锥孔轴线的径向圆跳动误差过大将造成铣刀杆和铣刀的径向圆跳动及铣刀振动,致使铣削的键槽加宽,使镗孔的孔径扩大,影响加工的表面粗糙度和使用寿命。

4. 卧式铣床主轴回转轴线对工作台台面平行度的检验

如图 11-19 所示,使工作台处于纵向和横向行程的中间位置,在工作台台面放一块平板,将百分表座放在平板上,并使百分表触头顶在插入主轴锥孔中的检验棒的表面上,记取 a、b 两处读数的差值。为了消除检验棒或主轴的误差影响,需将主轴转动 180° 后再检验一次。两次读数差值的平均值即为平行度误差。

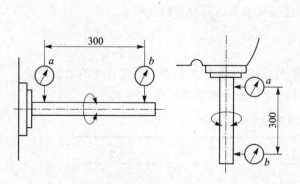
图 11-18 主轴锥孔轴线的径向圆跳动检验

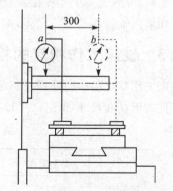
图 11-19 卧式铣床主轴回转轴线对工作台台面平行度的检验

5. 立式铣床主轴回转轴线对工作台台面垂直度的检验

如图 11-20 所示,使工作台处于纵向行程的中间位置,在工作台台面上放置两等高量块,上置一检验平尺。在主轴锥孔中插入一根带百分表的角形表杆,使百分表触头顶在平尺的检验面上。检测 a、b 两处,在 a 处平尺与工作台中央 T 形槽平行,在 b 处平尺与工作台中央 T 形槽垂直,a、b 两处误差分别计值,百分表读数的最大差值即为垂直度误差。检验时,应锁紧横向进给、升降台和主轴套筒。

常用铣床主轴回转轴线对工作台台面的垂直度公差为:在 300 mm 的测量长度上,a 处为 0.02 mm,b 处为 0.03 mm,且工作台台面外侧只允许向上偏。垂直度误差过大,会影响零件加工面的平面度、平行度,以及加工孔的圆度和孔轴线的倾斜度等精度。如果垂直误差超出允差,应调整轴承来达到规定要求。

6. 卧式铣床刀杆挂架孔对主轴回转轴线的同轴度检验

如图 11-21 所示,在主轴锥孔中插入一根带百分表的角形表杆,使百分表触头顶在插入刀杆挂架孔中的检验棒上。转动主轴,在 a、b 两位置进行检测,a、b 两处误差分别计值,百分表读数的最大差值的一半即为同轴度误差。检验时,应锁紧横梁和挂架。

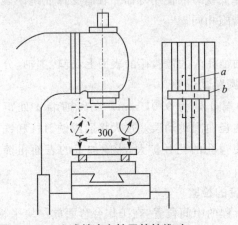

图 11-20 立式铣床主轴回转轴线对工作台台面垂直度的检验

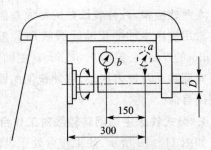

图 11-21 卧式铣床刀杆挂架孔对主轴回转轴线的同轴度检验

常用铣床刀杆挂架孔对主轴回转轴线的同轴度公差为 0.03 mm。同轴度误差过大,将会使刀杆歪斜,导致铣刀产生振摆及挂架孔加速磨损,严重时将使刀杆弯曲,影响加工表面的平面度。如果同轴度误差超出允差,应通过修理挂架孔轴来达到规定精度要求。

11.3.3 铣床工作精度的检验

铣床工作精度的检验是通过标准试件的铣削,对铣床在工作状态下的综合性的动态检验。标准试件的形状和尺寸如图 11-22 所示,试件尺寸和公差要求详见表 11-2。

表 11-2 试件的尺寸及公差

	工作台宽度	B	L	H	b
试件尺寸	≤250	100	250	100	20
	>250	150	400	100	

续表 11-2

检验项目		公差 级别		
		1级	2级	3级
平面度(卧铣试件 C 面,立铣试件 S 面)		0.02	0.03	0.04
S 面对基面的平行度		0.03	0.045	0.06
C、D、S 三面间的垂直度	测量长度 100	0.02	0.03	0.04
	150	0.025	0.037	0.05
	250	0.03	0.045	0.06
	400	0.05	0.075	0.10
加工表面粗糙度 $Ra/\mu m$		1.6	3.2	6.3

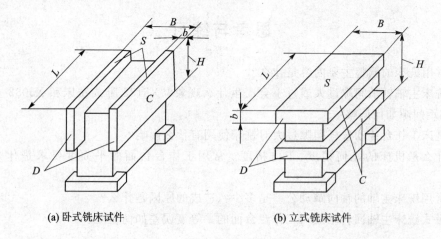

(a) 卧式铣床试件　　　　(b) 立式铣床试件

图 11-22　试件的形状和尺寸

11.3.4　常用铣床的故障及排除

铣削中,铣床本身的精度直接影响加工零件的尺寸精度。因此,除定期对铣床进行精度检验外,还应对铣床出现的故障及时排除。铣床常见的故障现象、产生原因和解决的方法见表 11-3。

表 11-3　常用铣床的故障及排除

质量问题	产生的原因	防止措施
铣削振动很大	1. 主轴松动; 2. 工作台松动; 3. 工作台丝杆、螺母间隙大; 4. 铣刀盘锥度与锥孔不吻合或未拉紧; 5. 主电动机振动大; 6. 主传动齿轮噪声大	1. 重新调整主轴轴承的间隙或更换轴承; 2. 重新调整导轨间隙或刮削或更换新的镶条; 3. 重新调整间隙,拧紧紧固螺钉和紧固蜗杆与可调螺母的相对位置; 4. 修磨锥度或拉紧铣刀盘; 5. 对电动机转子进行平衡; 6. 检查并更换不合格齿轮

续表 11-3

质量问题	产生的原因	防止措施
升降台低速升降时爬行	1. 立柱导轨压铁未松开； 2. 润滑不良	1. 松开并调整压铁； 2. 良好润滑
纵向工作台手摇时松紧不一	1. 工作台丝杠产生弯曲、局部磨损； 2. 丝杠轴线与纵向导轨不平行	1. 校直、修理或更换； 2. 重新校装丝杠并铰定位销孔
进给系统安全离合器失灵	离合器调节的转矩太大	重新调节安全离合器，以 157~196 N·m 转矩能转动为宜
工作台快速进给脱不开	1. 电磁铁的剩磁太大； 2. 慢速复位弹簧弹力不足	由电工和机修工进行修理和调整

思考与练习

1. 常用铣床的调整主要内容是什么？

2. 铣床主轴轴承间隙过大或过小会产生什么现象？X6132 卧式铣床和 X5032 立式铣床的主轴轴承间隙如何调整？

3. 铣床工作台传动丝杆间隙过大对铣床使用有什么影响？

4. 什么是机床的几何精度、工作精度？常用工作台台面的平面度要求是什么？如何检查？

5. 常用铣床主轴的轴向蹿动公差是多少？造成的原因是什么？

6. 卧式铣床主轴回转轴线对工作台台面的平等度误差如何检验？

附录 综合技能训练题集

> **教学要求**
> 1. 进一步巩固、熟悉、提高所学到的操作技能和工艺知识。
> 2. 进一步熟悉对机床的操作以及维护保养知识。
> 3. 掌握工、夹、量、刃具的正确使用方法和有关的维护保养知识。
> 4. 掌握阶台、沟槽、平面、斜面等的铣削方法,达到图样要求。
> 5. 进一步培养学生文明、安全生产的良好习惯,教育学生合理组织自己的工作位置。

综合技能训练题一

铣削梯形凸台,如附图 1 所示。

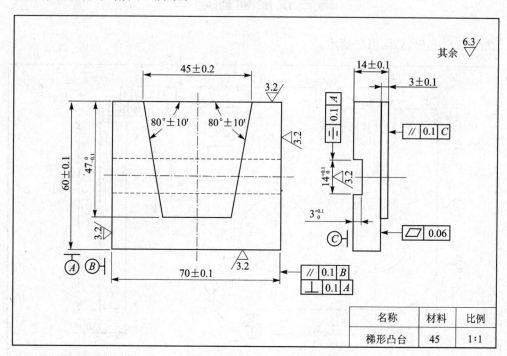

附图 1 梯形凸台

题一加工步骤如下。

① 备料:用钢板尺检查毛坯外形尺寸及形状,确定是否有加工余量。

② 在 X5032 铣床上采用硬质合金刀具高速铣削的方法,按下列步骤铣削外形。设主轴转

速为 750 r/min,进给量为 118 mm/min。

◆ 用平口钳装夹工件,确定一边为 A 平面,并铣出该平面。

◆ 铣平等面:以 A 面为基准,铣出该面的平行面,保证尺寸(60±0.1) mm 达图样要求。

◆ 铣垂直面:平口钳装夹工件,用角尺靠正 A 面(基准面),铣出第三面(B 面)保证 B 垂直 A 达到图样要求。

◆ 铣第四面:平口钳装夹工件,铣出 B 面的平行面,保证尺寸(70±0.1) mm 达到图样要求。

◆ 铣削两大平面:保证尺寸(14±0.1) mm 及 $Ra6.3~\mu m$,达到图样要求。

③ 划线:在平台上用高度划线尺划出斜凸台及直槽加工线。

④ 在 X6132 铣床(或 X8123)上,采用立铣刀按下列步骤铣削直角槽及斜凸台。

◆ 铣槽宽 $14_0^{+0.1}$ mm,深 $3_0^{+0.1}$ mm 直角通槽,达到图样要求,保证对称度。

◆ 铣阶台尺寸至 $47_{-0.1}^{0}$ mm×(3+0.1) mm,达到图样要求。

◆ 扳转平口钳铣出 80°±10′两斜面,保证 80°,对称及凸台深度,$Ra3.2~\mu m$ 达到图样要求。

◆ 去毛刺。

⑤ 打号,交检。

综合技能训练题二

铣削 V 形孔板,如附图 2 所示。

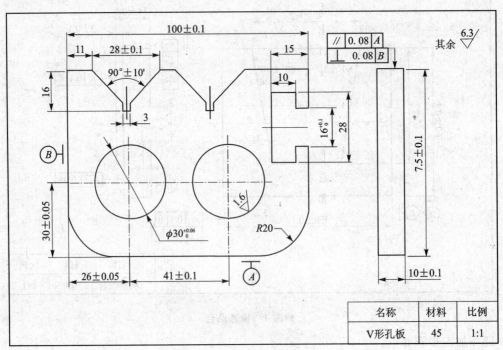

附图 2 V 形孔板

题二加工步骤如下。

① 检查毛坯,确定是否有加工余量。

② 在 X5032 铣床上,采用硬质合金刀具高速铣削外形,保证尺寸 100 mm×75 mm×10 mm 至图样要求,并控制平行度、垂直度、表面粗糙度要求。设主轴转速为 750 r/min,进给量为 118 mm/min。

③ 划线:在平台上用高度划线尺划出各加工线,并打样冲眼。

④ 铣窄槽:在 X6132 铣床上,用平口钳装夹工件,纵向手动进给,铣出两条窄槽 3 mm×16 mm,设主轴转速为 75 r/min。

⑤ 铣 V 型槽:在 X8126 铣床上,用平口钳装夹工件,将立铣头逆时针扳转 45°,手动横向进给,铣出两个 V 型槽,保证尺寸、角度达到图样要求。

⑥ 铣 T 型槽:在 X8126 铣床上,用平口钳装夹工件,铣出宽 $22_0^{+0.1}$、深 15 mm 的直角槽,检测合格后,更换直径 20 mm 的 T 形槽铣刀,手动进给横向工作台,铣出 T 形槽达到图样要求。

⑦ 铣 R20 mm 圆弧:在 X8126 设备上,安装好回转工作台。用压板螺栓将工件装夹在回转工作台上,顶尖找正圆弧中心,手动进给铣出 R20 mm。保证尺寸和表面粗糙度达图样要求,并要求两段圆弧连接圆滑,无凹陷、啃刀等缺陷。因 R20 mm 圆弧中心在 2 个孔的内廓里,所以在以上工序结束后,先铣出 2 段 R20 mm 圆弧,再加工孔。

⑧ 镗孔:在 X5032 铣床上,用平口钳装夹工件,工件底部垫一对平行垫铁,垫铁厚度＜10 mm,并贴紧平口钳钳口,以免加工孔时因垫铁过厚而产生质量问题。找正平口钳固定钳口与纵向工作台进给方向平行。采用靠刀法对刀,以直径 12 mm 键槽对准孔中心;检测合格更换直径 25 mm 钻头第一次扩孔;再次检测孔的位置,确定后再用直径 30.5 mm 进行第二次扩孔;最后安装镗刀杆及镗刀,镗出第一个孔 $\phi30_{-0}^{+0.06}$ mm;检测各部尺寸达到图样要求后,纵向工作台向左移动中心距 41 mm,以同样的方法镗出第二个孔,保证两个孔尺寸及表面粗糙度达到图样要求。主轴转速为 95 r/min,进给量为 23.5 mm/min。

⑨ 去孔刺、毛刺,交检。

> **注意事项**

- 装夹工件时注意不要划伤已加工表面。
- 铣两个 3 mm 窄槽时要注意进刀缓慢、均匀,操作不要面对铣刀。
- 镗孔时要注意加注润滑液,刃磨的镗刀最好用油石修磨一下。
- 各工序加工完成后,要注意将毛刺去干净,以免影响下道工序的加工。

综合技能训练题三

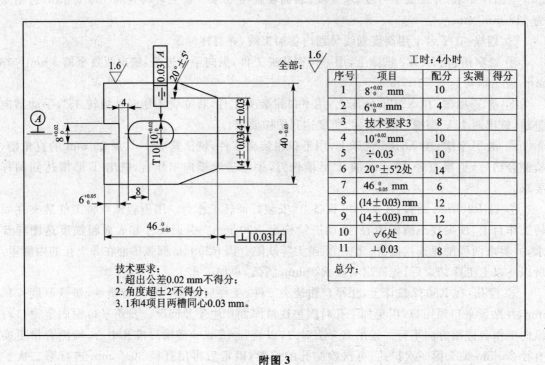

附图 3

综合技能训练题四

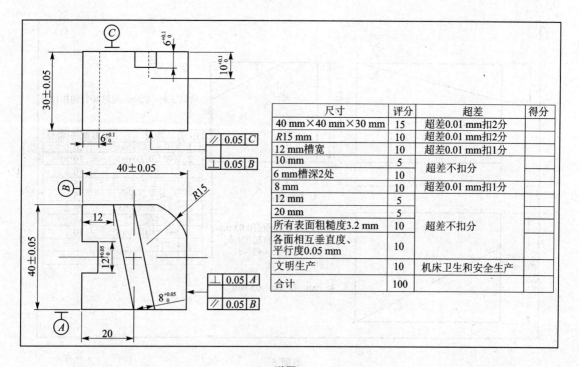

附图 4

综合技能训练题五

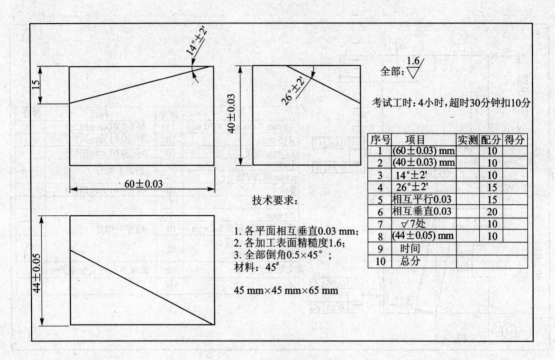

附图 5

综合技能训练题六

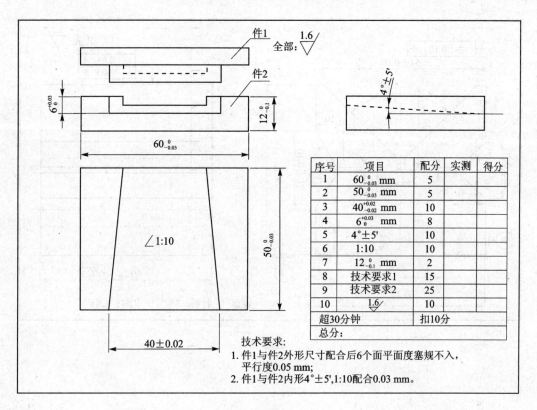

附图 6

综合技能训练题七

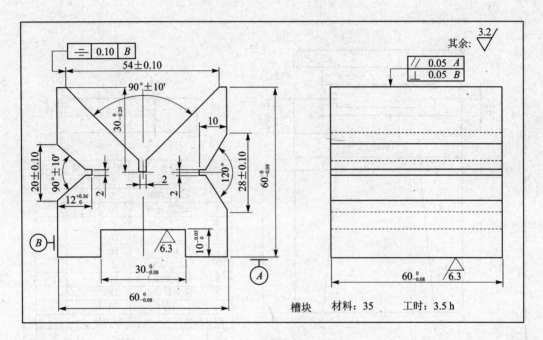

附图7

综合技能训练题八

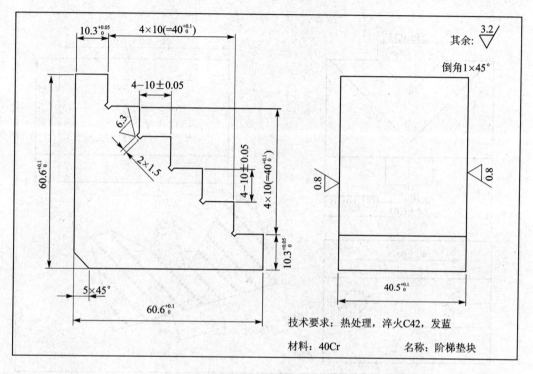

附图 8 阶梯垫块

综合技能训练题九

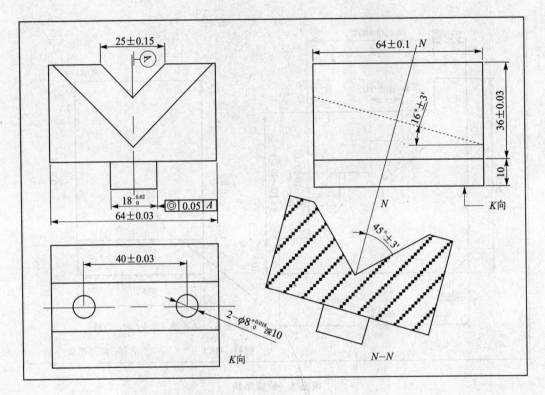

附图 9